進化の意外な順序

感情、意識、創造性と文化の起源

アントニオ・ダマシオ 著
高橋洋 訳

白揚社

ハンナに本書を捧げる

私はそれを感じることで見ているのです。
――グロスターからリアへ
シェイクスピア『リア王』第四幕第六場

果実は盲目だ。見るのは木だ。
――ルネ・シャール

進化の意外な順序　目次

本文中の〔　〕は訳者による註です。

進化の意外な順序

はじめに

1.

本書は、ある一つの関心領域と考え方に焦点を絞る。私はこれまで長く、アフェクトすなわち人間の感情や情動の世界に興味を抱き、その探究に多大な時間を費やしてきた。なぜ、そしていかに情動が生じるのか？　私たちはどのようにそれを感じ、感情をもとに自己を築き上げるのか？　感情はいかに最善の意図を支援したり阻害したりするのか？　なぜ、そしていかに脳は身体〔著者はたびたび「body proper」と表記している（ただしこの最初の出現箇所では「proper」はついていない）。これは、脳を含めた神経系を除外した身体一般を意味する。本書で「身体」と記されている箇所は、おおむねこの意味でとらえられたい〕と相互作用し、その機能を支援するのか？　私は今や、以上の問いをめぐる新たな事実や解釈を手にしている。

主旨は非常に単純である。文化的な営為を促す動機、監視役《モニター》、調整者《ネゴシエーター》としての役割を果たす感情は、これまでその働きに見合うだけの注目を浴びてこなかった。人類は、集合的に文化と呼ばれる、道具や実践や考えの壮大な体系を作り出すことで他の動物から自らを区別してきた。この体系には、芸術、哲学的探究、道徳体系、宗教的信念、司法制度、政治的な権力による支配《ガバナンス》、経済制度、テクノロジーと科学が含まれる。これら一連の営為は、なぜ、そしていかにして始まったのだろうか？この問いに対する答えとして、高度な社会性や卓越した知性とともに、人間の心が備える重要な能力である話し言葉がよくあげられる。また生物学に関心のある人は、遺伝子レベルで作用する自然選択を答えに含めるだろう。知性、社会性、言葉が、この過程に重要な役割を果たしている点に疑いはない。また人間には、自然選択のプロセスと遺伝子の伝達のおかげで、文化的な発明に必要な能力とともに、それを可能にする生体組織が備わることは言うまでもない。だがポイントは、人間の文化という物語《サガ》の幕を切って落とすためには、それ以外の何かが必要になるということだ。この「それ以外の何か」とは、動機づけに他ならない。ここで私が念頭に置いているのは、とりわけ痛み、苦しみから健康、快に至る感情である。

人間の文化的営為のなかで、もっとも重要なものの一つである医学を取り上げよう。医学におけるテクノロジーと科学の統合は、身体的な外傷から感染、さらにはがんに至る疾病によって引き起こされる痛みや苦しみへの対応という形で始まった。痛みや苦しみは幸福、快、繁栄の見通しなどとは対極をなす。医学は、病気の診断という難題や、生理学的な謎を解くために知恵を競い合う知性の競技会として始まったのではなく、患者や医師が特定の感情を経験することで生まれたのだ。この感情には共感から生じたと考えられる思いやりが含まれ、その種の動機は今日でも残存している。歯科医に歯を治してもらって痛みがひいた経験を思い出せない人などほとんどいないだろう。効率的な麻酔や精密医療機器などの医療技術の発達の背後には、不快な感情を管理しようとする動機が存在する。それに重要な役割を果たしている技術者や科学者は、そのような動機に促されているのである。製薬会社や医療機器メーカーの、利益を得ようとする動機も、大きな部分を占めている。というのも、消費者は苦痛の緩和というニーズを持ち、企業はそれに応じようとするからだ。利益の追求は、進歩や名誉に対する欲求、あるいは貪欲など、さまざまな願望に炊きつけられる。それらはまさに感情に他ならない。がんやアルツハイマー病の治療方法を見つけようとする熱心な努力を、動機、監視役、調整者として作用する感情抜きに理解することはできない。さらにいえば、たとえばアフリカにおけるマラリアの治療や、あらゆるところで猖獗《しょうけつ》している薬物中毒のコントロールなどを、西洋文化はそれほど熱心に行なっていないが、それを動機づけたり抑制したりしている感情を考慮せずに、その理由を理解することは不可能である。言葉、社会性、知識、そして理性は、それら複雑なプロセスの主たる発明家であり、実行者である。しかし、それらの営為を動機づけ、結果をチェックし、必要な調整を行なう役割を果たしているのは感情なのだ。

ひとことでいえば、文化的な営みは感情に起源を持ち、それに深く根差している。人間がその本性として持つ葛藤や矛盾を真に理解したければ、感情と理性のあいだの有益な相互作用と、有害な相互作用の両方を認識しておかねばならない。

2.

いかにして人間は、受難者、托鉢修道士、喜びを寿ぐ者、博愛主義者、芸術家にして科学者、聖者にして犯罪者、慈愛にあふれる地球の主人にして地球の破壊を企むモンスターなどといったものに、同時になり得るのか？　この問いに答えるには、歴史家や社会学者、そして人間ドラマの隠れたパターンを見抜く感受性を持つ芸術家らによる貢献はもちろん、生物学のさまざまな分野の知見が必要になる。

感情が、文化の最初の火花を飛び散らせたばかりでなく、引き続きその発展に重要な貢献をしてきたことを論じるにあたり、私は、心、感情、意識、記憶、言葉、創造的な知性を備え、複雑な社会を形成してきた現代の人類の生命を、早くも三八億年前には存在していた太古の生命に結びつける方法を探究してきた。この結びつきを確立するためには、進化の長い歴史のなかで、これら一連の不可欠の能力が出現し発達した順序と経緯を明確にする必要があった。

かくして私が見出した、生物学的な構造と能力の出現順序は、従来の見方とは異なり、本書のタイトルが示すとおり実に意外なものであった。生命の歴史におけるできごとの経緯は、文化的な心と私が呼ぶ華麗な道具の構築をめぐって従来考えられていた概念とは一致しない。

人間が持つ感情の本性と影響に関するストーリーを語ろうとしたとき、私は、心や文化に対する私たちの考えが、生物学的な現実に即していないことに気づいた。私たちは、生物が見せる、社会環境における知的な振る舞いが、神経系に支援された先見の明、熟慮、複雑性に由来すると想定している。しかしその種の振る舞いが、生物圏《バイオスフィア》の夜明けの時代に存在していたバクテリアのような単細胞生物が備えていた簡素な装置にその起源を持つ可能性があることは、今や明らかである。この現実を指して「意外な」と表現するのは、まだまだなまぬるい。

その種の直感に反する発見に見合った説明を構想することは可能だ。この説明は、生命のメカニズムそれ自体と、その調節の条件、すなわち一般に「ホメオスタシス（恒常性）」という一語で言及されるもろもろの現象の集合に基づく。感情とはホメオスタシスの心的な表現であり、感情の庇護のもとで作用するホメオスタシスは、初期の生物を、身体と神経系の並外れた協調関係へと導く機能的な糸と見なすことができる。この協調関係は意識の出現をもたらし、かくして生まれた感じる心は、人間性のもっとも顕著な現われである文化や文明をもたらした。このように感情は本書の中心的なテーマをなすが、その力はホメオスタシスに由来するのである。

文化を感情やホメオスタシスに結びつけることは、文化と自然の結びつきを強め、文化的なプロセスの人間化を促進することにつながる。感情と文化的、創造的な心は、ホメオスタシスによって導かれた遺伝的な選択が顕著な役割を果たす非常に長い過程を通じて形成された。文化を感情、ホメオスタシス、遺伝に結びつけることは、文化的な考え、実践、道具が、生命活動のプロセスから切り離されつつある昨今の傾向への対抗手段になる。

この結びつきが、文化が歴史を通じて獲得してきた自律性を損なうものでないことは明らかだ。私は何も、文化的な現象を生物学的な起源に還元しようとしているのでもなければ、文化的なプロセスのあらゆる側面を科学で説明しようと試みているのでもない。芸術や人文学的な知見なくして、科学のみによって人間の経験の全体像を描こうとしても、何の成果も上がらないだろう。

文化の形成をめぐる議論は、対立する二つの見解の争いになりやすい。一方の見方は、人間の行動を自律的で文化的な現象に由来するものとして、また他方の見方は、遺伝によって受け継がれる自然選択の結果としてとらえる。しかし、いずれか一方の見解を絶対視する必要はない。人間の行動はたいてい、比率や順序こそ異なっても両者の影響を受けているのだから。

文化の起源を人間以外の動物の生物学的構造に見出しても、人類の例外的な地位を損なったりはしない。人類の例外的な地位は、過去の記憶や、私たちが絶えず予期している未来をめぐって構築された記憶を背景に、苦しんだり繁栄したりする、人類が持つ独自性に由来するのである。

3.

生来の語り手《ストーリーテラー》たる私たち人類は、起源をめぐるストーリーを語ることに強い満足を覚える。その際、語りの内容が、起源の物語の格好のテーマである策略や、愛情、友情などの人間関係に関するものであれば、受けること請け合いだ。しかし自然界について語ろうとすると、ストーリーのできはよくなかったり、しばしば間違っていたりする。生命はいかにして始まったのか？　心や感情や意識は？　社会的な行動や文化が最初に出現したのはいつか？　その種の事象が、いとも簡単に出現したはずはない。ノーベル賞を受賞した物理学者エルヴィン・シュレーディンガーは生物学に目を向け、今や古典となった『生命とは何か』を著したが、そのタイトルを『生命の起源』とはしなかった点に注意してほしい。彼は、その探究が徒労に終わるであろうことを見越していたのだ。

それでも、その探究には魅力がある。本書は、思考し、物語《ナラティブ》と意味を生み、過去を思い出し、未来を想像する心の形成の背後にある事実や、心と外界と個々の生命が相互に結びつくことを可能にしている、感情や意識のメカニズムの背後にある事実を取り上げる。葛藤する心に対処し、苦しみや怖れや怒りと、幸福の追求の矛盾を調和させようとして、人類は畏怖や驚異に注目し、音楽、ダンス、絵画、文学を発明してきた。

そして宗教的信念、哲学的探究、政治的ガバナンスなどの名称で通用している、ときに美しく、ときにすり切れた叙事詩《エピック》を生み出すことで、その努力を継続している。ゆりかごから墓場まで一生を通じて続けられるこれらの営みは、文化的な心が人間ドラマに取り組むために用いてきた数々の方法の一部なのである。

第1部　生命活動とその調節（ホメオスタシス）

第1章　人間の本性

感情と文化の構築

私たちは、負傷して痛みを感じると、その原因が何であれ、どんな痛みでも、それに対し何かしら手を打つことができる。苦しみには、身体の負傷によってのみならず、愛する人を失ったり、侮辱されたりすることで生じるものもある。それに関連する記憶を何度も呼び起こすことで、苦痛は持続し、増幅されることもある。記憶は、その状況を未来へと投影し、結果を予見するよう促すのだ。

人間は、苦境の理解、さらには代償、矯正、効果的な解決方法《ソリューション》を通じて苦しみに対処することができる。また、苦痛と並んで、その対極にある快や熱狂などの感情をさまざまな状況下で経験する。それには単純で取るに足りないものから崇高なものに至るまで、具体的にいえば味、香り、食べ物、ワイン、セックス、くつろぎなどに起因する快から、遊びの驚異〔遊び（play）については第7章、第

10章で言及される。第10章の定義に従うと、「一見すると無用に思われる行為を行なおうとする欲求」を意味する〕、荘厳な風景を見ることで覚える畏怖、他者に対する賞賛の念や深い愛情に至るまで、さまざまなものがある。それに加え人間は、権力の行使、他者の支配や破壊、略奪が、戦略的な優位性のみならず快を生むことも発見した。ここでも人間は、実践的な目的のために、こうした感情を利用してきたのだろう。すなわち、なぜそもそも痛みが存在するのか、あるいは、なぜ奇怪にも特定の状況下では、他者の苦痛が報酬になり得るのかを問う動機として利用してきたのだ。その際おそらく、怖れ、驚き、怒り、悲しみ、思いやりなどの痛みに関連する感情を、苦痛やその源泉を取り除く方法を考案するための案内役として用いたのだろう。そして自分たちに実践可能な種々の社会的行動のなかには、仲間意識、友情、ケア、愛情など、攻撃性や暴力の対極をなし、他者のみならず自分自身の幸福にも資するものがあると認識するようになったのだろう。

なぜ感情は、そのように有利なあり方で振る舞えるよう心を動かせるのだろうか？　一つの理由は、感情が心の内部で遂行していることと、心に対して行なっていることに求められる。通常の状況下では、感情は心に、体内の生命プロセスが順調に機能しているか否かについて、言葉を用いることなく常時伝達している。そうすることで感情は、その瞬間の生命プロセスの状態が、幸福や繁栄につながるのか否かを自然に評価するのだ。(1)

思考だけでは失敗したところで感情が成功したもう一つの理由は、感情の独自の性質に関係する。感情は、脳が単独で作り出したものではなく、体内を駆けめぐる化学物質と神経回路を介して相互作用する身体と脳の協調の産物である。こうした特別な連携から感情が生じることは見過ごされやすいが、感情はこの連携を通じて、普段は整然と流れていく心の作用をかく乱することができる。感情の源泉は、繁栄と死のあいだでバランスを保ちながら存続している生命活動にある。それゆえ感情は、ときに過酷に、ときに輝かしく、あるいはときに穏やかに、ときに激しく心を揺さぶるのだ。感情は私たちを、知性化された方法でそっと揺さぶることもあれば、はっきりとわかるほどの激しさで動揺させ、注意を引くこともある。もっともポジティブなケースでも、感情は平和を乱して静寂を破ることが多い(2)。

ならば単純に考えれば、健康から不快や病に至る、痛みや快の感情は、人間の心を他の生物の心から根本的に区別する、問いを立て、理解し、問題を解決するプロセスの媒介として機能しているはずだ。そうすることで人間は、日常生活で遭遇する苦境に対処するための巧妙な解決策をあみ出し、自らの繁栄を促進する手段を築いていくことができたのだろう。そして衣食住に関するニーズを満たし、身体の損傷を治癒する手段を考案し、医術を発明するに至った。（他者をどう感じるかによって、あるいは他者が自分をどう感じているかを認識することで）痛みや苦しみが他者によって引き起こされたり、死に直面するなど、自分が置かれた状況を考慮することで痛みが引き起こされたりしたときには、人間は拡大された個人的、集団的な資源を利用し、道徳的なきまりや正義に関する規範から社会組織、政治的ガバナンス、芸術表現、宗教的信念に至るさまざまな反応を生み出してきた。

これらのできごとがいつ起こったのかを正確に特定することはできない。発展の速度は、集団によって、また、その集団が暮らす地域に応じて大幅に異なる。五万年前までに、ホモ・サピエンスが分布していた地域（ネアンデルタール人もいたかもしれないが）、つまり地中海周辺、ヨーロッパの中部や南部、アジアでその種の過程が生じたことに間違いはない。五万年前といえば、およそ二〇万年前もしくはそれ以前にホモ・サピエンスが最初に出現して以来、かなりの時間が経過している。[3] したがって人間の文化は、農業という文化的な革新が起こるおよそ一万二〇〇〇年前よりかなり以前、また文字や貨幣が発明される以前に、狩猟採集民のあいだで始まったと考えられる。さまざまな時代の異なる地域で文字が発明された点に鑑みると、文化の発達のプロセスが、複数の中心地で生じたことがよくわかる。文字は、紀元前三五〇〇年から三二〇〇年にかけて、（メソポタミア地方の）シュメールとエジプトで最初に発達した。しかしその後、別の文字システムがフェニキアで発明され、やがてギリシア人やローマ人によって用いられるようになった。またそれとは別に、文字は、現代のメキシコに該当する地域で繁栄を誇っていたマヤ文明のもと、メソアメリカで紀元前六〇〇年頃に発達した。

私たちは、観念の体系を指す「文化」という用語に関して、キケロと古代ローマ人に感謝すべきだろう。キケロは、魂の涵養（cultura animi）を指してこの言葉を用いた。その際彼は、土地を耕すこととその成果、つまり作物栽培の改善と完成を思い描いていたに違いない。土地に当てはまることは、心にも同様に当てはまるだろう。

今日、「文化」という言葉が主として何を意味するのかは明白である。辞書によれば、「文化」とは、集合的に尊重されている知的成果の現われを意味し、特にことわりがなければ人間の文化を指す。芸術、哲学的探究、宗教的信念、道徳、司法制度、政治的ガバナンス、市場や銀行などの経済制度、テクノロジー、科学は、「文化」という言葉が意味する営為や成果の主たるものである。社会集団同士を分かつ考え方、態度、慣習、作法、実践方法、制度は、包括的な文化の範囲に含まれるし、文化は言語や、文化によって生み出された道具や儀式を介して人々のあいだで、さらには世代間で受け継がれるとする考えも同様だ。本書で用いられる「文化」や「文化的な心」という言葉は、以上の範囲の諸事象を含むという点に留意されたい。

「文化（culture）」という語には、他にも一般的な意味がある。おもしろいことに、この言葉は、細菌などの微生物の培養をも意味し、この場合、細菌の文化的な行動ではなく、細菌が培養されている培地《カルチャー》を指す。いずれにせよ細菌は、おいおい説明していくが、文化に関する壮大な物語の一部を構成するべく運命づけられていた。

◇◇◇◇◇◇◇◇◇◇◇◇◇◇◇◇◇◇◇◇◇◇

感情と文化の構築

感情は三つのあり方で文化的プロセスに貢献する。

1．知的創造を動機づけるものとして

a　ホメオスタシスの不備を検知し診断することによって

b　創造的な努力に値する望ましい状態を特定することによって

◇◇◇◇◇

2. 文化的な道具や実践の成功や失敗の監視役として

3. 時間の経過につれ文化的プロセスで必要になる調節を調整する参加者として

感情対知性

一般に人間の文化的な営みは、人類の輝かしい知性によって説明される。人類の知性は、進化の過程を通じて思考力を持たない遺伝的プログラムが打ち立てたすばらしい手柄だと考えられているのだ。だから感情に言及されることはめったにない。人間の持つ知性、言葉、高度な社会性は、文化の発展の主たる要因であると見なされている。一見すると、この説明を妥当なものとして受け入れるのに十分な根拠があるように思われる。私たちが文化と呼ぶ真新しい道具や実践の背後にある知性を考慮に入れなければ、人間の文化を説明することは不可能に思える。文化の発達や伝達に言葉が決定的な役割を果たしたことに、疑いの余地はない。無視されることの多い社会性に関していえば、その不可欠の役割が、今や明らかにされている。文化的な実践は、たとえば同じ対象を一緒に見ている二人が、その対象に対する意向を共有するなど、人間のおとなが長けている社会的現象に依存する。[4] とはいえ、もっぱら知性に依拠する説明には何かが欠けている。その説明はまるで、創造的な知性が、強力なあと押しなしに突如として出現し、純粋な理性以外にはいかなる動機も持たずにひたすら驀進《ばくしん》してきたと示唆しているかのようだ。動機として生存《サバイバル》をあげるのは好ましくないだろう。なぜなら、そもそも生存を関心の対象とすべき理由を排除することになるからだ。知性に依拠する説明は、創造性が複雑なアフェクトの体系に埋め込まれていないかのように、また、文化的な発明のプロセスの維持や監視が、生きることで実際に感じたポジティブもしくはネガティブな価値の介入なしに、認知的手段のみによって可能であるかのように思わせる。治療Aと治療Bによって痛みに対処する場合、あなたは、どちらの治療が痛みをより効果的に緩和するのか、完全に静められるのか、それとも効果がないのかを、感情に基づいて判断するはずだ。感情は、問題への対処を促す動機として、そしてその対処の成功、失敗を追跡する監視役として機能する。

感情、より一般的にいえばアフェクトは、種類や強度を問わず、文化という会議室のなかでは存在を認められていない。その存在は会議室にいる誰もが感じてはいるが、まれな例外を除けば誰もそれについて語らないし、言及されることさえない。

ここに私が描いている補足的な概観に基づけば、人間の例外的な知性は、個人的なものであろうと社会的なものであろうと、強力な理由がなければ知的で文化的な実践や道具を発明するよう動機づけられはしなかったはずだ。現実のできごとによって引き起こされたにせよ、想像上のできごとによって喚起されたにせよ、どんな感情も動機を提供し、知性を動員する。文化的な反応は、自分の生活をより快適で喜ばしいものに改善しようと努力し、そもそものような創造性を育んできた艱難辛苦や損失の少ない幸福な未来に、実践的にも究極的にもつなげようとする人々によって生み出されてきた。そのような人々は、単に生存が可能なだけでなく、暮らしやすい未来を希求してきたのである。

「他人にしてほしいと思う行為を他人に対してせよ」という黄金律《ゴールデンルール》を最初に考案した人々は、自分自身が無下《むげ》に扱われたり、誰かがぞんざいに扱われているのを見たりしたときに感じたことをもとに、この訓戒を考案した。確かに論理は、事実を検討する際には重要な役割を果たすが、感情も重要な事実の一つと見なせる。

互いに対極の位置を占める苦しみと繁栄が第一の誘因になって、創造的な知性は文化を生み出したのだろう。だが、飢餓、欲望、仲間意識、あるいは怖れや怒り、さらには権力や名声に対する欲求、憎悪、敵や敵の所有物なら何でも破壊しようとする衝動などの基本的な欲求に関わるアフェクトの経験も同様に誘因として作用してきた。それどころか、規模の大小に関わらず集団の形成を導き、個人が自己の欲望や遊びの驚異をめぐって形成した絆に見られる社会性の多くの側面の背後にも、さらには攻撃性や暴力として噴出する、資源や生殖相手をめぐる争いの背後にも、アフェクトを見出すことができる。

それ以外の強力な動機として、自然美であろうが人工美であろうが美しいものを観察すること、自己や他者の繁栄をもたらす手段を発見すること、哲学的な難問や科学的な謎を解くこと、さらには、いかなるものであれ未解決の謎に直面することで生まれる高揚、畏怖、超越の経験があげられる。

文化的な心はどの程度独自なものか

ここでいくつかの興味深い問いが生じる。これまでの議論に基づいていえば、文化的な営為は、人間の手になる一つのプロジェクトとして始まった。だが、文化が解決する問題は、人間だけに関係するのだろうか、それとも他の生物にも関係するのか？　人間の文化的な心が生み出す解決方法についてはどうか？　それは人間独自の発明なのか、それとも人類に進化的に先立つ生物によって、少なくとも部分的には用いられていたのか？　幸福や繁栄を達成する可能性とは対照的な、痛みや苦しみ、あるいは必然的な死との葛藤が、いまや驚くほど複雑化した文化的道具を生むに至った、人間の創造的なプロセスの背後で作用してきたことはほぼ確実だろう。しかしその種の人間の営為は、それに先立ち、より古くから存在する生物学的な戦略や道具に支えられてきたのではないか？

大型類人猿の行動を観察していると、私たちはそこに、人間文化の先駆けを感じ取ることができる。一八三八年、ロンドン動物園に連れてこられたばかりのオランウータンのジェニーの行動を見たダーウィンが、心底驚いたという話はよく知られている。ヴィクトリア女王も、ジェニーの行動に驚かされた一人で、ジェニーが「不快なほど人間」のようだと思ったとのことだ[5]。チンパンジーは単純な道具を作って、エサを食べるために知的に使うことができ、のみならず他の個体に見せてその知識を伝達することさえある。チンパンジー（やとりわけボノボ）の社会的行動には、異論はあろうが文化的な側面が見られる。そのことは、ゾウや海洋哺乳類などの非常に異なる動物にも当てはまる。遺伝のおかげで、哺乳類は、多くの点で私たちのものにも似た、アフェクトを司る精巧な器官を備えている。情動能力を備える哺乳類が、それに結びついた感情を持たないとする主張は、もはや受け入れがたい〔情動と感情については第７章を参照〕。また感情は、人間以外の動物でも「文化的な表現」を動機づけているのかもしれない。重要な指摘をすると、人間以外の動物の文化的な達成度が低い理由は、意図の共有、話し言葉などの特質があまり発達していなかったり欠けたりしていること、そしてもっと一般的にいえば、知性が低いことによるのではないかと考えられる。

だが、ものごとはそれほど単純ではない。文化的な実践や道具の複雑さや、それにともなう数々のポジティブ、もしくはネガティブな帰結を考慮に入れると、文化の受胎は意図的なものであり、おそらくは心を備えた生物にのみ可能で（霊長類なら確実だろう）、集団の形成によって生じる問題の解決に、感情と創造的な知性の無敵の組み合わせを用いて取り組めるようになったあと生じたのだろう。文化の誕生は、まず心と感情、そして感情の主観的な経験に必要な意識が進化するのを待たねばならず、心に導かれて創造性が十分に発達するには、さらなる時間が必要なはずだ。これまでは、そう考えられてきた。だがこれから見ていくように、その見方は正しくない。

つつましい始まり

初期の社会的ガバナンスは簡素なものであり、自然界でそれが誕生したときには、ホモ・サピエンスの心も、他の哺乳類の心も存在していなかった。きわめて単純な単細胞生物は、感知したり反応したりする際、言い換えると、他個体の存在など環境内の特定の状況を検知し、社会的環境のなかで生命を秩序づけ維持できるよう自己の行動を導くにあたり、化学物質に依存していた。生存に必要な栄養素に富む肥沃な場所で育つ細菌は、比較的独立を保って生きていけるのに対し、栄養素に乏しい場所に生息する細菌は群れをなすことが知られている。細菌は、自集団の個体数を感じとって、考えることなく集団の力を評価し、それに基づいて自分たちのなわばりを守るために戦ったり、戦わなかったりする。また、整然と並んで一種の柵を築くこともできれば、薄い皮膜を形成する化学物質を分泌することもできる。この膜が集団を守り、おそらくは抗生物質に対する細菌の抵抗力に重要な役割を果たしていると考えられる。ちなみにこの現象は、私たちがかぜをひいたり、咽頭炎や喉頭炎にかかったりしたときに、のどの内部で起こる事態でもある。細菌がのどの広大な領域を占拠すると、声がかれたり出なくなったりする。このような細菌の振る舞いを支えているのは、「クオラムセンシング」と呼ばれる能力である。この能力は非常に卓越したもので、感情、意識、理性的な熟慮などの能力さえ思い起こさせる。もちろん細菌は、それらの能力を備えていないが、その強力な先駆けとなるものを持っているのである。細菌は、この先駆けとなるものを対象とした心的な表現を持たないことをこれから検討していく。要するに、細菌は現象学とは無縁の存在なのだ[6]〔主観性を持たない〕。

細菌はもっとも原初的な形態の生命であり、その起源は、ほぼ四〇億年前までさかのぼる。その身体は単一の細胞から成り、それには細胞核さえ含まれない。脳もない。もちろん私や読者とは違って、心を持たない。一見すると、ホメオスタシスのルールに従いながら単純に生きている。だが、呼吸できないものを呼吸できるようにし、食べられないものを食べられるようにしている、細菌の操る柔軟な化学反応は単純どころではない。

複雑だが心が介在しない社会的原動力によって、細菌は、遺伝的なつながりがあろうがなかろうが他個体と協力し合う。のみならず、心がないのに一種の「道徳的な態度」と呼ばざるを得ないような振る舞いを見せることもある。社会集団に属する、細菌の家族ともいうべき、もっとも近縁のメンバーは、その個体のゲノムに関係している体表面の分子や分泌される化学物質によって互いに識別し合える。しかし細菌の集団は、敵対的な環境に対処し、なわばりや資源を獲得するために他集団と頻繁《ひんぱん》に競わねばならない。集団が繁栄するためには、メンバーは協力し合う必要がある。かくして集団のメンバーが協力し合うときに起こることは、実に興味深い。集団のなかに「裏切り者」が見つかると、つまり防御を手伝おうとしない個体がいると、細菌は、たとえ遺伝的につながりがあり、いわば家族の一員であっても、その個体を遠ざける。細菌は、近縁であっても集団的な営為に協力せず自分の役割を果たさない個体とは協力し合おうとしない。つまり、非協力的な変節者を冷たく扱うのだ。そもそもペテン師《チーター》は、集団の他のメンバーが大きな犠牲を払って提供しているエネルギー資源や防御手段を、少なくとも一時的に勝手に利用する。細菌に可能な「行為」の多様さには、特筆すべきものがある。[7] 微生物学者のスティーヴン・フィンケルが考案した注目すべき実験では、さまざまな比率で必須栄養素が注入されたフラスコで、いくつかの細菌の個体群が培養された。ある条件のもとでは、数世代が経過すると、三つの集団が生き残った。その過程で、二つの集団は激しく戦い合い、大きな損失を被った。もう一つの集団は目立たずに行動し、他集団とまったく戦わなかった。いずれにせよ、三つの集団とも、一万二〇〇〇世代に至るまで存続した。少しでも想像力があれば、より大きな生物の社会にも同様なパターンが見出されることを予想できるはずだ。ペテン師であふれた社会や、法を遵守する平和な市民で構成される社会が思い浮かぶのではないか。虐待者、いばり屋、殺し屋、盗人などのどぎついキャラクターを想像するのは簡単だが、

そこには巧妙に立ち回る、もの静かな偽善者や、忘れてはならないすばらしき利他主義者もいる。(8)

確かに道徳的ルールや司法制度などの人類が育んできた高度な営みを、細菌の自然発生的な行動に還元するのはばかげている。法の制定や思慮深い適用を細菌の図式的な戦略と混同すべきではない。細菌は、仲間であるはずの近縁者ではなく、相手が協力的であれば、通常は敵であるはずの非近縁者と力を合わせたりする。心を持たずに生存を志向する細菌は、同じ目標を達成するために他個体と結びつく。また細菌の集団は、熟慮によらない同様のルールに従うことで、他集団の攻撃に対し一種の「最小作用の原理」に基づいて、数の力にものを言わせて自動的に反応する。(9)その際、ホメオスタシスの規則に厳密に従わなければならない。道徳的原理や法は、それと同じ核心的なルールに従うが、そこに留まるわけではない。それらは、人間が直面してきた状況に関する知性に基づく分析と、法を考案し実施する集団による権力の管理の産物であり、感情、知識、理性にその基礎を置き、言葉を用いて心的空間のもとで処理される。

しかし、人間が文化の構築に用いてきたいくつかの行動や考えを予示する図式的な戦略に自動的に従って、単純な細菌が数十億年にわたり自己の生命を律してきた点を認めないのも愚かしい。人間の持つ意識ある心のいかなる側面も、進化の過程を通じてそれらの戦略がかくも長く用いられ続けてきたことについて、あるいはいつ出現したのかについてはっきりとは語ってくれない。とはいえ、自己の行動のあり方をめぐって内省してみれば、感情から情報を得た、もしくは感情そのものであるような「直感や傾向」を見つけられるだろう。そのような感情は、私たちの思考や行動を、穏やかに、あるいは強引に特定の方向に導き、知的営為の足場を提供し、自分たちの行動を正当化しさえする。そうした行動の例として、困っているときに支援してくれる人々を歓迎し擁護する、自分たちの苦境に無関心な人々を避ける、自分たちを捨てたり裏切ったりした人々を罰するなどがあげられる。しかし、細菌すら同じような賢い戦略を用いているという事実は、最新の科学の知見がなければ知るよしもなかっただろう。さまざまな生物の行動には、協力と闘争をめぐる非意識的な基本原理を見出せるが、人間の行動の自然な傾向は、この基本原理を意識的に精巧化するよう導いてきた。またこの基本原理は、長い進化の過程を経て、多数の生物種が、アフェクトとその主たる構成要素を構築するよう導いた。それは、渇き、空腹、欲望、愛着、ケア、仲間意識などの衝動を喚起するさまざまな内的、外的な刺激を感じることによって、また、喜び、怖れ、怒り、思いやりを始めとする情動反応が求められる状況を認識することによって生じる、強い感情を引き起こすあらゆる反応〔以後「emotive response」は「感情表出反応」と、「emotive (response) process」は「感情表出プロセス」と訳す〕から成る。前述のとおり哺乳類に容易に見出せるこの原理は、生命の歴史においてはありふれている。明らかに自然選択と遺伝の仕組みは、社会的環境におけるそうした反応を形成し、彫琢し、人間の文化的な心の出現を可能にする足場を構築したのだ。主観的感情と創造的な知性はともに、そのような下地のもとで作用し、私たちの生活のニーズを満たす文化的な道具を生んできた。この見方が正しければ、人間の無意識の起源は、フロイトやユングが想像していたよりははるかに古く、文字どおり原初の生物にまでさかのぼる。

社会性昆虫の出現

ここで次の点を考えてみよう。複雑さにおいて人間に匹敵する社会的行動をとれるのは、無脊椎動物ではごくわずかな種のみ、昆虫種では二パーセントにすぎない。アリ、ミツバチ、スズメバチ、シロアリは、その顕著な例である。[10] 社会性昆虫の遺伝的に決定された柔軟性のない定型的な行動は、集団による生存を可能にする。社会性昆虫は、集団内で役割を巧みに分担することで、エネルギー資源を見つけて生存に有用な生産物に変換し、その流れを管理しなければならないという課題に対処してきた。しかも、利用可能なエネルギー資源の多寡に応じて、特定の仕事に割り当てるワーカーの数を調節しさえする。犠牲が求められると、利他的に見える行動をとることもある。コロニーには、女王の警備員《セキュリティガード》はもちろん、効果的な隠れ場《シェルター》や輸送網《トラフィック》、さらには換気や廃棄物除去のためのシステムさえ備えた巣が築かれる。これは、卓越した都市的建築プロジェクトと見なせよう。火を手なずけ、車輪を発明してもさほどおかしくはないと思わせるほどだ。社会性昆虫の熱意と規律は、主要な民主主義国の政府を恥じ入らせることだろう。社会性昆虫は、生物学的な仕組みに基づいてそのような行動をとっているのであって、モンテッソーリ教育〔二〇世紀初頭、教育者のマリア・モンテッソーリによって考案された教育法〕を受けたり、アイビーリーグ校に入学したりして複雑な社会的行動を習得したのではない。かくも驚異的な能力を早くも一億年前に発達させたにもかかわらず、アリやミツバチは、個体としてもコロニーとしても、仲間を失っても悲しんだりはせず、また、宇宙における自分たちの立ち位置を問うたりはしない。自分たちの出自や運命を知ろうともしない。

社会性昆虫が呈する、一見すると責任ある社会的行動は、自己や他者に対する責任感にも、昆虫の本性に関する哲学的な考察にも導かれてはいない。それを導いているのは、生命活動を調節する必要性という引力である。この引力が神経系に作用することで、社会性昆虫は、緻密に調節されたゲノムの支配のもと、無数の世代を通じて選択されてきた一連の行動を示しているにすぎない。コロニーのメンバーは、その行動が呈する見かけとは異なり思考してはいない。つまり、個体、集団、女王のニーズをいかに満たすかについて、私たちのようにさまざまな方法を比較してみたりはせず、単にニーズを満たすだけなのだ。また行動の選択肢は限られ、とり得る行動はたいていただ一つに絞られる。社会性昆虫の精巧な社会性の骨組みは人間の文化のそれによく似ているが、完全に固定されている。E・O・ウィルソンは、社会性昆虫を「ロボットのごときもの」と呼んでいるが、それには確かな理由がある。

話を人間に戻そう。人間は、なすべき行動に関していくつかの選択肢を熟考し、愛する人を失って喪に服し、損失を埋め合わせて利益を最大化しようと努め、自己の起源や運命を問うてそれに答える。矛盾に満ちたあわ立つ創造性に流されて、ひどく混乱することも多い。人類がいつ、悲しみを表現し、利益や損失を考慮に入れ、自らの状況についてコメントし、自分たちはどこから来てどこへ行くのかなどといった面倒な問いを立てるようになったのかは定かでない。これまで調査されてきた遺跡や洞窟で発見された遺物に基づけば、五万年前にはそれらの営為のいくつかがすでに確立していたらしい。しかし、数十億年存続してきた細菌はもちろん、一億年にわたり繁栄してきた社会性昆虫と比べても、たかだか五万年という期間が、進化の歴史のなかでは一瞬にすぎない点に留意しておくべきだろう。

私たちは細菌や社会性昆虫の直系の子孫ではないが、次の三つの事実を検討するのは有益であろう。一つは、細菌には行動規範に相当するものに従ってなわばりを守り、戦争を仕掛け、行動するために必要な脳や心が備わっていない点だ。二点目は、進取的な昆虫が、都市やガバナンスシステムや十全に機能する経済を生んできたことである。三点目として、人類はフルートを製作し、詩を作り、神を信じ、地球や周辺の宇宙を征服し、疾病と戦って人々の苦しみを緩和しつつも利益を上げるためなら他者を殺戮することもいとわず、インターネットを発明して進歩や災厄の道具に変える方法をあみ出し、細菌、アリ、ミツバチ、人類自身の存在に関して問いを立ててきたことがあげられる。

ホメオスタシス

人間の本性のゆえに引き起こされた諸問題に対して、感情が知的で文化的な解決手段を講じる動機となったという確からしい考えと、心を欠く細菌が人間の文化的な反応の前兆となる社会的行動を呈してきたという事実を、いかに折り合わせられるのか？　進化の歴史のなかで数十億年の期間を隔てて出現した、これら二つの生物学的な現われを結びつける糸とは、いったい何なのか？　私の考えでは、それらを結びつける共通基盤は、「ホメオスタシス」の動力学《ダイナミクス》に見出せる。

ホメオスタシスは、生命の根幹に関わる一連の基本的な作用を指し、初期の生化学によって生命が誕生した、生命の消失点《バニシングポイント》をなす原初の時代から今日に至るまで続いてきた。それは思考も言葉も関与しない強力な規則であり、大小あらゆる生物が、その力に依存して他ならぬ生命の維持と繁栄を成就してきた。ホメオスタシスの規則のうち、「生命の維持」に関与する部分はとても見えやすい。それは生物の生存を可能にするものであり、いかなる生物の進化を考える場合にも、わざわざ言及されることもなければ、ましてや尊重されることもなく、当たり前のことだと思われている。それに対し、「生命の繁栄」に関わる部分は、それよりとらえにくく、その重要性が認識されることはめったにない。この部分は、単に生存のみならず、繁栄を享受し、生命組織としての、また生物種としての未来へ向けて自己を発展させられるよう生命作用が調節されることを保証する。

感情は、生体内の生命活動の状態を、その個体の心に告知する手段であり、正《ポジティブ》から負《ネガティブ》の範囲で表現される。ホメオスタシスの不備は、おもにネガティブな感情で表現されるのに対し、ポジティブな感情は、ホメオスタシスが適切なレベルに保たれていることを示し、その個体を好機へと導く。感情とホメオスタシスは、一貫して密接な連携を取り合う。感情は、心と意識的な視点を備えるいかなる生物においても、生命活動の状態、すなわちホメオスタシスに関する主観的な経験をなす。したがって、感情とはホメオスタシスの心的な代理であるととらえればよいだろう[11]。

私は文化の自然史における感情の役割の軽視を非常に残念に思っているが、ホメオスタシスや生命活動それ自体となると状況はさらにひどい。完全に無視されているのだ。二〇世紀を代表する社会学者の一人であるタルコット・パーソンズは、社会システムとの関連でホメオスタシスの概念を持ち出しているが、彼の手にかかると、ホメオスタシスは、生命活動や感情から切り離されてしまう。実のところパーソンズは、文化の懐胎に果たす感情の役割の軽視を示す格好の例だといえる。パーソンズにとって、文化の生物学的基盤をなすのは脳だ。なぜなら、脳は「手の技能や、視覚情報と聴覚情報の調整など、複雑な作用をコントロールする第一の器官」であり、とりわけ「シンボルを学習し操作する能力の生物学的基盤」だからだ[12]。

ホメオスタシスは、意識も熟慮も事前の設計もなしに、生命の維持のみならず、進化の系統樹に沿った種の進化を可能にしたさまざまな生物学的構造やメカニズムの選択を導いてきた。どの見方にもまして物理学、化学、生物学の知見に近いこのホメオスタシスの概念は、生命活動の「バランスのとれた」調節にその意味を限定する従来の貧弱な見方とは著しく異なる。

私の考えでは、揺らぐことのないホメオスタシスの規則は、あらゆる形態をとって至るところで生命活動を支配してきた。ホメオスタシスは自然選択の背後にある価値基準であり、自然選択はもっとも革新的で効率的なホメオスタシスをコードする遺伝子と、それを持つ生物を選好する。生命活動の最適な調節を可能にし、その能力が子孫に受け渡されるよう導いてくれる遺伝的な装置の発達は、ホメオスタシスなくしては考えられない。

以上の議論を踏まえると、感情と文化の関係に関して、「感情は、ホメオスタシスの代理として、人類の文化を始動した反応の媒介者の役割を務めてきた」という仮説を提起することができる。この仮説は妥当であろうか？　感情が動機となって、（１）芸術、（２）哲学的探究、（３）宗教的信念、（４）道徳規範、（５）司法制度、（６）政治的ガバナンスと経済制度、（７）テクノロジー、

（8）科学などの知的発明がもたらされたのか？　私なら、この問いに対し心から「イエス」と答えるだろう。これら八つのいずれの面でも、文化的な実践や道具は、ホメオスタシスの低下（痛み、苦しみ、窮乏、脅威、喪失など）や潜在的な恩恵（報酬をともなう結果など）を実際に感じる、もしくは予期することを人々に求めた。また、恩恵として示される豊かさを利用しつつ必要性を満たしていくための方法を、知識と理性という道具を用いながら探究する動機づけとして、感情が機能した。私はこれらについて、実例をあげて説明することができる。

　しかも、これは序の口にすぎない。文化的な反応が成功すると、感情による動機づけは低下するか解消する。このプロセスは、ホメオスタシスの変化の監視を必要とする。そのような単純な反応に代わって、さまざまな社会集団の長期にわたる相互作用に基づく複雑な過程を経て、知性による反応が採用され、それが文化体系へと取り込まれたり棄却されたりするようになった。そして、それは規模や歴史から地理的な位置や内的、外的な権力関係に至るまで、集団の持つ数々の特質に依存し、知性や感情が関与する段階を含む。たとえば文化的な闘争が起こると、ネガティブな感情やポジティブな感情が動員され、それによって闘争が解決したり、悪化したりする。かくして文化的選択が適用されるのだ。

心や感情の前兆はその生成とは異なる

ホメオスタシスによってもたらされる性質なくしては、生命は存在し得ないだろう。私たちは、生命の誕生以来ホメオスタシスが作用してきたことを知っている。しかし感情、すなわち生体内の瞬間的なホメオスタシスの状態を主観的に経験することは、生命の誕生とともに出現したわけではない。私の考えでは、感情は生物が神経系を備えるようになってから出現したのであって、その起源は、生命の誕生よりはるかに最近の、およそ六億年前に求められるにすぎない。

神経系は、生体内から始まる周囲の世界の多次元的なマッピングを徐々に実現していった。かくして、心とその内部で生じる感情の出現が可能になった。マッピングは種々の感覚能力を基盤とし、それにはやがて嗅覚、味覚、触覚、聴覚、視覚が含まれるようになる。第４章から第９章で明らかにしていくが、心と、とりわけ感情の形成は、神経系と他の組織の相互作用に基礎を置く。つまり、神経系は、それのみによってではなく、それ以外の組織との連携を通して心を形成する。この説は、脳だけを心の源泉と見なす従来の見方とは袂《たもと》を分かつ。

感情の出現は、ホメオスタシスの誕生よりはるかに新しいできごとであるとはいえ、人類が登場するよりはるか以前に起こった。あらゆる生物が感情を持つわけではないが、感情の先駆けである調節装置は備えている（それについては第７章と第８章で検討する）。

細菌や社会性昆虫の行動を考慮すると、初期の生命がつつましやかなのは、名目にすぎないことがわかる。やがて人間の活動、認知、そして私なら文化と呼ぶ心の営為につながるものの真の始原は、地球の歴史の消失点にまでさかのぼる。人間の心と文化の成功は、哺乳類の近縁種が持つ脳と数々の特徴を共有する人間の脳に基盤を持つと主張するだけでは十分ではない。人間の心と文化は、太古の単細胞生物と、中間段階のさまざまな生物が備えていた手段や方法につながっているという点をつけ加えておく必要がある。たとえていえば、私たちの心と文化は、恥も外聞もなく過去の遺産からたんまりと拝借しているのだ。

初期の生物と人間の文化

重要な点を指摘しておくと、生物学的なプロセスと、心的、社会文化的な現象の結びつきを特定することは、本章で概観する生物学的メカニズムによって、社会の形態や文化の構成を説明し尽くせるということを意味するのではない。私の考えでは、行動規範は、いつどこで出現したにせよ、ホメオスタシスの規則に導かれて発達した。そのような規範は一般に、個人や社会集団にかかるリスクや脅威を軽減することを目的とし、実際に苦痛の緩和や福祉の向上をもたらしてきた。また、ホメオスタシスに資する社会的結束を強化してきた。しかしハンムラビ法典、十戒、合衆国憲法、国連憲章などの規範は、人類によって考案されたという点は事実だとしても、特定の時代や場所で、特定の人々の手によって作られた。つまりそれらの規範の発達の背後には、個々の方法《フォーミュラ》には普遍的な部分があったとしても、たった一つの包括的なフォーミュラではなく、複数のフォーミュラが控えている。

生物学的な現象は、やがて文化的な現象に転じるできごとを引き起こし、促すことができるようになった。そしてそれは、文化の夜明けの時代に、個体、集団、場所、過去の経緯によって決まる特定の状況のもとで、アフェクトと理性を媒介としてなし遂げられたと考えられる。またアフェクトの介入は、最初の動機に限定されず、このプロセスの監視のために繰り返し生じてきた。アフェクトと理性のあいだではつねに調整が行なわれているが、そこで必要になるたびに、多くの文化的な発明の未来に介入し続けてきたのだ。しかし、文化的な心に宿る感情や知性を決定する生物学的現象は、物語の一部にすぎない。物語には文化的な選択も含められねばならないが、そのためには歴史、地理、社会学など、さまざまな分野の知識が必要とされる。それと同時に、文化的な心が持つ適応力や能力は、自然選択と遺伝の産物であることを認識しておかねばならない。

遺伝子は、原初の生命から現代の人類に至る道筋の架け橋になってきた。そこまでは自明だが、いかに遺伝子が誕生し、架け橋として機能してきたのかという問いは残る。それに対するより完全な答えは、はるか昔の消失点においてさえ、生命プロセスの物理的、化学的状況によって、ホメオスタシスの十分な確立がもたらされ、遺伝の仕組みを含めた他のあらゆる事象がそこから派生したというものである。これは核のない細胞（原核生物）の内部で起こった。その後、ホメオスタシスを背景として、核のある細胞（真核生物）が選択された。さらにその後、多くの細胞を持つ複雑な生物が登場した。やがて多細胞生物は、既存の「全身体システム」を内分泌系、免疫系、循環系、神経系へと分化させ、それら一連のシステムの働きによって心、感情、意識、アフェクト装置、複雑な動作が生み出されるに至ったのだ。そもそも「全身体システム」が存在しなければ、多細胞生物は「包括的な《グローバル》」ホメオスタシスを運用することなどできなかっただろう。

文化的な思考、実践、道具の発明に向けて人類を導いた脳は、数十億年をかけて自然選択によって選ばれ、遺伝のメカニズムを介して構築されてきた。それに対し、文化的な心の産物と人類の歴史は、おもに文化的な選択の影響を受け、文化的な手段によって受け継がれてきた。

人間の持つ文化的な心の誕生に向け、ホメオスタシスは感情によって、劇的な飛躍を果たすことができた。なぜなら、感情は生体内の生命活動の状態を心的に表象することを可能にするからだ。心の仕組みにひとたび感情がつけ加えられると、ホメオスタシスのプロセスは生命活動の状態に関する直接的な知識を豊富に持てるようになり、その知識は、必然的に意識的なものになった。やがて感情に駆り立てられた意識ある心は、経験の主体に照らして、（1）生体内の状態と、（2）生体外の環境の状態という二つの決定的な事象を心的に表象することが可能になった。後者には、社会的な相互作用や共有された意図によって生じた種々の複雑な状況における他個体の行動が、典型的なものとして含まれる。そのような行動の多くは、その個体の持つ衝動、動機、情動に左右される。学習や記憶の能力が発達すると、個体は、事実やできごとに関する記憶を形成、想起、操作することができるようになり、知識と感情に基盤を置く新たなレベルの知性が発達する道が開けた。この知的能力の拡大のプロセスに、やがて話し言葉が加わり、観念と言葉と文のあいだのやりとりがたやすくできるようになる。そこからは、創造性の洪水は抑えられなくなる。こうして自然選択は、特定の行動、実践、道具の背後にある観念の劇場を征服し、文化的な進化と遺伝的な進化の連携が可能になったのだ。

すばらしき人間の心と、それを可能にした複雑な脳は、それらを生んだ先駆けとなる祖先の生物の長い系列から私たちの目を逸らしてしまう。心と脳という輝かしい成果は、人間とその心が、フェニックスのごとく完全な形態で最近になって突如出現したかのように思わせる。しかしこの驚異的なできごとの背景には、祖先の生物の長い連鎖と、激しい競争と、驚嘆すべき協調の歴史が横たわっている。複雑な生命体は、管理《キュレート》されていたからこそ存続できた。また脳は、とりわけ感情や思考に富んだ意識ある心の構築を導くことに成功したあとで、管理の仕事の支援に長けるようになったがゆえに進化の過程で選択された。これらの点が、人間の心の物語では見逃されやすい。つまるところ人間の創造性は、生命と、まさにその生命が、「何があろうと耐え、未来に向けて自己を発展させるべし」とする厳正な任務を担いつつ誕生したという、息を飲むような事実に根差しているのだ。このつつましくも強力な起源に思いを馳せることは、不安定性と不確実性に満ちた現代を生き抜くにあたって、何らかの役に立つかもしれない。

生命を律する魔法のようなホメオスタシスの規則には、とぐろを巻くように、その瞬間の生存を確保するための指示が詰め込まれていた。代謝の調節、細胞構成要素の修理、集団における行動規範、バランスのとれたホメオスタシスの状態からの正もしくは負の逸脱を、適切な処置を講じるべく測定するための基準などである。しかしそれらの規則は、未来に敢然と飛び込むにあたり、より複雑で堅固な構造によって将来の安全性を確保しようとする傾向も持っていた。この傾向は、無数の連携、さらには突然変異、自然選択をもたらす激しい競争を介して実現された。初期の生命は、感情と意識を吹き込まれ、自らが構築した文化を通じて豊かになった人間の心に今日見出される、以後のさまざまな発展を予示していた。感情や意識を備えた複雑な心は、知性と言葉の発展を導き、生体の外部からホメオスタシスの動的な調節を行なう新たな道具を生んだ。この新たな道具の目的は、初期の生命に課された、生存のみならず繁栄を目指せとする規則と現在でも調和している。

ならば、この尋常ならざる発展の結果が、気まぐれとまでは言わないまでも一貫性を欠いているのはなぜだろうか？　なぜ人類の歴史は、かくも多くのホメオスタシスからの逸脱や苦しみにまみれているのか？　これらの問いはのちの章で詳しく検討するが、とりあえずここでは、文化的な道具は、個体、あるいは核家族や部族などの小集団のホメオスタシス維持に関連して最初に発達したのだと述べるに留めておく。そこでは、より大規模な集団への拡張は考慮されていなかったし、そもそも考慮など不可能だった。より大規模な人間の集団では、文化的集団、国、さらには地政学的圏域でさえ、たった一つのホメオスタシスに服する、より巨大な有機体を構成する複数の部位としてではなく、おのおのが個々の有機体として機能することが多い。そして各有機体は、独自のホメオスタシスのコントロールを用いて自組織の利益を守る。文化的なホメオスタシスは、未完成品であり、逆境の時期に何度も損なわれてきた。あえていえば、文化的なホメオスタシスの成功は、さまざまな調節目標を互いに調和させようとする文明の、はかない努力に依存する。F・スコット・フィッツジェラルドの「だから私たちは、つねに過去へ戻されながらも、流れに逆らってボートを懸命に漕ぎ続ける」という言葉によって示される静かなあがきが、人間の本性をとらえた、もっとも妥当な先見の明に満ちた表現であり続けているのだ。(13)

第2章　比類なき領域

生命

生命、少なくとも私たちの祖先になる生命は、かのビッグバンが起こってからはるかのちのおよそ三八億年前に、銀河系に座す太陽の庇護を受けながら地球上で、今となっては驚嘆するしかないその始まりを祝ういかなるファンファーレもないまま誕生したようだ。当時の地球に存在していたのは、地殻、海洋、大気、さらにはとりわけ気温などの独自の環境条件や、炭素、水素、窒素、酸素、りん、硫黄などの重要な元素であった。

そして、周囲を包む被膜に保護された、細胞と呼ばれる隔離された比類なき領域の内部で、いくつかのプロセスが生じた。(1)生命は最初の細胞の内部で、特異な親和性を持つ化学物質が、化学反応を無際限に繰り返し、動いたり脈動したりしてそれ自体を維持する尋常ならざる集合を形成することで誕生した。あるいは、その最初の細胞そのものであったというべきかもしれない。この細胞は、必然的に生じる損耗を独力で修復した。ある部分が破壊されると、その部分を多かれ少なかれ元どおりに入れ替えた。そしてその活動を通じて細胞の機能的構成が維持され、生命は衰えることなく続いてきた。「代謝」は、この偉業の達成を可能にした化学的な経路の名前である。このプロセスは、環境内に存在するエネルギー源から必要なエネルギーをできるだけ効率的に引き出し、破損した装置の修復や老廃物の排出のために利用するよう細胞に求める。ちなみに、「代謝（metabolism）」は、ギリシア語の「変化」を意味する言葉をもとに、最近（一九世紀後半に）造られた用語である。代謝は異化（catabolism）、すなわちエネルギーを放出して分子を解体するプロセスと、同化（anabolism）、すなわちエネルギーを消費して分子を構築するプロセスから成る。英語やロマンス諸語〔フランス語やイタリア語などラテン語に由来する言語〕で使われている「代謝」という用語は、物質の交換を意味する同義のドイツ語「Stoffwechsel」と比べるとあいまいである。フリーマン・ダイソンがいみじくも述べているように、このドイツ語は、代謝の何たるかをみごとに表わしている。[2]

しかし生命のプロセスには、バランスの維持以上の機能がある。細胞は、いくつかの「安定した状態」をとり得るが、その能力がピークの状態にあるとき、正のエネルギーバランス、すなわち生命を最適化し、未来に向けて発展するために使える余剰がもっとも得られやすい安定状態へと自然に向かう。その結果、細胞は繁栄を享受できるのである。この文脈では、繁栄とは、生存に資するより効率的な手段の確保と、繁殖の可能性の両方を意味する。

何があっても生存し未来に向かおうとする、思考や意思を欠いた欲求を実現するために必要な、連携しながら作用するもろもろのプロセスの集合を、ホメオスタシスと呼ぶ。「思考や意思を欠いた」という形容と「欲求」という言葉は、見かけは矛盾しているかのように思われるかもしれないが、ホメオスタシスのプロセスを記述するには、そう表現するほうが都合がよい。想像力を働かせて分子や原子の動きに生命の前兆を読み取ることができたとしても、生命が誕生する以前はホメオスタシスに比肩し得るプロセスは存在しなかっただろう。それでも生命の誕生は、特殊な素材や化学的プロセスに結びついていたと考えられる。ホメオスタシスは、細胞レベル、すなわち生命のもっとも単純なレベルにその起源を持つといっても、大きな間違いではないはずだ。その第一の例は、さまざまな形状と大きさを持つ細菌に見出すことができる。ホメオスタシスとは、無秩序な状態に至ろうとする物質の傾向に対抗し、もっとも効率的な安定状態によってのみ達成が可能なレベルで秩序を維持しようとするプロセスをいう。このプロセスは、フランスの数学者ピエール・モーペルテュイが提唱した「最小作用の原理」――そのもとでは自由エネルギーが最大の効率で迅速に費消される――を利用する。数個の手玉を地面に落とさないよう休むことなく次々に空中に投げ上げるジャグラーの妙技を思い浮かべてみよう。生命の脆弱性とそれが抱えるリスクは、まさにそれに似ている。このジャグラーが、自分が繰り出す妙技の優雅さ、すばやさ、手並みを見せつけたがっていれば、観客は、彼がもっとすぐれた演技をするつもりだと思うはずだ。(3)

要するに、あらゆる細胞は無事に生き続けていくための断固とした「意図」らしきものをつねに示してきたのだ。この断固とした意図は、アポトーシスと呼ばれるプロセスによって細胞が文字どおり内部から破裂することで生じる老化や、疾病によってのみ失われる。もちろん私は、心や意識を備える人間と同じあり方で、細胞が意図や欲求や意思を持っていると考えているのではなく、そうであるかのごとく振る舞う能力を持ち、実際にそう振る舞ってきたといいたいのである。意図や欲求や意思を持つ読者や私は、関連するプロセスのいくつかの側面を心的な形態で明示的に表象することができる。個々の細胞は、少なくとも私たちと同じようにはできない。それでも細胞の活動は、意識の働きなしに特定の化学的な素材や相互作用に依拠しつつ、長く存続することを目標にしている。

このような断固とした意図は、哲学者のスピノザが直感的に把握しコナトゥスと名づけた「力」に対応する。今ではそれが、個々の生きた細胞内にミクロのレベルで存在することがわかっており、自然界の至るところにマクロのレベルで、つまり兆単位の数の細胞で構成される人体にも、人間の脳の数十億のニューロンにも、私たちの身体に埋め込まれた脳に生じる心にも、さらには人間の集団が数千年にわたり構築し、改変してきた無数の文化的な事象にも拡張できると考えられている。

正の方向に調節された生命活動の状態を常時維持しようとする試みは、まさに人間存在の本質的な部分でもある。スピノザなら、各人が自己を維持しようとするたゆみない営みを指して、人間存在の第一の現実《リアリティ》と呼ぶだろう。こうした奮闘と努力と傾向の結合は、スピノザが著書『エチカ』第3部の定理6、7、8で用いたラテン語のコナトゥスに近い。スピノザ自身の言葉を借りると、「おのおのの物は自己の及ぶかぎり自己の有に固執するように努める」。そして「おのおのの物が自己の有に固執しようと努める努力はその物の現実的本質にほかならない」〔引用はスピノザ『エチカ』

（畠中尚志訳、岩波文庫）より〕。スピノザのこの言葉を現代の観点から解釈すると、生物は、多大な困難にさらされても、その構造と機能の統合をできる限り長く保てるよう構築されているのだ。興味深いことにスピノザは、モーペルテュイが最小作用の原理を提唱する以前にこの結論に達している（スピノザはそれよりほぼ半世紀前に死去した）。生きていれば、モーペルテュイの援護射撃を歓迎したことだろう。(4)

身体が発達し、各組織が更新されたり古くなったりすると変化が生じるにもかかわらず、コナトゥスは、もとの設計とそれに結びつく生気《アニメーション》を尊重し、同一の個を維持しようとする。生気は、単に生存するだけで十分なのか、それとも最適な生を成就しようとするかに応じて射程《スコープ》が異なってくる。

詩人のポール・エリュアールは、「dur désir de durer」について書いている。これは、コナトゥスの別の言い方だが、頭韻を踏んだフランス語の音の美しさが十分に生かされている。この言葉の意味は、あまりパッとしない翻訳だが、「持続しようとする確固たる欲求」といったところになる。またウィリアム・フォークナーは、「耐えて打ち勝つ」人間の欲望について書いている。彼もまた、すぐれた直感をもって、人間の心におけるコナトゥスの影響に言及しているのだ。(5)

動き始める生命

私たちの周囲や内部や皮膚の上にはたくさんの細菌がいる。しかし三八億年前に生息していた最初期の細菌のサンプルはどこにも残っていない。最初期の細菌がどのような形状をしていたのか、あるいはそもそも原初の生命とは正確にいかなるものだったのかについて知るためには、さまざまな証拠をつなぎ合わせるしかない。原初の時代と現代のあいだには、記録がほとんど残されていないギャップが存在する。したがって、生命はいかにして誕生したのかという謎の解明は、断片的な証拠に基づいて推測するほかはない。

DNA構造の発見、RNAの役割の解明、遺伝暗号の解読によって、生命は、一見したところ、遺伝物質にその起源を持つと考えられるようになった。しかし、この考えには難がある。生命の構築の第一段階で、遺伝物質のような複雑な分子が自然に集まってきたなどという可能性は、限りなくゼロに等しい。(6)

当惑やあいまいさが生じるのは、よく理解できる。一九五三年の、(フランシス・クリック、ジェームズ・ワトソン、ロザリンド・フランクリンによる)DNAの二重らせん構造の発見は、科学の歴史の頂点をきわめたできごとの一つであったし、現在でもそうであり続けている。当然、それ以後の生命科学の定式化にも強い影響を及ぼしてきた。必然的にDNAは、生命の分子、そして生命の起源をなす分子と見なされるようになった。だが、始原のスープのなかで、かくも複雑な分子が、いかにして自然に集まることができたのか？　そう考えると、生命が自然発生する可能性はほとんどあり得ないので、地球上にその起源があることを疑うフランシス・クリックの見方が正しいように思えてくる。彼と、ソーク研究所の同僚レスリー・オーゲルは、無人の宇宙船に運ばれて生命が宇宙から到来した可能性を考えた。これは、宇宙からエイリアンがやって来て、生命を運び込んだとするエンリコ・フェルミの考えのバリエーションである。おもしろい説ではあるが、それでは単に、問題を他の惑星に押しつけたにすぎない。エイリアンはいなくなったのかもしれないし、今でも気づかれることなく巷で生きているのかもしれない。ハンガリーの物理学者レオ・シラードは、「もちろんやつらは今でも生きている。だが彼らは自分たちをハンガリー人と呼んでいるのだ」と言い放った。(7) 別の著名なハンガリー人で生化学者だったチボール・ガンティが、生命がどこか別の場所から運ばれてきたとする考えを批判していただけに、この話はとりわけおもしろい。(8) ちなみにクリックは、のちにこの考えを放棄している。それでも、二〇世紀を代表する何人かの生物学者が、生命の誕生の謎をめぐってさまざまな説を唱えてきた。たとえばジャック・モノーは「生命の懐疑家」で、「宇宙は生命を宿していない」と考えていた。また、クリスチャン・ド・デューブは、それとは正反対の見解を抱いていた。

今日でも、二つの対立する見方がある。一つは「まず複製《レプリケーター》」説、もう一つは「まず代謝《メタボリズム》」説と呼べるだろう。「まず複製」説は、とても魅力的に感じられる。なぜなら遺伝の仕組みは、かなりの程度解明されており、それによる説明には説得力があるからだ。まれに誰かが生命の起源について真剣に考えようとすると、その人はたいがい「まず複製」説をとろうとする。遺伝子は生命の管理を支援し、生命を受け渡すことができるので、遺伝子が生命を始動したと考えない理由などあるのだろうかと思いたくなる。たとえば、リチャード・ドーキンスはこの見方をとる。(9) 始原のスープは自己複製する分子を生み、次にこれらの分子は生きた身体を生み、生きた身体は遺伝子の統合性を守るために生涯奴隷の役を務め、かくして進化の道筋に沿って自然選択の勝利者が行進し続けてきた、と考えるのだ。一九五三年、スタンリー・ミラーとハロルド・ユーリーは、試験管のなかで稲妻の嵐を模した状態を作り出すことで、タンパク質の構成要素であるアミノ酸を生成し、単純な化学作用から生命が誕生し得ることを示した[10]。やがて、脳や心や創造的な知性を備えた人体のような精巧な身体が出現し、遺伝子の命令に従うようになった。この説明に説得力を感じるか否かは、その人の好みの問題にすぎない。だが説明の難しさは、軽く見られるべきではない。なぜなら、生命の起源という点になると、明白なことなど何もないからだ。いずれにせよ、およそ三八億年前の地質学的状況が、ＲＮＡヌクレオチドの自然な構築に適していたとする、この説を擁護するシナリオが提起されている。ＲＮＡワールドは、代謝と遺伝に決定的な役割を果たす化学的な自己触媒サイクルを説明してくれるかもしれない。このシナリオのあるバリエーションでは、自己触媒的なＲＮＡは、複製とその化学作用という二つの役割を果たすと考えられている。

とはいえ私にとってより説得力が感じられるのは、「まず代謝」説のほうである。チボール・ガンティが述べたように、最初は単なる化学作用があった。始原のスープには必要な構成要素が含まれ、熱水噴出孔、稲妻の嵐などの有利な状況が十分に与えられていたために、分子や化学経路が構築され、絶えざる原代謝作用が始動する。そして化学的なマジック、つまり化学作用によって必然的に生体が誕生する。生体には、ホメオスタシスの規則が吹き込まれ、それによって予定表《アジェンダ》が組み込まれる。より安定化した分子や細胞の形態を選択し、生命の持続と正のエネルギーバランスをもたらした力に加え、核酸などの自己複製能力を持つ分子の出現に至る一連の幸運なできごとが発生する。このプロセスは、生命活動の一元化された調節方式と、単純な細胞分裂に取って代わる遺伝的手段による生命の次世代への受け渡しという二つの偉業を達成した。そして、二重の課題を担うこの遺伝装置が停止することは、それ以来一度もなかった。

生命の誕生に関するこの説は、フリーマン・ダイソンによって説得力をもって提起され、Ｊ・Ｂ・Ｓ・ホールデン、スチュアート・カウフマン、キース・バヴァーストック、クリスチャン・ド・デューブ、Ｐ・Ｌ・ルイージらの化学者、物理学者、生物学者によって支持されてきた。このプロセスの自律性、すなわち生命が「内部」から生じ、あらゆる側面においてそれ自体によって始動し維持されてきたという事実は、チリ出身の生物学者ウンベルト・マトゥラーナとフランシスコ・バレーラによって的確にとらえられ、彼らはそのプロセスをオートポイエーシスと呼んだ[11]。

おもしろいことに「まず代謝」説では、ホメオスタシスは細胞に、その細胞の生命が持続するべく、できるだけ完全に任務を達成するよう「勧告する」。この勧告は、「まず複製」説において、遺伝子が細胞に対して行なうとされている勧告と同じだが、そちらでは遺伝子の目的が、細胞の生命ではなく遺伝子自体の存続にあるとされる点で異なる。つまるところ、ものごとがいかに始まったのかとは関係なく、ホメオスタシスの規則は、細胞内の代謝装置のみならず、生命の調節や複製のメカニズムにも現われたといえよう。ＤＮＡの世界では、二つの異なる種類の生命、つまり孤立した個々の細胞と、多細胞生物はやがて、自己を複製し、子孫を生む能力を持つ遺伝的装置を備えるようになった。だが、生殖を支援する遺伝的な装置は、代謝の基本的な調節をも支援するようになったのである。

核の有無にかかわらずつつましい細胞のレベルでも、私たち人間のような複雑な多細胞生物のレベルでも、生命と呼ばれる比類なき領域は、二つの特徴によって定義することができる。すなわち、内的な構造と作用をできるだけ長く維持することでそれ自身の生命活動を調節する能力と、自己を複製し恒久的な存続に挑戦する可能性という二つの特徴である。それはあたかも、各人が、さらには各人の各細胞とそれ以外のあらゆる細胞が、途方もないあり方で、触手を備えたたった一つの巨大な超有機体、言い換えると三八億年前に誕生し今も生き続けるただ一つの有機体を構成しているかのようだ。

この考えは、エルヴィン・シュレーディンガーの生命の定義と一致する。ノーベル賞に輝いた物理学者の彼は、一九四四年に生物学の領域に足を踏み入れて注目すべき業績を残した。彼の小さな名著『生命とは何か』には、遺伝暗号に必要とされる分子の配置をめぐって先見の明に富んだ見解が示されている。そして彼の考えは、やがてフランシス・クリックとジェームズ・ワトソンに大きな影響を及ぼす。タイトルが示す問いに対する答えについては、次のような記述を引用することができる[12]。

「生命とは、物質の秩序立った振る舞いであり、秩序から無秩序に至る傾向だけに頼るのではなく、一部は保たれている既存の秩序にも依存するように思われる」。「保たれている既存の秩序」という考えはまさに、シュレーディンガーが同書の冒頭で引用しているスピノザのものだ。シュレーディンガーの言葉によれば、コナトゥスとは、「無秩序に向かうものごとの自然な傾向に」抗う力なのである。彼は、この抵抗が、生物や、彼が予見していた遺伝を司る分子に現われると考えていた。

シュレーディンガーは、「生命の特徴は何か？　いかなる条件のもとで、一片の物質を生きていると呼べるのか？」と問い、次のように答える。

それが、動いたり、環境とのあいだで物質を交換したりするなど「何かを行ない」続けており、なおかつ同様な状況下で生命のない一片の物質が「実行し続ける」であろうと私たちが予想するよりもはるかに長い期間その行ないが続いた場合に、生きていると呼べる。生命を持たない一つの系が隔離され不変の環境のもとに置かれると、いかなる運動も、種々の摩擦の作用のゆえに、通常はすぐに停止する。電気的、あるいは化学的なポテンシャルの差は一様になり、化合物を形成する傾向を持つ物質は化合物を形成し、温度は熱伝導のゆえに均一化する。そうなると、系全体が不活性な死んだ物質と化していく。不変の状態に達し、いかなる事象も観察されなくなるのだ。物理学者はこの状況を熱力学的平衡、あるいは「エントロピー最大」の状態と呼ぶ。

手入れの行き届いた代謝、つまりホメオスタシスに導かれた代謝は、生命の誕生と発展を決定づけ、進化の原動力になった。そして、環境から栄養とエネルギーを最大の効率で抽出するよう導く自然選択が、代謝の集中化された調節、複製などといった残りの仕事を果たしたのだ。

放熱によって水が生じたおよそ四〇億年前に先立っては、生命やその規則に類するものは何も存在していなかったように思われる。これは、地球が形作られ、温度が下がってまもなく、適切な場所に妥当な化学作用が生まれるまで〔宇宙が誕生してから〕一〇〇億年かかったことを意味する。それから生命が新たに誕生して複雑化していくたゆまぬ歩みを開始し、さまざまな生物種が分化した。宇宙のどこか別の場所に生命が存在するのか否かは、今後の探索によって決着をつけられるべき問いではあるが、地球上とはまったく異なる化学的な基盤を持つ生命が存在したとしても、それほど不思議ではないだろう。

現在でも試験管のなかで、一から生命を作り出すことはできない。私たちは生命の構成要素や、遺伝子が新世代に生命を受け渡し、生命活動を存続させる仕組みについて知っているし、実験室で有機物質を作り出すこともできる。ある細菌からゲノムを除去して、その細菌に別のゲノムを移植することも可能だ。新たに挿入されたゲノムは、その細菌のホメオスタシスを運用し、多かれ少なかれ自己複製もできよう。新たなゲノムは、それ自体のコナトゥスを宿し、その意図を実行するのだともいえよう。だが、最初の比類なき領域に起こったときのように、遺伝子が登場する以前の化学的な生命を一から生成することは、現代の科学をもってしても可能ではない(13)。生命が誕生するよう化学作用を組織化することは、至難の業なのだ。

生命科学に関する会話では、生命の受け渡しや部分的な調節を司る、遺伝子という驚くべき装置が話題になりがちなのも無理はない。しかし生命それ自体となると、話題は遺伝子に尽きるわけではない。それどころか、原初の生物で生じたホメオスタシスの規則のほうが遺伝物質より先にあったのであり、その逆ではないという仮説を立てることができる。この状況が達成されたのは、自然選択の背後に存在し、生命活動を最適化しようとする、化学作用には基づくが遺伝によってコードされているわけではない営為の結果だと考えられる。遺伝物質は、ホメオスタシスの規則を強力に支援し、永続性を保証する試み、すなわち子孫の形成に責任を負うことで、ホメオスタシスの最終的な成功をもたらしたのだろう。

ホメオスタシスを導いた生物学的な構造と作用は、自然選択の対象になる生物学的価値を体現している。この順序の考慮は、生命の起源の問題を解くのに役立ち、決定的な役割を果たしている生理的プロセスを、生命プロセスとその基盤をなす化学作用の特定の条件のもとに位置づける。

生命の歴史における遺伝子の位置づけは、些細な問題ではない。生命、ホメオスタシスの規則、自然選択は、遺伝的プロセスの出現を導き、そこから利益を享受した。また、単細胞生物における社会的行動などの知的行動が進化し、やがて多細胞生物における神経系や、感情、意識、創造性を備えた心が出現する要因にもなった。とりわけ心は、よきにつけ悪しきにつけ、人間があらゆる次元で自己の本性を問い、そもそものような問いを立てることを可能にした、まさにそのホメオスタシスの要求に従ったり抗ったりするための基盤として機能する装置になった。ここでは遺伝子の重要性、効率性、さらには専制的な性質さえ、問題にはならない。重要なのは、生命の歴史においてそれがいかなる順序で生じたかなのである。

◇◇◇◇◇

地球上の生命

地球の誕生　約四五億年前

◇◇◇◇◇◇◇◇◇◇◇◇◇◇◇◇◇◇◇

化学作用と原細胞	四〇～三八億年前
最初の細胞	三八～三七億年前
真核細胞	二〇億年前
多細胞生物	七～六億年前
神経系	約五億年前

第3章　ホメオスタシス

　定期健康診断と呼ばれる儀式で最初にすることの一つは、血圧の測定である。賢明なる読者諸兄は皆、定期的に血圧を測定し、拡張期血圧と収縮期血圧という二つの数値を通知されることをご存知のはずだ。高血圧や低血圧を診断され、食習慣を変えたり薬を服用したりすることで、それら二つの数値を妥当な範囲に抑えるよう忠告された読者もいることだろう。なぜ血圧のことでいちいち騒ぐのか？　なぜなら、血圧には許容可能な範囲があり、限られた変動しか認められないからだ。生体には、自動的にこのプロセスを調節し、上限や下限を超えないようにすることが求められる。しかし自然の安全装置が機能不全に陥った場合、その程度が大きいと、ただちに障害が発生することがある。障害が長引けば、生体の未来は由々しきものになる。医師が知ろうとしているのは、本来果たすべき役割を果たせなくなっている身体組織がないかどうかなのだ。

ホメオスタシスと生命活動の調節は、普通は同義と見なされている。これは、従来のホメオスタシスの概念と一致する。従来の概念は、あらゆる生物が持つ、化学作用や一般的な生理機能を、生存に適した範囲内に継続的かつ自動的に保つ能力と見なす。そのような狭義のホメオスタシスの概念は、この語が指し示す現象の複雑さと広大さを正しくとらえているとはいえない。

単細胞生物であれ、私たちのような複雑な生物であれ、確かに生体が持つ作用のほとんどは、自身を抑制する義務から逃れられない。それゆえホメオスタシスのメカニズムは、厳密に自動的であって、内部環境の状態にのみ関係する概念として当初は定義されていた。この定義に合わせ、ホメオスタシスの概念はサーモスタットのたとえを用いて説明されることが多かった。サーモスタットは、あらかじめ設定された温度に達すると、それまで実行していた（温めたり冷やしたりする）作用を、状況に応じて自動的に停止するか、または始動する。しかし従来の定義や、それに基づく説明は、生命システムが置かれ得る種々の状況まで拡張してとらえられない。その理由を説明しよう。

一つ目は、ホメオスタシスのプロセスが単に安定状態を志向するだけではないという点だ。あとづけで考えると、それはあたかも、単細胞生物や多細胞生物が、繁栄につながる特定の安定状態を目指しているかのように思われる。これは、その生物の未来を志向する自然な上向き調節、言い換えると最適化された生命の調節と、子孫を残す可能性によって自己を未来に託す傾向だといえる。生物は、いわば自身の健康とさらにそれ以上を欲するのである。

二つ目として、生理作用はサーモスタットのように既存の設定値に従うことがまれである点があげられる。それどころか調節プロセスには、完全に近い段階からほど遠い段階に至る連続的なステップが存在する。このプロセスは、一般に感情として経験されるものに対応し、これら二つの事象は密接に関連している。前者すなわち生命活動の状態の良し悪しは、後者すなわち感情の基盤をなす。それに関していえば、概して私たちは、自分の健康状態を知るためにわざわざ医師に相談する必要などないことは注目に値する。そのために血圧を測定するまでもない。感情は、自分の健康状態について一瞬々々私たちに知らせてくれる。いわば健康か病気かを監視する見張り役のようなものだ。もちろん、感情は疾病の発症を見逃すこともあり、情動的感情はホメオスタシスに由来する自然な感情を覆い隠し、それによる明確なメッセージの伝達を阻害することもある。しかし、たいてい感情は、私たちが知るべきことを伝えてくれる。もちろん感情のみに頼って自己の健康管理をすべき理由は何もないが、感情の根本的な役割とその現実的な価値、さらには進化の過程を通して感情が保存されてきた理由を認識しておくことは重要であろう。

三つ目は次のようなものだ。ホメオスタシスの十全な見方は、個体においても社会集団においても、意識と思考能力を持つ心が自律的な調節メカニズムに介入し、かつ基礎レベルの自動的なホメオスタシスとまったく同じ目的を持つ新たな形態の生命活動の調節メカニズムを形成することで、生存と繁栄に向けて上向き調節された生命状態を実現することのできるシステムにも適用できなければならない。私は、文化の構築という人間の営為を、その種のホメオスタシスの現われとしてとらえている。

四つ目は次のとおり。単細胞生物にしろ、多細胞生物にしろ、ホメオスタシスの本質は、エネルギーを管理しようとする、つまりエネルギーを獲得し、生体の修復、防御、成長、繁殖、養育などの重要な課題に割り当てようとする途轍もない試みだという点にある。この試みは、いかなる生物にとっても途方もない努力を要するが、そのことは、構造、組織、環境の多様性が非常に高度化している人間という生物に特に当てはまる。

この試みのスケールはきわめて広大で、その効果はもっとも低次の生理的レベルから、もっとも高次の機能的レベル、すなわち認知にまで及ぶ。たとえば私たちは、気温が上がると水分や電解質の喪失に合わせて自己の生理作用を調節する必要が生じるばかりでなく、認知機能も低下をきたすことが知られている。内的な生理作用の調節に失敗すると疾病や死がもたらされることに、特に驚きはない。酷暑が続くと死者の数や、殺人や自分の主義主張を押し通そうとしてなされる暴力の件数が増えることが知られている。[1] また学生の試験の成績はかなり落ち、人々の態度も気温の影響を受ける。[2] このようにホメオスタシスと生理作用の関係は、生活のあらゆるレベルに影響を及ぼす。酷暑に対する賢明な文化的反応は、おそらくは木陰で過ごすことから生まれ、それからうちわを生み出し、やがてはエアコンを発明するに至った。これは、ホメオスタシスに駆り立てられたテクノロジーの発展の好例と見なせよう。

もう一つのホメオスタシス

従来の狭義のホメオスタシスの概念からは、自然が少なくとも二種類の内部環境の管理方法を進化させたという事実、そして「ホメオスタシス」という用語がそれらのいずれをも指し得ることがすぐにはわからない。その結果、進化におけるホメオスタシスのきわめて重要な意義が、ほとんど見落とされてきた。「ホメオスタシス」という用語は一般に、主観や熟慮なしに自動的に作用する非意識的な形態での生理的コントロールを意味する。細菌の例に見たように、ホメオスタシスが神経系を欠く生物でもうまく作用していることは明らかだ。

　事実ほとんどの生物は、エネルギー源が枯渇したとき、意思の介入なしに食物や水を探すことができる。また周囲に食物や水が存在しなくても、たいていの生物はその事態に自動的に対処することができる。蓄えられていた糖分がホルモンによって自動的に分解され、当面のエネルギー源の欠乏を埋め合わせるために血流を通じて分配される。それと同時に、その個体は、新たなエネルギー源を探索する試みをもっと行なうよう駆り立てられる。通常の解決手段（食物の消化）が適用できないあいだは、そのような代替手段が生存の可否を決定する。同様に、水分平衡（体内に取り込む水分の量と体外へと失う水分の量の平衡関係）が低いと、腎臓はその機能を停止もしくは低下させる。それによって尿の排泄が止まったり尿の量が減ったりし、水分レベルが回復する。そのあいだに、その個体は状況が好転するのを待つ。また冬眠は、気温が下がり利用可能なエネルギーが不足をきたした場合にとれる、自然な対応策だといえる[3]。

　しかしこの意味における狭義の「ホメオスタシス」を、人間を含めた数々の生物に適用するのは不適切である。確かに人間も、自動的なコントロールを用い、それによって大きな恩恵を受けている。前述のとおり、血糖値は、意識の介入を必要としない一連の複雑な作用によって最適な範囲に自動的に矯正される。たとえば、膵臓によるインシュリンの分泌は血糖値を調整し、循環する水分子の量は尿量によって自動的に調節される。しかし人間や、複雑な神経系を持つ他のさまざまな生物には、価値を表現する心的経験が関与する補助的なメカニズムが備わっている。このメカニズムのカギとなる要素は、ここまで見てきたように感情である。だが「心的」あるいは「経験」という言葉がいみじくも示すように、ここでいう十全な意味での感情は、心とその働きによる心的現象が生まれ、意識が芽生え、経験を持てるようになって初めて生じ得る。(4)

現在のホメオスタシス

細菌や植物や単純な動物に見られる自動的なホメオスタシスは、のちに感情や意識を備えることになる心の発達に先立つ。このような発達を通じて、心は既存のホメオスタシスメカニズムに意図的に介入する機会を手にし、さらにのちになるとホメオスタシスを社会文化的な領域へと拡張する創造的で知的な発明が可能になった。だが興味深いことに、細菌に始まる自動的なホメオスタシスは、心と意識のつつましやかな先駆けである、感知し反応する能力を含み、実のところそれらの能力を必要とした。感知する能力は、細菌の細胞膜に存在する化学分子のレベルで作用し、植物にも見られる。植物は、土壌に存在する特定の分子を感知する能力を持ち（事実、根の先端は感覚器官だ）、ホメオスタシスの維持に必要な分子が存在しそうな土地に向かって伸びていくことができる。(5)

通俗的なホメオスタシスの概念は、「平衡」「バランス」という考えを思い起こさせる（「通俗的なホメオスタシスの概念」という表現の矛盾を許していただければ）。しかし生命を対象にする場合、「平衡」という概念はふさわしくない。なぜなら、熱力学的にいえば、「平衡」とは熱的な差異がないこと、言い換えると死を意味するからだ（ただし社会科学では、「平衡」という用語は、それほど不穏な意味を持たない。単純に、同等の対立する力によって生じる安定を意味するにすぎない）。また「バランス」も、ふさわしいとはいえない。沈滞や倦怠を思い起こさせるからだ。私はこれまで長く、「〈ホメオスタシス〉とは、中立的な状態を指すのではなく、生命作用が健康や幸福に向けて上向き調節されるかのように感じられることである」と述べてきた。幸福の感情が基盤にあれば、力強い未来像を描けるということだ。

最近私は、ホメオスタシスの静的な見方、言い換えると「現状維持」説を否定するジョン・トーディの説明に類似の視点を見出した。その代わり彼は、ホメオスタシスを、進化を駆動する一要因と見なし、細胞内の保護された空間、つまり細胞内で触媒サイクルが仕事を果たし、文字どおり生命になることができる空間の形成を促す手段としてとらえている(6)。

ホメオスタシスという概念の起源

ホメオスタシスという概念の背後にある考えは、フランスの生理学者クロード・ベルナールに負うところが大きい。一九世紀の最後の二五年間でベルナールは、「生命が存続するためには、生命システムは自己の内部環境のさまざまな変数を、所定の狭い範囲内に維持しなければならない」という画期的な発見をした(7)。この厳格なコントロールなくしては、生命という魔法はいとも簡単に潰え去るだろう。内部環境（milieu intérieur）の本質は、無数の化学的プロセスが相互作用し合うことにある。典型的な化学的プロセスと、そのカギとなる分子は、血流、内臓（そこで代謝の補助をする）、膵臓や甲状腺などの内分泌腺、生命活動の調節の諸側面を調整する、視床下部を始めとする神経系の特定の領域や神経回路に見出せる。これらの化学的プロセスは、生体の各組織に必要な水分、栄養素、酸素を確保することで、エネルギー資源のエネルギーへの変換を可能にする。この変換は、あらゆる身体の組織や器官を構成する細胞が、各自の生命を維持するのに不可欠なものである。個々の生きた細胞、組織、器官、系《システム》の統合体たる生物は、ホメオスタシスの制限が厳密に遵守される限りにおいて生存し続けられる。特定の変数値が制限範囲から逸脱すると病気になり、その状態がいつまでも修正されないと死という劇的な結果がもたらされる。そのため、いかなる生物も自動的な調節メカニズムを備えているのだ。このメカニズムは、ゲノムによるサインが入った保証書つきで容易に手に入る。

「ホメオスタシス」という用語そのものは、クロード・ベルナールが活躍していた頃から数十年が経過したあと、アメリカの生理学者ウォルター・キャノンによって造り出された[8]。キャノンは、生命システムを指して、そのプロセスを「ホメオスタシス」と名づけたとき、その接頭辞としてギリシア語の「homo（同じ）」ではなく、「homeo（類似する）」を選んだ。というのも彼は、水分、血糖値、血中のナトリウム濃度、体温などの変数が一定の範囲をとることの多い、自然によって作り出されたシステムを考えていたからだ。明らかに彼は、サーモスタットのような人間が作ったシステムによく見られる固定された設定値を考えていたわけではなかった。ホメオスタシスの類義語

「アロスタシス」「ヘテロスタシス」は、範囲の問題、すなわち生命活動の調節が、固定値ではなく一定の範囲内で変動する値に応じて作用するという事実に注意を向けさせるという意図をもって、のちに導入された用語である。(9)とはいえ、こうした最近の造語の背景をなす考えも、ベルナールによって暗示され、キャノンが「ホメオスタシス」と名づけたもとの考えに合致する。ただし「アロスタシス」や「ヘテロスタシス」という新たな用語は、一般にはあまり知られていない。(10)

また私は、ミゲル・アオンとデイヴィッド・ロイドが造語した「ホメオダイナミクス」という用語に多大な好感を寄せている。(11)ホメオダイナミックシステムは、生命システムを考えてみればよくわかるように、安定を失うと、それを取り戻す作用を自己組織化する。そのような分岐点では、システムは、双安定スイッチ、閾値《スレショルド》、波、勾配、動的な分子の再配列などの創発する〔部分の性質の総和を超えた特性が、全体として出現する〕性質をともなう、複雑な振る舞いを示し始める。

内部環境の調節に関するクロード・ベルナールの提案は、動物のみならず植物にも言及するほど時代を先駆けていた。一八七九年の著書『動物と植物に共通する生命現象に関する講義』は、タイトルだけに限っても、今日でも驚くべきものがある。

植物界と動物界は従来、おのおのの分野に属する学徒によってまったく別の領域と見なされてきた。しかしクロード・ベルナールは、植物と動物が互いに類似する基本要件を持つと理解していた。植物は動物と同様、水分や栄養素を必要とする多細胞生物であり、複雑な代謝機能を備えている。ニューロンや筋肉を持たず、いくつかの特筆すべき例外を除いてはっきりとした動作を示さないのは確かだが、概日《がいじつ》リズムを持っており、そのホメオスタシス調節には、私たちの神経系と同様、セロトニン、ドーパミン、ノルアドレナリンなどの化学物質が用いられる。植物は通常、静止していると見なされているが、見た目よりも動きはある。大胆な昆虫がとまると、花弁をすばやく閉じるハエジゴクや、日が昇ると開き、沈むと閉じる花もあるというだけではない。根や茎の成長はまさに動きであり、純然たる物理的力を加えることで生み出される。この事実は、植物の成長を辛抱強く撮影し、早送り再生してみればわかる。

クロード・ベルナールはまた、植物でも動物でも、ホメオスタシスが共生から利益を得ていることを理解していた。一例をあげよう。花はその香りでミツバチを引きつける。ミツバチの訪問は、ミツバチ自身にはハチミツを生成するために、また、植物には受粉のために必要である。そのおかげで植物は花粉を拡散して子孫を増やすことができるのだ。

私たちは現在、共生関係の範囲が、クロード・ベルナールが考えていたよりはるかに広大であることを知りつつある。それには植物や動物に加え、それ以外の生物、すなわち広大かつ多様な原核生物の領域に属する細菌も含まれる。私たちの身体の内部には兆単位の細菌が宿り、快適に生きている。そして食住の提供を受ける引き換えとして、私たちに有益な物質を提供している。

第4章　単細胞生物から神経系と心へ

細菌の生命以後

人間の脳と心はしばらく脇に置いて、細菌の生命について考えてみよう。その目的は、単細胞生物が、人間に至る長い進化の歴史のどこに、そしてどのように位置づけられるのかを検討することにある。細菌をじかに目で見ることはできないために、この作業は、最初は少し抽象的に思われるかもしれない。だが、顕微鏡を覗いて微生物が行なっている驚くべきことについて知れば、抽象的にはまったく思えなくなるだろう。

細菌が最初の生命体であり、かつ現在でも存在していることは言うまでもない。だが、現在でも存在している理由は勇敢な生存者《サバイバー》だからだといえば、細菌をひどく過小評価している。細菌は地球上でもっとも数が多く多様な生物であるばかりか、細菌の多くの種《しゅ》は、真に私たち人間の一部を構成している。進化の長い歴史を通じて、多くの細菌が人体のより大きな細胞に取り込まれてきたし、現在でも私たちの体内に宿り、調和しながら共生している細菌は多い。人体には、人の細胞より多くの細菌の細胞が存在する。しかも差は、一〇倍単位の規模であり途方もなく大きい。腸内だけでも、通常はおよそ一〇〇兆の細菌が宿っているのに対し、人体全体の細胞は、全種類数えて一〇兆程度にすぎない。微生物学者のマーガレット・マクファール・ヌガイが、「植物や動物は、微生物の世界についた緑青である」と述べるのも故《ゆえ》あってのことだ(1)。

この大成功には理由がある。細菌は、たとえその知性が感情や意図や主観を備えた心に導かれているわけではないとしても、非常に知的な生物だと見なせる。環境の状態を感知して、自己の生存に有利な方法で反応するのだから。それには、精巧な社会的行動さえ含まれる。互いにコミュニケーションを図る能力を持ち、もちろん言葉を使ったりはしないが、細菌が用いるシグナル分子は多くを語ることができる。また、計算能力を動員して状況を評価し、それをもとに孤立したまま生存するか、必要なら集団を形成するかを決めることもできる。このように単細胞生物は、神経系や心を持たないにもかかわらず、知覚、記憶、コミュニケーション、社会的ガバナンスなどのさまざまな能力を備えている。これらすべての「脳や心のない知性」を支える機能は、やがて神経系が進化のなかで探査し、手に入れ、発達させることになる化学的、電気的なネットワークに依存する。つまり、進化の歴史のはるかのちになってから、ニューロンや神経回路は、化学反応や、細胞骨格と呼ばれる細胞体の構成要素、そして膜組織に依拠する、より古い発明を巧みに利用したのである。

歴史的にいえば、細菌、すなわち原核生物と呼ばれる核のない細胞の世界に次いで、およそ二〇億年後に、真核生物、すなわち核のある細胞が支配するはるかに複雑な世界が誕生する。そして今から六～七億年前に、多細胞生物、そして後生動物〔原生動物以外のすべての動物を指す〕が登場する。この進化と成長の長いプロセスは、通常は競争的な側面が強調されがちだが、実のところ強力な協業の例に満ちている。たとえば、細菌細胞は他の細胞と協力し合って、より複雑な細胞小器官を形成する。ミトコンドリアは細胞小器官の一例で、細胞組織内に存在するミニ器官である。専門的にいえば、人間の細胞には、その構造内に細菌を取り込むことで始まったものもある。有核細胞は、互いに協力し合いながら組織を形成し、組織はのちに器官やシステムを構成していく。原理はつねに同じだ。有機体は、他の有機体が提供できる何かのために、自分の持つ何かを差し出すのである。長い目で見ると、この戦略は効率よく生きることを可能にし、生存の可能性を高める。細菌、有核細胞、組織、器官が捨て去るものとは一般に自己の独立性で、その代わりに受け取るのは、有利な一般的条件という形で協力関係を通じて得られる「共有物《コモンズ》」へのアクセス権だ。コモンズには、たとえば不可欠な栄養素、あるいは酸素や適正な気候などがある。今度誰かが、国際的な貿易協定を悪しき考えとして嘲笑したときには、このことを思い出そう。著名な生物学者リン・マーギュリスは、複雑な生命の構築における共生の役割を強調する説を、そのような考えがほとんど存在していなかった時代に提唱した。(2)

ホメオスタシスの規則は、協力のプロセスの背後に存在し、「総合的なシステム」の出現にも大きな役割を果たすなど、多細胞生物の進化の歴史を通じて至るところで作用していた。そのような「全身体システム」なくしては、多細胞生物の複雑な構造や機能は出現し得なかっただろう。その種の発達の代表例として、循環系、内分泌系（ホルモンを組織や器官に分配する役割を担う）、免疫系、神経系をあげることができる。[3] 循環系は、栄養素や酸素を身体のあらゆる細胞に分配できるようにする。消化器系で実行される消化作用によって得られ、身体全体に運ぶ必要のある化学物質を分配するのである。細胞は、それらの化学物質や酸素なしには生存できない。アマゾンのビジネスのようなものとして循環系の働きを考えてみればよい。循環系はまた、特筆すべき仕事を行なう。代謝交換によって生じた老廃物を集め、除去するのだ。最後につけ加えておくと、ホルモン調節と免疫作用という、ホメオスタシス関連の二つの重要な仕事の支援を行なう。とはいえ、生体全体にわたってホメオスタシスに貢献するシステムの際たるものは神経系であり、次にそれについて検討しよう。

神経系

神経系は、進化の歴史のどの時点で登場したのだろうか？　五億四〇〇〇万年前から六億年前に終わった先カンブリア時代というのが有力な見方だ。古いといえば古いが、生命が誕生した時代に比べれば、それほど古くはない。生命は、多細胞生物を含めて、神経系なしにおよそ三〇億年間うまくやってきた。知覚、知性、社会性、情動が最初に誕生したのはいつかを考えるにあたって、この経緯をしっかりと念頭に置いておく必要がある。

今日の観点から見ると、複雑な多細胞生物は神経系の登場によって、生体全体にわたるホメオスタシスの維持にうまく対応できるようになり、それによって身体組織や機能の拡張への道が開けた。神経系は生体の残りの部位、つまり身体の召使として誕生したのであって、その逆ではない。現在でも、召使の役割をある程度果たしているといえるかもしれない。

神経系には、いくつかの際立った特徴がある。もっとも重要な特徴は、その代表格たる細胞、すなわちニューロンに関係する。ニューロンは、興奮する能力を持ち、「活性化」すると、細胞体から軸索（細胞体から出る線維）へと伝わる電気パルスを発し、別のニューロンもしくは筋細胞に接する部位で、神経伝達物質と呼ばれる化学物質の放出を引き起こす。シナプスと呼ばれるこの部位では、放出された神経伝達物質が次のニューロンもしくは筋細胞を活性化させる。それに匹敵する離れ業、すなわち電気化学的なプロセスを用いて他の細胞を活性化させるなどという営為をなし得るタイプの細胞は他にほとんどない。ニューロン、筋細胞、いくつかの感覚細胞はその典型例である(4)。この離れ業を、細菌のような単細胞生物が最初につつましやかになし遂げたすばらしき生体電気的シグナル作用として称えることもできよう(5)。

神経系の独自性の背後にあるもう一つの特徴は、神経線維、すなわちニューロンの細胞体から発する軸索が、個々の器官、血管、筋肉、皮膚など、身体の隅々に達している事実に由来する。そのため神経線維には、中心の細胞体から非常に長く伸びるものもかなりある。末端に送られた使節には、それに見合った使節が送り返される。進化した神経系では、互恵的な神経線維が逆方向に、つまり無数の身体部位から神経系の中枢（人間の場合には脳）に向けて走っている。中枢神経系から末梢に至る神経線維の仕事は、基本的に化学物質の分泌や筋肉の収縮などの活動を促すことである。

そのような活動の並外れた重要性について考えてみればよい。神経系は、分泌された化学物質を末梢に分配することで、それを受け取る組織の作用を変えられるのだ。また筋肉を収縮させ、動きを生み出すこともできる。

それに対し、身体の各部位から脳に向けて逆方向に走る神経線維は、内受容と呼ばれる機能を実行する（内受容は、内臓で起こっていることに密接に関連するので、「内臓感覚」とも呼ばれる）。この機能の目的は何か？　その答えは、簡潔にいえば生命活動の状態の監視である。つまりこの機能は、必要なら脳が介入できるよう、あれこれ詮索して身体の他の部位で何が起こっているかを脳に報告する任務を帯びているのだ(6)。

その点に関して補足しておこう。まず内受容に関する神経系の監視業務は、より古い時代に出現した原始的なシステムを継承している。このシステムは、化学物質が血中を移動して、中枢と末梢両方の神経構造に直接働きかけることを可能にした。太古の時代から存在する、この化学的な内受容経路は、身体で起こっている事象に関する情報を神経系に伝達する。また明らかに、神経系に由来する化学物質が血流に入り、代謝作用に影響を及ぼせるという意味で、この太古の経路は双方向に作用する。

二点目は次のとおり。人間のような意識を備えた生物でも、内受容シグナルの第一波は、意識の埒外で伝達される。また、無意識の監視作用をもとに脳が実行する矯正反応のほとんども意識にのぼらない。とはいえこれから見ていくように、監視業務はやがて、意識的な感情を生み主観的な心にのぼるようになる。非意識的なプロセスの恩恵を受けつつも、反応が意識的な熟慮の影響を受けるようになるのは、この点を超えてからのことにすぎない。

三点目は次のようなものだ。生体機能を大規模に監視するという業務は、複雑な多細胞生物において適切なホメオスタシスが発達するのに好都合だったが、この業務は、現代人が臆面もなく称揚する、「ビッグデータ」を駆使する監視テクノロジーの自然界における先駆と見なせる。監視は、身体の状態に関する直截な情報を得られることと、それに関連する未来の状態を予測できることという二点で役立つ[7]。ここにも、生命の歴史における生物学的現象が意外な順序で登場した例が認められる。

つまり脳は、特定の化学物質を特定の身体領域に分配するか、もしくは体内のさまざまな領域に化学物質を循環させる血流に乗せることで、身体に働きかけるのだ。脳はまた、筋肉を活性化することで身体に働きかけることができる。この筋肉には、自分が動かしたいときに動かせる筋肉（私たちは意図的に、歩いたり、走ったり、コーヒーカップを持ち上げたりすることができる）と、必要に応じて意思の介在なしに動く筋肉の両方が含まれる。たとえば、水分が不足して血圧が下がると、脳は、血管の壁面を構成する平滑筋に対し収縮指令を出し、血圧を上げる。同様に消化器系の平滑筋は、独自のリズムに従って意思の介入をほとんど、もしくはまったく必要とせずに消化を行ない、栄養素を吸収する。脳は、生体全体のためにホメオスタシスの是正を行なう。そして「私たち」は、そこから利益を難なく享受するのである。私たちが自然に微笑み、笑い、あくびし、呼吸し、しゃっくりをするときには、横紋筋を必要とする、やや複雑な不随意の動作が生じる。また心臓は、賢明かつ不随意にコントロールされる横紋筋である。

神経系の始原は、それほど複雑なものではない。むしろまったく簡素なものであった。それは文字どおり神経の網、導線によって構成される網状組織（reticulum、網を意味するラテン語の「rete」に由来する）、つまりネットワークであった。始原の神経網は、今日でも人間を含めた多くの生物種の脊髄や脳幹に見出される「網様体」に類似する。この単純な神経系においては、「中枢」と「末梢」のあいだの区別ははっきりせず、身体を縦横無尽に走るニューロンの配線から構成されていた。(8)

神経網は、先カンブリア時代に刺胞動物などの生物種に出現した。その「神経」は、身体外部の細胞層である外胚葉から生じる。そしてこの神経網は、長い進化の過程を経たあとで複雑な神経系がなし遂げるようになり、現在でも見られる主たる機能のいくつかを、単純な形態で実行するのに一役買っていた。体表面に近く、外界から刺激を受ける位置にある神経は、初歩的な知覚の形成に役立つ。つまり周囲の状況を感知する。また、たとえば外界からの刺激に反応する際、生体を動かすために他の神経を用いることができる。これは単純な移動《ロコモーション》であり、刺胞動物のヒドラでは泳ぎになる。それとは別の神経群は、内臓環境の調節を受け持っていた。消化器系に支配されたヒドラの場合、神経網は、栄養素を含む水の取り込みから老廃物の排出に至るまで、消化作用の全行程をさばく。消化作用の秘訣は蠕動《ぜんどう》にある。神経網は、消化管に沿って順次筋肉を収縮させて、波状の蠕動を引き起こすことで、取り込まれた物質を分配するのである。これは、人間の消化管の蠕動とそれほど変わらない。奇しくも、かつては神経系をまったく持っていないと考えられていた海綿は、管状の空洞の口径を調節し、栄養素を含む水の取り込みや老廃物を含んだ水の排出を可能にする、さらに単純な装置を備えている。つまり海綿は、膨らんでは開き、縮んでは閉じ、縮んだときには、いわば「せき」や「げっぷ」をするのだ。

私たちの消化管に存在する複雑な神経網たる腸管神経系が、この古い神経網の構造によく似ているのは非常に興味深い。この事実は、腸管神経系がよくいわれるように「第二」の脳ではなく、実のところ「第一」の脳なのではないかと私が考える理由の一つである。

無数の生物種に見られるものより複雑な神経系が、カンブリア爆発以後に発達し、やがて霊長類、とりわけ人間の持つ高度に複雑化した神経系によって頂点をきわめるまで、おそらくはさらに数百万年かかったはずだ。ヒドラの神経網は種々の作用を調整し、ホメオスタシスのニーズを外界の諸条件と調和させることができるが、その能力は限られている。環境中の特定の刺激を感知し、状況に合った反応を示すことならできる。このヒドラの感知能力は、よくてお粗末な触覚といったもので、神経網は、ごく基本的な知覚を可能にするというのがせいぜいのところだ。また神経網は、初歩的な自律神経系のようなものとして内臓の調節を行ない、移動の動作を管理し、一連の機能を調整する能力も持つ。

神経網に実行できないことを知るのも重要である。神経網の感知能力は、ただちに有用な反応を示すことを可能にする。感知し反応するニューロンは、自らの活動によって変更され、自身が巻き込まれたできごとに関して何がしかを学ぶ。しかしその日暮らしを続ける生物は、ほとんど知識を蓄積することがない。つまり、記憶能力が限られている。知覚も単純なら、神経網の構造も簡素であり、形状や材質などの刺激の特徴や、それ自身への刺激の影響をマッピングできるだけの能力は備えていない。また、神経網の構造では、触れた物体の構成パターンを内的に表象することができない。マッピング能力の欠如は、イメージを生成する能力の欠如をも意味する。ちなみにイメージは、やがて複雑な神経系が発達させる心の構成要素になるものだ。そしてマッピング能力とイメージ形成能力の欠如は、他にも致命的な結果をもたらす。つまり、心が存在しなければ意識も生じ得ないし、さらにはより根本的なことに、身体作用と密に織り合わされたイメージによって構成される感情という、非常に特殊なタイプのプロセスも生じ得ない。言い換えると、私の見るところ、意識と感情は、専門的な意味において心が存在するか否かにかかっている。感覚刺激の持つさまざまな特徴をマッピングすることで、脳が緻密な多感覚性の知覚を構築できるようになるには、より高度な神経装置が進化するのを待たねばならなかった。イメージの生成と心の構築に至る道は、そこで初めて開けたというのが私の見方である(9)。

イメージを持つことがなぜそれほど重要なのか？　イメージを持つと何ができるようになるのか？　イメージの存在は、外的な事象と内的な事象の両方に由来する、その瞬間の感覚刺激をもとに、各器官が内的表象を構築できることを意味する。身体の協力を得て神経系内に形成される内的表象は、そのようなプロセスを備える生物に新たな世界を与える。その個体にのみアクセス可能な表象は、たとえば四肢や身体全体の緻密な動作を導いてくれる。視覚、聴覚、触覚に由来するイメージに導かれた動作は、その個体に有利な結果をもたらす可能性が高い。それに応じてホメオスタシスも改善され、生存の可能性も高まる。

要するにイメージは、生物自体が自己の内部におけるその形成に気づいていなくても優位性をもたらす。主観を形成し心のなかでイメージを検査する能力を持たない生物でも、イメージは動作の実行を自動的に導いてくれる。その際、動作はより正確に目標をとらえられるようになり、うまく目的を達成できる可能性が高まる。

神経系が発達すると、末梢の探針《プローブ》、つまり身体の内部と表面のあらゆる部位と、視覚、聴覚、触覚、嗅覚、味覚を可能にする特殊化した感覚装置に分散する末梢神経によって構成される精巧なネットワークが確立される。

神経系はまた、一般に脳と呼ばれる、一連の精巧な中央処理装置の集合を中枢に形成する。[10] それには（1）脊髄、（2）脳幹とそれに密接に結びついた視床下部、（3）小脳、（4）脳幹の上に位置する（視床、大脳基底核、前脳基底部内の）いくつかの大きな神経核、（5）このシステムのなかでもっとも新しく高度な構成要素《コンポーネント》である大脳皮質が含まれる。これらの中央処理装置は、学習やあらゆる種類のシグナルの記憶保持とその統合を管理する。また体内の状態や外来の刺激に対して複雑な反応（衝動、動機、情動を含む重要な作用）を示し、一般に思考、想像、推論、判断などと呼ばれるイメージ操作のプロセスを管理する。最後に、一連のイメージのシンボルへの変換、そして究極的には、言葉への変換を管理する。言葉は、さまざまな組み合わせによっていかなる物体、性質、行動をも表わすことのできるコード化された音やジェスチャーから成り、文法と呼ばれる一連の規則によって互いの結びつきが統御される。言葉を獲得した生物は、非言語的な事象を言葉に翻訳し続け、対象となる事象に対して語り《ナラティブ》の二重トラックを築き維持することができる。

特筆すべきは、いくつかの主たる機能が、脳のさまざまな構成要素によって組織化されたり調整されたりすることで、明確に分担されていることである。たとえば、脳幹、視床下部、終脳のいくつかの神経核は、先述した衝動、動機、情動と呼ばれる作用を生み出す役割を担う。脳はそれをきっかけに、種々の内的、外的な状況に対して、あらかじめ設定されている行動プログラム（たとえば特定の化学物質の分泌や動作など）を実行することで反応するのだ。

もう一つの重要な機能分担は、動作の実行と動作シーケンスの学習に関するもので、それにはおもに小脳、大脳基底核、感覚運動皮質が関与する。また、イメージに基づく事実やできごとの学習や想起に関連する重要な機能分担が存在する。それに参加するスタープレーヤーは海馬と大脳皮質であり、両者は神経回路を投射し合っている。さらにそれとは別に、あらゆる非言語的イメージを言葉へ変換する機能分担もあり、脳が生成しナラティブの流れを生み出している。

豊かな機能と能力を備えた神経系は、内的状態のマッピングやイメージングの能力を獲得したことに対するほうびとして、感じる能力を与えられた。また、意識という珍奇なほうびが与えられたのも、そのような能力を備えた生物であった。

さまざまなものごとを記憶し、感じ、いかなるイメージやイメージ間の関係をも言葉に変換し、あらゆる種類の知的な反応を呈する能力を持つ人間の心の栄光は、並行して生じたさまざまな神経系の発達のストーリーのなかで、遅れて勝ち取られたものにすぎない。

現在では神経系全体に関して多くのことが知られ、ここまで列挙してきた構成要素のほとんどに関して、その主たる機能がおおむね解明されているといってもよかろう。とはいえ明らかに、ミクロやマクロの神経回路が持つ作用の詳細の多くはまだ知られておらず、種々の解剖学的構成要素がいかに機能的に統合されているのかについても、十分に明確化されていない。一例をあげよう。ニューロンは活性化されているかいないかで表現できるので、その作用はブール代数、つまり0か1によって記述することができる。「脳はコンピューターである」という考えの背後には、この信念が横たわっている。[11] しかしミクロの神経回路の活動は、そのような単純な見方にそぐわない予測不可能な複雑性を示す。たとえば、特定の状況下では、ニューロンはシナプスを介さずに他のニューロンと連絡を取り合うことが可能であり、また、ニューロンとそれを支えるグリア細胞は、頻繁にやりとりする。[12] このような例外的なやりとりの結果、神経回路は調節される。その作用は、単なるオンかオフかの図式に当てはまらず、単純なデジタル設計の観点からは説明し得ない。さらにいえば、脳の組織と、脳が組み込まれている身体の関係は、完全に理解されているわけではない。この関係は、「私たちはいかにして感じるのか?」「意識はいかに構築されるのか?」「私たちの心はなぜ知的な創造を行なえるのか?」などといった、人間性を説明するうえでもっとも重要になる脳機能の諸側面に関する問いに答えるにあたって重要なカギになるにもかかわらず、よく理解されていないのだ。

以上の問いに答えるためには、人間の神経系を適切な歴史的観点から眺めることが重要であると、私は考えている。それには、次の事実を認める必要がある。

1. 神経系の出現は、精巧な多細胞生物の繁栄にとって必須の要件であったこと。神経系は、その生物全体のホメオスタシスに仕える召使として働いてきた。とはいえ神経系の細胞自体の生存も、それと同じホメオスタシスのプロセスに依拠している。行動や認知の議論では、この統合化された相互性が見逃されやすい。

2. 神経系は、それが仕えている生物、具体的にいえば身体の一部をなし、身体と密接にやりとりすること。そしてこのやりとりは、神経系がその生物を取り巻く環境と行なうやりとりとは性質がまったく異なること。この特権的な関係の特殊性も、見逃されやすい。なお、この重要な問題については第2部で検討する。

3. 神経系の出現は、化学的/内臓的なものに加えて、神経系が介在するホメオスタシスへの道を開いたこと。のちになって感情と創造的な知性を備えた意識ある心が発達を遂げると、社会的、文化的な空間で複雑な反応を示す道が開けた。これら複雑な反応はホメオスタシスに触発されて始まったものだが、のちにはホメオスタシスのニーズを超え、かなりの自律性を獲得するに至る。そこに文化的な生活の起源があるが、単なる起源では終わらない。最高レベルの社会文化的創造においてさえ、もっともつつましい生物の典型である細菌に見られる、生命活動に関与する単純なプロセスの痕跡が認められる。

4. 高度な神経系の複雑な機能のいくつかは、システム自体に備わる低次の装置による単純な作用にその起源を持つ。そのため、たとえば感情や意識の基盤を、いきなり大脳皮質の作用に見出そうとしても生産的ではない。それよりも、第2部で論じるように、脳幹の神経核や末梢神経系の作用に目を向けたほうが、感情や意識の先駆けを特定できる可能性が高まるだろう。

生体と心

知覚、感情、観念、知覚や観念を記録できる記憶、想像、推論、内的な発話や思考を表現するために用いられる言葉などの心の働きに関して、あたかもそれらが脳の独占的な産物であるかのように主張する記述を目にすることが多い。その種の記述では、神経系はしばしばヒーローの座に祭り上げられる。身体は脳が入った桶、すなわち単なる傍観者であり、神経系を支援しているにすぎないとでもいいたいかのようなこの見方は、過度の単純化であると同時に誤りでもある。

神経系が私たちの心の働きを実現している点に疑いはない。だが、神経、脳、極端なケースでは大脳皮質を中心に据えるこれまでの見方に欠けているのは、神経系が身体のアシスタントとして誕生したという事実である。つまり、組織、器官、系が所定の機能を実行し、環境との関係を維持するために、専門の調節システムを必要とするほど複雑化し多様化した身体の生命プロセスの調整者として、神経系は誕生したのである。神経系は、この調整を達成するための手段であり、かくして複雑な多細胞生物の不可欠の構成要素になったのだ。

心の働きに関する、より精緻な説明は、次のようなものだ。ホメオスタシスの調節は、神経系を持たない単純な生物でさえ長いあいだ行なっていた。しかし神経系は、それをきわめて複雑な生理的レベルで遂行するようになった。心の働きの単純な側面も並外れた成果も、そうした神経系が生んだ副産物の一部としてとらえられる。複雑な身体を備えた生物の出現を可能にするという重要な課題を達成する途上で、神経系はさまざまな戦略、メカニズム、能力を発達させ、きわめて重要なホメオスタシスのニーズの面倒をみるだけでなく、それ以外の多くの成果も生んだ。そしてその成果は、生命の調節にすぐには必要でないか、明確には関係しないかのいずれかであった。心は、生命の効率的な運営の支援を生体内で請け負う神経系の存在と、神経系と身体の頻繁なやりとりに依存する。「身体がなければ、心は決して始まらない」。人間は、身体、神経系、そしてそれら両方に由来する心を抱えているのである。

心は与えられた基本的な任務を超えて飛翔し、一見しただけではホメオスタシスとは無関係に思われる産物を生み出すことができる。

身体と神経系の関係をめぐるストーリーは、書き換えられねばならない。心を高尚なものとして語るとき、私たちは身体を否定的にとはいわないまでも軽視しようとするが、身体は実のところ、連携し合う無数の素粒子→原子→分子→細胞→器官→系から成る、恐ろしく複雑な有機体の一部をなしている。

生物が持つもっとも際立った特徴の一つは、構成要素同士が示す並外れた連携と、その結果生じる途方もない複雑性である。細胞要素同士の特定の関係から生命が生じたのと同じように、生体の複雑性の増大は新たな機能を生んだ。こうして生じた機能や性質は、単に個々の構成要素を調査するだけでは説明できない。要するに、全体構造が小さなかたまりから大きなかたまりへと移行するにつれ、創発的に新たな機能が出現することこそが複雑性の特徴なのだ。細胞要素における生命の出現そのものを、その代表例としてあげることができよう。連携による帰結の他の重要な例として主観的な心の出現があげられるが、それについてはあとで検討する。

生物の生命には、それを構成する細胞の生命の総和以上の何かがある。生物には包括的な生命、いわばグローバルな生命が存在するのだ。この生命は、それを構成しその内部に存在する無数の生命の、高次における統合によって生じる。生物の生命は、自身を構成する細胞の生命を超越し、一方ではそれを利用し他方ではそれを養うことで、互いに利益を与え合う。このリアルな「複数の生命」の統合は、まさしく現代の複雑なコンピューターネットワークには不可能なあり方で、一個の生物の生存を可能にする。生物の生命の存在は、それを構成する各細胞が、環境から摂取した栄養素をエネルギーに変換するために、精巧なミクロの細胞要素を用いる能力を持ち、また実際に用いる必要があることを意味する。各細胞はこの営為を、ホメオスタシス調節の精緻なルールと、何としてでも生存し続けることを求めるホメオスタシスの規則に従って実行する。しかし人間を代表とする生物の途方もない複雑性は、神経系という支援、連携、コントロールを可能にする装置の助けを借りるようになってから生じたのだろう。これらすべてのシステムは、完全に身体の一部をなし、それ自体も生きた細胞から構成される。神経系を構成する細胞が統合性を保つには定期的に栄養が補給されねばならず、いかなる身体細胞とも同様、疾病や死の危険を抱えている。

生物における器官、システム、機能の出現の順序を考慮することは、これらの機能がいかに出現し作用しているのかを理解するうえで非常に重要である。神経系、とりわけ人間の神経系や、その驚嘆すべき産物たる心と文化の構成要素や機能の歴史的な先例を考察するときほど、この点が明白になることはない。ものごとの出現には順序がある。その順序は、視点の取り方によって意外に思われることもあれば、そうは思われないこともあるだろう。

第2部　文化的な心の構築

第5章　心の起源

重大な移行

　およそ四〇億年前に生息していた、見かけは非常に単純な生命から五万年前以降の生命、つまり文化的な心を宿した人間の生命へといかにして到達したのだろうか？　その軌跡や、それに用いられた道具に関して何がいえるのか？　自然選択と遺伝がカギであるという答えはまったく正しいが、十分ではない。私たちは、選択的な圧力の一因として、有益に用いられたか否かにかかわらず、ホメオスタシスの規則の存在を考慮に入れる必要がある。また、直線的な進化も、生物の複雑性や効率性の単純な進歩も存在せず、浮き沈みや絶滅さえあったという事実を受け入れなければならない。さらにいえば、人間の心の誕生には神経系と身体の連携が必要であること、また、心は孤立した生物ではなく、社会的環境の一部をなす生物に生じたことを念頭に置く必要がある。つけ加えておくと、心は、感情、主観性、イメージを基盤とする記憶、そしてさまざまなイメージをナラティブによってつなげていく能力（おそらく話し言葉を用いない無声映画のシーケンスのごときものとして始まり、言葉の出現以後、非言語的要素と言語的要素が組み合わされるようになったのだろう）によって豊かになったと認識しておくべきだ。かくして豊かになった心の能力に、やがて知的な創造物を生み出す能力、つまり「創造的な知性」とも呼べるプロセスが加えられる。この能力は、人間を含めたさまざまな生物が、日常生活で迅速かつ効率的に振る舞えるようにした知性をさらに強化したものと見なせよう。そして創造的な知性は、心的イメージと行動を意図的に結びつけることで、遭遇した問題を診断してそれへの対処方法を発見したり、心に描いた好機を実現する新たな世界を構築したりするための手段になったのだ。

本章、ならびに以下の四章では、以上の問題を取り上げる。その際、まず心の起源と形成について、さらには創造的な知性をそもそも可能にした心的構成要素、すなわち感情と主観性について検討する。ここでの目的は、それらの能力の生物学や心理学を包括的に説明することにはなく、その本性を素描して、人間の持つ文化的な心の道具としての役割を正しく認識することにある。

心を宿す生命

最初は、身体全体を使った何らかの動作を実行できる単細胞生物が、感知や反応を行なっていたにすぎない。この感知や反応がいかなるものであったかを知るには、細胞膜にあいた穴を思い浮かべ、穴に位置する化学物質が、他の細胞に対する化学的なシグナル、もしくは他の細胞や環境から受け取ったシグナルとして作用すると理解すればよい。においを発したり、かいだりするようなものである。感知や反応は当初、生命の存在を知らせるシグナルを発し、同等の仕組みを備えた生物からお返しに同様なシグナルを受け取ることで行なわれていた。シグナルは刺激物のようなもので、それによって興奮を引き起こした。「目」や「耳」は存在しなかったが、感知する化学物質は、あたかも目や耳があるかのように振る舞ったともいえよう。[1] においや味に近いのかもしれないが、それらとも違う。このプロセスに心的な側面は何もない。細胞内には、外部の世界にせよ、内部の世界にせよ、それに類似する表象はどこにも存在しない。心や意識はおろか、イメージと呼べそうなものすら何もない。そこには、知覚プロセスの端緒が見られるにすぎない。この端緒の知覚プロセスは、やがて神経系が登場したときに、それを取り巻く世界に類似する表象を生み、心、そして最終的には主観性の基盤になった。心の誕生に向けた歩みは、初歩的な感知や反応とともに始まり、その作用は、私たち人間を始めとするあらゆる動物、植物、水、土壌、あるいは地球の深部にさえ宿る細菌の世界で、今日でも依然として続いている。細菌では、感知や反応は他個体の存在を告知し、周囲にどれほどの他個体が存在しているのかを見積もるのに役立ちさえする。しかし単純素朴な感知や反応は、心の特質や、それに由来する性質を必要としない。細菌や他の多くの単細胞生物は、比喩的な意味でなければ心や意識を持たない。それでも感知や反応は、やがてより複雑な知覚や心になるものに寄与したのである。後者を理解したいのなら、前者を理解し両者の結びつきを解明しなければならない。感知や反応のレベルの知覚は、歴史的な観点から見れば心に先立つが、今日の心を持つ生物にも備わっている。通常の状況下では、私たちの心は、感知した物質に反応し、心的表象、あるいは心によって導かれた行動という形態で、さらなる反応を生む。基本的な感知や反応は、麻酔をかけられたり、眠ったりしているときに止まるにすぎないが、そのおりにも完全に止まるわけではない[2]。

やがて多数の細胞を持つ生物が誕生する。これらの生物の動きは、より緻密になる。内臓が出現し始め、次第に分化していく。ここで特筆に値する目新しさは、全身体システムの洗練と、新たなシステムの出現である。それによって腸、心臓、肺などの単一の機能しか持たない器官の代わりに、総合的なシステムが優勢になる。自分の仕事にほぼ専念している個々の細胞とは異なり、総合的なシステムは多数の細胞から構成され、多細胞生物の内部に存在する他のあらゆる細胞の仕事を見守る。たとえばリンパや血液などの液体の循環、内的な、やがては外的な動きの生成、さらには生体が持つさまざまな作用の全般的《グローバル》な調整に寄与する。この調整は、ホルモンと呼ばれる化学物質を介して内分泌系によって、また炎症反応や免疫作用を司る免疫系によって実行される。それに、グローバルな調整のマスター、すなわち神経系が続く。

それから数十億年が経過すると、生物はきわめて複雑になり、独力で生き続けるための支援をする神経系も複雑化していく。神経系は、物体や他の生物など、環境のさまざまな様相を感知し、つかむ、蹴る、壊す、逃げる、軽く触れる、生殖するなど、四肢や身体全体を用いた、環境に見合った高度な動きによって反応する能力を獲得する。こうして神経系とそれが仕える生体は、全力で協調し合うようになる。

神経系が、生体の内側と外側の両方で感知した物体や動きのさまざまな特徴に反応する能力を獲得してから長い時間が経過したあと、感知された物体やできごと〔「objects and events」。以下単に「事象」と訳す。したがって以下「事象」とある箇所は、物体的な側面と現象的な側面の両方を含む〕をマップする能力が出現する。これは、単に刺激を検知して相応のあり方で反応する作用を支援するだけでなく、神経系が神経回路に配置された神経細胞の活動を用いて、空間内で生じた事象の輪郭を表わすマップを描き始めたことを意味する。その方法を大雑把に理解するには、ニューロンが平らな板の上に回路として配線されたところを想像してみればよい。その際、板の表面のあらゆる点が一つのニューロンに対応する。回路のニューロンの一つが活性化すると、マーカーで板にしるしをつけるように、そのニューロンが光るものとしよう。そのような点が秩序正しく徐々に追加されていくと、それらがつながって線が生じたり、交差したりしてやがてマップが形成される。たとえば、Xの形をした物体のマップを生成するとき、脳は適切な位置と角度で交差する二本の直線に沿って配置されたニューロンを活性化させる。その結果、Xの形をした物体の神経マップができあがる。脳マップの線は、物体の輪郭、感覚的な特徴、動き、空間内の位置を表象する。この表象は、「写真のようなもの」である必要は特にない。だが、角度、重なりなど、物体の各部位間の関係は保たれていなければならない(3)。

次に想像力をはばたかせて、単に形状や空間内の位置だけでなく、音（穏やかなもの、耳障りなもの、騒々しいもの、かすかなもの、近くから聞こえてくるもの、遠くから聞こえてくるものなど）のマップや、触覚、嗅覚、味覚に由来するマップを考えてみよう。さらに、生体内の「事象」、すなわち内臓やその作用をもとに構築されたマップを想像してみよう。こうした複雑に絡み合った神経活動の記述、すなわちマップは、私たちが心のなかでイメージとして経験するものに他ならない。各感覚モードのマップは、イメージ形成の基盤であり、時間の経過に沿って流れるそれらのイメージが、心の構成要素をなしている。それは複雑な生物に生じた革新的な一歩であり、ここまで述べてきた身体と神経系の連携の結果なのだ。この一歩がなければ、人間の文化は決して存在し得なかっただろう。

大きな征服

イメージを形成する能力は、生物が周囲の世界、すなわち存在し得るあらゆる物体や他の生物が含まれる世界を表象する道を開いた。また、それと同様に重要なことに、自己の内部の世界を表象することを可能にした。マッピングやイメージや心が出現する以前、生物は他の生物や外的物体の存在を認識し、それに応じて行動することならできた。化学物質や機械的な刺激を検知することはできたが、検知のプロセスには、化学物質を放出したり、その生物を押したり突いたりした物体の輪郭の記述は含まれていなかった。その頃の生物は、他の生物の一部が接触すれば、その生物を感知することができた。また、それによって利益を与え合ったり、感知し合ったりすることもできた。しかしマッピングとイメージが登場すると、新たな可能性が開けた。生物は、神経系を取り巻く世界の独自の内的な表象を形成することができるようになったのだ。これは、視覚、聴覚、触覚の感覚器官が何とかして検知し記述した事象に「類似し」、それらを「表現する」サインやシンボルの、生物組織における正式な起源をなす。

神経系の「周囲」は、異常に豊かだ。そこには文字どおり、見た目以上のものがある。それには生物の外部の世界が含まれるが、残念ながら科学者も一般の人々も、このたぐいの議論において、一般に生物全体を包み込む環境内の事象しかそれに含めていない。神経系の「周囲」には、その生物の内部の世界も含まれるのだが、この部分の周囲は一般に無視されており、この状況は、生理学一般や、とりわけ認知に関して、現実に即した見方を形成する妨げになっている。

私の考えでは、神経系の周囲全体を同一の神経系内に表象し、私的な内的表現を利用する能力は、生物の進化の新たな経路を切り開いたのである。この能力は、生物が欠いていた「幽霊」であった。フリードリヒ・ニーチェが人間を「植物と幽霊の雑種」と見なしたときに念頭に置いていたのは、この幽霊だったのだろう。やがて神経系は、それ以外の身体部位と連携しながら、生体内部のイメージと並んで、周囲の世界の内的イメージを形成するようになる。ついに私たちは、静かに、そしてつつましやかに心の時代を迎えたのである。そしてこの時代の本質は、今でも存続している。現代を生きる私たちは、イメージが内的な事象と外的な事象の両方に関して自己に向かって物語を紡げるよう、さまざまなイメージをつなげていくことができるのだから。

この説明では、進化がたどった軌跡は明らかである。まず自然は、生体内の最古の構成要素、すなわちおもに内臓や血液循環によって実行される代謝の化学作用と、それが生み出す動作に由来するイメージを用いて、徐々に感情を形成していった。次に、生体内のそれほど古くはない構成要素、すなわち骨格やそれに付着した筋肉に由来するイメージを用いて、生命の外郭、つまり生命が宿る家の正確な表象を作り出した。やがてこれら二セットの表象が結びつけられることで、意識に至る道が開けた。そして最後に、自然は、それと同じイメージ形成装置とイメージに内在する力、すなわち何か他のものを表わし、象徴化する力を用いて、言葉を発達させた。

イメージは神経系を必要とする

精巧な生命プロセスは神経系がなくても存在し得るが、精巧な多細胞生物は自己の生命を維持するために神経系を必要とする。神経系は、生体の管理に関して至るところで重要な役割を果たしている。いくつか例をあげよう。神経系は、内的には内臓の動きを、外的には四肢を用いて動作を調整する。生存を維持するために必要な、体内での化学物質の生成や分配を、内分泌系と連携しながら調整する。また、昼夜の自然な交替に合わせて生体の行動全般を調整し、それに関連する睡眠や覚醒、ならびに必要とされる代謝の変化を調節する。さらには、生存に適した体温の維持を管理し、とりわけ重要な営みとして、心の主要な構成要素をなすマップをイメージの形態で形成する。

神経系が複雑化を遂げるまでは、イメージは存在し得ない。海綿や、ヒドラのような刺胞動物の世界は、単純な神経系の恩恵を受けて豊かになった。しかしそこには、イメージを形成する能力は含まれない(4)。推測にすぎないのだが、神経系や行動がはるかに複雑化した精巧な生物には、人間の心に何らかの基本的なあり方で似た心が備わっているのかもしれない。おそらく昆虫や、すべての、もしくはほとんどの脊椎動物に備わっているのではないだろうか。明らかに鳥類は心を持ち、哺乳類ともなると、その心は私たちのものに十分に似ている。それゆえ私たちは一部の哺乳類が、人間の行動のみならず、しばしば感情や、ときに思考までも理解していると自然に思い込んでしまう。チンパンジー、イヌ、ネコ、ゾウ、イルカ、オオカミについて考えてみればよい。それらの哺乳類が、言葉を持たず、異論はあろうが記憶能力や知性において人間に劣り、そのため人間のものに匹敵する文化的な道具を生み出してこなかったという事実は、疑いようがない。それでも近縁性と類似性は絶大なので、哺乳類の理解は、人間の本性を理解するにあたり重要な一助になるだろう。

神経系はマップ作成装置を豊富に備えている。目と耳は網膜と内耳で、視覚世界と聴覚世界のさまざまな特徴をマップする。この処理は、中枢神経系の構造内で継続され、大脳皮質の奥深くで一連の処理シーケンスが展開される。指で何かに触ると、皮膚に散在する神経終末は、全体的な形状、手触り、温度など、その物体の持つさまざまな特徴をマップする。味覚と嗅覚は、外界をマップする別の二つのチャンネルを提供する。人間の神経系を始めとして高度な神経系は、外界のイメージと生体内部の世界のイメージを豊かに作り出す。また生体内部の世界のイメージには、その起源と内容に従ってはっきりと区別される二つの種類がある。古い内界とそれほど古くはない内界の二つである。

外界のイメージ

外界のイメージは、生物の表面に分布する感覚プローブが周囲の世界の物理的な特徴に関するあらゆる種類の情報を集めることで始まる。視覚、聴覚、触覚、味覚、嗅覚から成る五感には、そのような情報を収集する任務を担う特殊な器官が対応する（聴覚に密接に関連する前庭覚についてはは註5を参照されたい）。五つのうち、視覚、聴覚、味覚、嗅覚に対応する四つの器官は、頭部に位置し、互いに比較的近い場所にある。嗅覚と味覚に対応する器官は、粘膜の小区画に分散している。粘膜は皮膚の異型で、鼻孔と口腔の内側を覆い、湿った状態に保たれ、直射日光から保護されている。触覚に対応する特殊な器官は、皮膚の表面全体や粘膜に分散する。おもしろいことに、味覚レセプターは消化管にも存在する。これは、消化管とその神経系しか存在しなかった頃の名残りと見なせよう(5)。

各感覚プローブは、無数の特徴から構成される外界の様相の、特定の側面をサンプリングし記述することに特化している。五感のうちのどれか一つの感覚だけでは、外界を包括的に記述することはできないが、脳は最終的に、各感覚による部分的な貢献を包括的な記述へと統合する。この統合の結果、物体「全体」の近似的な記述が得られる。そしてそれを基盤に、相応に包括的な事象のイメージを形成することができる。これは「完全な」記述ではあり得ないが、私たちにとっては豊かな、外界の特徴のサンプルを提供してくれる。いずれにせよ、私たちを取り巻くリアリティの本質や、感覚作用の構造からして、それが、私たちが手にできるもののすべてなのだ。幸いにも私たちの誰もが、不完全ながらも同じようにサンプリングされた「リアリティ」に浸っており、同等の「イメージ形成」の限界に制約される。それは誰もが等しい条件を与えられた競技場なのであり、しかもかなりの部分、私たちはこの競技場を他の生物種と共有している。[6]

各感覚の神経終末の特殊化は、実に驚くべきものだ。そのそれぞれが、進化の過程を経て、周囲の世界の特定の特徴に適応しているのだから。感覚神経終末は、化学的シグナルや電気化学的シグナルを用いて、末梢神経系や、神経節、脊髄核、低次の脳幹核などといった、中枢神経系の低次の構造を介して外界から入って来た情報を伝達する。しかしイメージ形成が依存する必須の機能はマッピング、それもたいていマクロなマッピングである。これは、外界のサンプリングから得られるさまざまなデータを、ある種の製図法を用いて作図する能力をいう。そして脳はその空間内で、活動のパターンと、そのパターン内におけるアクティブな構成要素同士の空間的な関係を描くことができる。このような方法で、脳は他者の顔や音の輪郭、あるいは自分が触っている物体の形状をマッピングしているのだ。

内界のイメージ

生体内には二種類の世界が存在する。ここでは、それらを古い内界とそれほど古くはない内界と呼ぶことにする。古い内界は最初で最古の内界で、基本的なホメオスタシスに関係する。多細胞生物では、この世界は、代謝とそれに関連する化学作用、それに加え心臓、肺、腸、皮膚などの諸器官、さらには血管の壁面や諸器官の皮膜をなす部位の至るところに見られる平滑筋から構成される。平滑筋は、それ自体が内臓の構成要素でもある。

内界のイメージは、「健康」「疲労」「不快」「痛み」「快」「動悸」「胸焼け」「腹痛」などの言葉で表現される。それらのイメージは特殊である。というのも、私たちは古い内界を外界の物体と同じように描いたりはしないからだ。確かに繊細さには欠けるが、怖れを感じたときに生じる喉頭や咽頭の硬直、喘息《ぜんそく》の発作を特徴づける気道の収縮やあえぎ、あるいは震えなどの運動反応を含めた、身体のさまざまな部位に対する特定の化学物質の影響など、変化する内臓の幾何学を内臓感覚の言葉で思い描くことができる。まさしくこのような古い内界のイメージが、感情の核となる構成要素をなしているのである。

古い内界と並行して、より新しい内界が存在する。この世界は、骨格とそれに付着する骨格筋と呼ばれる筋肉に支配されている。骨格筋は「横紋」筋、「随意」筋とも呼ばれ、純粋に内臓的で、意思のコントロールの及ばない「平滑」筋や「自律的な」タイプの筋肉とは区別される。私たちは、動き回る、ものを操る、話す、書く、踊る、楽器を演奏する、機械を操作する際に骨格筋を使う。

古い内臓の世界の一部が宿る身体の包括的な枠組み《ボディフレーム》は、これまた古い世界に属する皮膚のための足場となって、それにすっぽり覆われている。皮膚は内臓世界の最大の組織である点に留意されたい。またボディフレームは、豪華な首飾りに散りばめられたあまたの宝石のごとく、感覚ポータルが埋め込まれる台座である点にも注意する必要がある。

「感覚ポータル」という用語は、ボディフレームのなかで、感覚プローブが埋め込まれた領域と、感覚プローブそれ自体の両方を指す。主要な感覚プローブのうちの四つは、はっきりとした境界に囲まれている。（１）眼窩、目をコントロールする筋肉、目の内部の装置、（２）耳、鼓室や鼓膜、さらにはそれに隣接し、空間内に占める自己の位置を感知する、すなわちバランスを司る前庭器官、（３）鼻、嗅粘膜、（４）舌の味蕾《みらい》の四つである。五番目の感覚ポータル、すなわち物体に触れて肌《き》理《め》を感知する皮膚の感覚ポータルは身体全体に分布する。ただしその知覚能力は、一様に分布しているわけではなく、皮膚の感覚ポータルは手、口、乳頭、性器部に圧倒的に集中している。

感覚ポータルの概念に私が着目している理由は、視点《パースペクティブ》の形成においてそれが果たす役割に関係する。説明しよう。たとえば私たちの視覚は、網膜に始まり、視神経、外側膝状体、上丘、一次視覚皮質、二次視覚皮質など、視覚システムのいくつかの中継基地を経由する、プロセスの連鎖の結果として生じる。しかし視覚像を生むためには、注視する、見るなどの行為を実行する必要があるが、それらの行為は、視覚システムの中継基地とは異なる、身体や神経系の他の構造（身体に関してはさまざまな筋肉のグループ、神経系に関しては運動コントロール領域）によってなされる。そしてこれらの他の構造は、視覚の感覚ポータルに位置している。

視覚の感覚ポータルは何から構成されているのだろうか？　眼窩、まぶたの筋肉、眉をひそめたり凝視したりするときに用いる目のまわりの筋肉、焦点を調節する水晶体、光量をコントロールする虹彩、目を動かす筋肉などである。これらの構造とその動きは、おもだった視覚プロセスと連携しているが、その一部をなすわけではない。あくまでも実用的な役割を果たしているのであり、いわばアシスタントと見なせる。また高度で不随意的な役割も果たしているが、それに関しては意識について検討する際に詳しく述べる。

古い内界は、変動する生命の調節の世界だといえる。それはうまく機能することもあればしないときもあるが、どの程度うまく機能するかは、私たちの生命や心にとって非常に重要な要件になる。したがって、内臓の状態や化学作用などの、古い内界の活動をめぐって形成されたイメージは、まさにその内界の状態の健全さや不健全さを的確に反映するものでなければならない。生物は、かくして形成されたイメージに無関心でいてはならず、それによる影響を受けなければならない。なぜなら自己の生存は、生命活動の状態を反映するイメージが伝達する情報に依存するからだ。この古い内界に属するあらゆるものが、健全か不健全かその中間かという尺度に従って、その質を評価されるのである。まさにこれは、ヴェイレンスの世界だ〔ヴェイレンスについては第7章で説明される〕。

新しい内界は、ボディフレームと、その内部に存在する感覚ポータルの位置や状態、ならびに随意筋によって支配されている。感覚ポータルはボディフレームのなかに座し、外界のマップによって生成される情報に重要な貢献をする。さらには、浮かんできたイメージが生体内のどこに起源を持つのかを心に明示する。これは生体全体のイメージの構築に必要であり、また、これから見ていくように生体全体のイメージの構築は、主観性の形成において不可欠のステップをなす。

新しい内界はまた、ヴェイレンスを生む。なぜなら、生きた身体はホメオスタシスの変動の影響を免れられないからだ。だが新しい内界は、古い内界に比べ脆弱ではない。骨格と骨格筋は防護手段になり、内臓や化学作用から成る虚弱な古い内界を堅牢に包み込む。人工の外骨格型装置（パワードスーツ）が生身の骨格を防護するように、新しい内界は、古い内界を保護しているのである。

第6章　拡張する心

隠れたオーケストラ

詩人のフェルナンド・ペソアは、自己の魂を隠れたオーケストラと見なしていた。彼は『不穏の書』で、「どの楽器が、私の内部で鳴り響いているのかはわからない。弦楽器やハープなのか。それともティンバレス〔打楽器〕やドラムか」と書いている。[1] 彼は、自分自身を何かにたとえるなら、交響楽しかないと考えていたのだ。彼のこの直感は、まさに当を得ている。というのも、私たちの心に宿るものは、生体内の隠れたオーケストラによるつかの間の演奏とも見なし得るからだ。ペソアは、誰が隠れたオーケストラの楽器をかき鳴らしているのかを問うていない。おそらくは、自分が複数に分裂してそれぞれの楽器を演奏していると見なしていたのだろう。『巴里のアメリカ人』のオスカー・レヴァントのように[2]〔註2を参照されたい〕。多数の異名を考え出してきた詩人にしてみれば、これは特に驚くべきことではない。とはいえ私たちは、この想像上のオーケストラの演奏家がいったい誰なのかを問うてみたくなる。答えは次のようなものだ。それらの演奏家とは、「外界の事象（それには目の前に実際に存在しているものも、記憶をもとに想起されたものも含まれる）と、内界の事象」である。

　では楽器についてはどうか？　ペソアは自分が何の楽器の音を聞いたのかを特定することができなかった。だが、想像してみることは可能だ。ペソアのオーケストラは二種類の楽器から成る。一つはメインの感覚装置で、神経系はそれを用いて、外界や内界と相互作用する。もう一つは、いかなる物体やできごとの心的表象にも、強い感情を引き起こしながら反応し続ける装置である。この反応は、古い内界の内部で生命の針路を変更する役割を果たす。この装置は、衝動、動機、情動などと呼ばれている。

　それらの演奏家たち、つまり現実に存在する、あるいは記憶から想起されたさまざまな事象は、実際にバイオリンやチェロの弦を弾いたり、ピアノの鍵盤を叩いたりするわけではないが、このたとえは状況を巧みに表わしている。諸事象は、心の内部のはっきりとした実体として、特定の神経組織に働きかけ、その状態に「影響を及ぼし」、その構造を一瞬にせよ変えることができるという意味で、「演奏」するのである。そして「演奏する」あいだ、その活動は一種の音楽、つまり思考や感情の音楽、あるいは演奏家たちが構築に寄与した内的なナラティブから生じる意味の音楽を奏でる。その結果は、繊細なものにも、ときにはオペラの上演のようなものにもなり得る。あなたは、それに静かに聴き入ることもできれば、譜面に手を入れて予期せぬ効果を醸し出すこともできる。

　心のオーケストラの本質や構成と、それが奏でる音楽を知るために、三部で構成されるイメージ形成のプロセスを考えてみよう。イメージ形成のもとになるシグナルは三つの源泉から発せられる。一つは生体の周囲の世界であり、皮膚や粘膜に位置する器官によってデータが収集される。生体内の世界は、化学作用と内臓に支配された古い内界と、筋骨格ならびに感覚ポータルから構成されるそれほど古くはない内界という二つの構成要素に分かれる。心的事象の説明においては、私たちの周囲の世界のみを重視することが多く、あたかも他の何ものも心の部分を占めていない、あるいは重要な貢献をしていないかのごとく見なされている。また内界を考慮に入れた説明でも、本書で私が提起する考えとは違って、進化的に古い化学作用と内臓の世界と、より新しい筋骨格と感覚ポータルの世界を区別していないのが普通である。

これら三つの「源泉」は中枢神経系に配線されており、中枢神経系は受け取った材料からマップを作りイメージを組み立てるとよくいわれる。だがそのような見方は、誤解を招く過度の単純化である。神経系と身体の関係は、単純どころではない。

そもそもこれら三つの源泉は、非常に異なる材料を神経系に供給している。また三つの源泉の配線は通常、比較可能なものとして扱われているが、実のところそうではない。三つの源泉は、中枢神経系に向けて電気化学的シグナルを発するという点で共通するにすぎず、実際には、この「配線」の構造や作用はおのおの異なり、とりわけ化学作用と内臓に支配された古い内界に関しては、他の二つの源泉と著しく異なる。しかも古い内界は、電気化学的シグナルに加え、さらに古い純粋に化学的なシグナルを介して神経系と直接連絡を取り合っている。また中枢神経系は、内界、とりわけ古い内界から送られてきたシグナルに直接反応して、シグナルの源泉に働きかけることができる。それに対し外界に対しては、ほとんどのケースにおいて直接働きかけたりはしない。つまり「内界」と神経系は相互作用し合う複合体を構成するのに対し、「外界」と神経系は構成しないのである。最後にもう一つ指摘しておくと、三つの源泉とも、シグナルが「末梢」から中枢神経系に向かって順次処理されるにつれメッセージが変換されるよう、段階的な交換を神経系と行なっている。現実とは、人間の想像をはるかに超えて複雑なものなのだ[3]。

　人間の持つ心的プロセスの驚くべき豊かさは、これら三つの世界から送られてくるシグナルに基づくイメージに由来するが、それらのイメージはそれぞれ異なる構造やプロセスを通じて組み立てられる。外界は、感覚装置の能力の限界内で、私たちの周囲を包む世界の知覚された構造を記述するイメージをもたらす。古い内界は、感情として知られるイメージへの主要な貢献者である。新しい内界は、生体の多かれ少なかれ包括的な構造に関するイメージを心にもたらす。また、感情の形成にも貢献する。このような事実を考慮に入れない心の働きの説明は、的《まと》はずれなものになるだろう。

　イメージを変更、追加、結合することで、心的プロセスを豊かにできることは確かだ。しかし変更や結合の対象になるイメージは、三つの異なる世界にその起源を持つ。したがって、おのおのの世界の独自の貢献を考慮に入れなければならない。

イメージ形成

いかなる種類のものであれ、単純なものから複雑なものに至るまで、イメージの形成は、神経装置によって実行される。その際、神経装置はマップを構築し、のちにマップ同士が相互作用することで結びつけられたイメージがさらに複雑なイメージを生み、内界や外界に存在する神経系外の世界を表象することを可能にする。マップや対応するイメージの分布は一様ではない。内界に関連するイメージは最初に脳幹核で統合されるが、島《とう》皮質や帯状皮質などの大脳皮質のいくつかの主要な領域で再表象され拡張される。外界に関連するイメージは、そのほとんどが大脳皮質で統合されるが、上丘もその役割を担っている。

外界の事象をめぐる私たちの経験は、当然ながら多感覚性のものであり、その瞬間の知覚の様相に合った形で、視覚、聴覚、触覚、味覚、嗅覚の各器官が動員される。たとえば暗いコンサートホールで演奏を聴くときの感覚の動員の様態は、海に潜ってサンゴ礁を観察しようとしているときのものと同じではない。優勢になる感覚の源泉はそのときどきで異なるが、それはつねに多感覚的であり、いわゆる「低次の」聴覚、視覚、触覚皮質など、感覚を専門に扱う中枢神経系の複数の領域に結びついている。興味深いことに、「低次の」皮質で組み立てられたさまざまなイメージは、「連合」皮質と呼ばれる別の一群の脳領域で統合される。

この統合は、連合皮質と低次の皮質の相互結合に依存する。その結果、ある瞬間に知覚の構築に寄与した複数の構成要素が、一つの全体として経験されることもある。意識という作用の構成要素の一つは、この大規模なイメージの統合にある。イメージの統合は、さまざまな領域が同時に、あるいは順番に活性化されることで起こる。これは、画像と音の断片を選択して必要な順番に並べることで映画を編集するのにも似ている。ただし映画のフィルムのように最終結果がプリントされることはなく、イメージは「心」のなかでその場で生じ、時間が経つと消え去るが、記憶の残滓がコード化された形態で残る場合もある。外界に由来するイメージはすべて、同じイメージが脳の別の領域（身体の状態の表象に関与する、島皮質などの大脳皮質や脳幹の特定の神経核）で作用することで引き起こされる情動反応とほぼ並行して処理される。この事実は、脳が外界に由来するさまざまな感覚入力のマッピングや統合の仕事のみならず、内的状態のマッピングや統合の仕事でも多忙であることを意味する。そして、内的状態のマッピングと統合の結果が、感情となって現われるのだ。

◇◇◇◇◇◇◇◇◇◇◇◇◇◇◇◇◇◇◇◇◇◇◇◇◇

コンサートホールから地図製作室へ

マップはどこで作られるのか？　末梢神経系の多数の中間構造がマップ作成のための材料を準備しているのなら、マップ作成は中枢神経系で行なわれていると断言してもよいだろう。マップ作成に寄与している主たる構造は、脳の三つの層に位置している。（1）脳幹のいくつかの神経核ならびに中脳蓋（丘核を含む）、（2）膝状核、（3）嗅内皮質とそれに関連する海馬システムを含む大脳皮質の数々の領域（もっとも広範かつ豊富に分布する）の三つである。以上の領域は、感覚情報の特定のチャンネルの処理に寄与している。視覚、聴覚、触覚は、おのおのの感覚モードに特化し相互結合した、神経系のいくつかの領域で生じる。最初は感覚モードに応じて分け隔てられていたシグナルは、やがて統合される。この処理は皮質下の領域（具体的にいえば上丘の深い層）と、大脳皮質で実行される。大脳皮質では、各感覚モードに対応する種々のマップ作成領域から送られてきたシグナルが相互作用し混合する。この処理は、階層的なニューロンの相互結合によって構成される複雑なネットワークによって行なわれる。この統合作用のおかげで私たちは、たとえば唇の動きを見ると同時に、それと同期した声を聞くことができるのだ。

◇◇◇◇◇◇◇◇◇◇◇◇◇◇◇◇◇◇◇◇◇◇◇◇

さてここで一休みしてから、内界と外界の両方から入って来る各種感覚に由来するイメージを操作し、それを統合化された脳内の映画に変える脳の驚くべき能力について考えてみよう。それに比べれば、映画の編集など朝飯前だ。

意味、言葉への翻訳、記憶の形成

知覚と、それが喚起する観念《アイデア》は、言葉による記述を並行して生み続ける。この記述も、イメージで構築されている。つまりいかなる言語でも、私たちが使う言葉はすべて、話し言葉であろうが、書き言葉であろうが、はたまた点字であろうが、心的なイメージから作られる。この事実は、文字や言葉の音や抑揚などの聴覚イメージにも、それに対応する視覚的なシンボル／文字表記にも当てはまる。

しかし心は、諸事象や、それが言葉として翻訳されたものの直接的なイメージだけで成り立っているわけではない。心には、任意の事象に関連し、その性質や関係を記述する他の無数のイメージが存在する。ある一つの事象に典型的に関連するイメージの集合は、その事象の「観念」、「コンセプト」、「意味」になる。観念（コンセプトとその意味）は、シンボルで構成されるイディオムに翻訳され、象徴的な思考を可能にする。また複雑なシンボルの特別な形態である言葉のイディオムにも翻訳され得る。この翻訳は、語と、文法に従う文によって実行されるが、イメージにも基礎を置く。いかなる心も、諸事象の表象から、それに対応するコンセプトや言葉に至るイメージで構成される。このように、イメージは心の普遍的なしるし《トークン》なのである[4]。

知覚の過程で統合された感覚、その処理を通じて喚起された観念、そしてこのプロセスにおいて翻訳された言葉は、記憶に刻まれ得る。こうして私たちは、心のなかでその瞬間における多感覚性の知覚を構築しているのであり、すべてが順調に進めば、この瞬間的な知覚を記憶して、あとで思い起こし想像のなかで用いることができるのだ。

イメージがいかに意識的なものになって、各人の心に私的なものとしてはっきりと立ち現われるようになるのかについては、あとで検討する。謎の「小人《ホムンクルス》」ではなく意識という複雑なプロセスのおかげで、私たちはイメージを知るようになった。興味深いことに、第9章で見るように、意識のプロセスそれ自体がイメージに依存している。しかし意識への寄与は別にして、基本的なレベルにおいてさえ、ひとたびイメージが形作られ処理されると、そのイメージは行動を直接的、自動的に導くことができる。イメージは行動の目標《ターゲット》を描き、それに導かれた筋肉系がより正確にターゲットに到達できるようにすることで、その目的を達成する。このプロセスの利点を理解するためににおいで敵の存在をかぎつけ、身を守らなければならなくなったところを想像してみよう。どうやって敵に打撃を加えればよいのだろうか？　どこをめがけて？　はっきりと画された空間座標を思い描く能力は、直接的には視覚によってもたらされ、聴覚がその補助をするので、嗅覚に依存するあなたは自分の位置がわからないはずだ。何しろあなたはコウモリなのだから。

視覚イメージは、ターゲットに正確に働きかけることを可能にする。聴覚イメージは、暗闇でも方位の特定を容易にする。人間でもそうだが、コウモリともなると実にみごとにそれをなし遂げられる。必要なのは目覚めて周囲の状態に気づいていることと、イメージの内容《コンテンツ》が、その瞬間における自己の生存に関連していることだけだ。言い換えると、進化の観点から見れば、イメージは、たとえそれが単なる行動のコントロールの調整者にすぎず、複雑な主観性や思考能力を欠いていても、その生物が効率的に行動できるよう導くことができなければならない。ひとたびイメージの構築が可能になると、自然はその能力を選択せざるを得なくなったのだ。

心を豊かにする

生命の長い歴史のなかではよくある話だが、私たち人間が持つ複雑で無限に豊かな心は、単純な構成要素の連携から生じたのである。心の場合、単に細胞が寄り集まって組織や器官が形成された、あるいは遺伝子の指令に基づいてアミノ酸がタンパク質に組み合わされたということではない。心の基本単位をなすのはイメージである。細かくいえば特定の事象のイメージ、特定の事象が実行することのイメージ、それが感じさせることに関するイメージ、それをどう考えるかのイメージ、そしてこれらすべてを翻訳する言葉のイメージである。

前述したように、イメージの個々の流れが統合され、外界や内界のリアリティのより豊かな説明が生み出される場合がある。視覚、聴覚、触覚に関連するイメージの統合は、心を豊かにするプロセスの代表ではあるが、統合はそれ以外にもさまざまな形態をとり得る。複数の感覚的視点から物体を描くこともあれば、時間的、空間的な関係に従って諸事象を直線的につなぎ合わせ、一般にナラティブと呼ばれる意味のあるシーケンスを生み出すこともある。私たちはナラティブの世界を、悪漢や英雄などの多彩な人物《キャラクター》が登場し、アクションが繰り広げられ、夢や理想や欲望に満たされた物語《ストーリーテリング》の世界として、あるいはもっと具体的にいえば、敵と敢然と戦うヒーローが、彼が最後は必ずや勝つと信じて、恐怖にうち震えつつも事態を陰で見守っていたお姫様の心を最後に射止めるというストーリーが展開される世界として知っている。生《せい》は、音と怒りと存在の静けさを記述し、多くを暗示する無数のストーリーで構成される。それには、単純なものもあれば複雑なものもあり、平凡なものもあれば際立ったものもある。[5]

ナラティブ、すなわちストーリーテリングを生み出すための心の秘密について簡単に説明したところだが、脳はいかにして、さまざまな構成要素を先頭から最後尾までつないだ、この思考の列車を運行するのだろうか？　この仕事は、さまざまな感覚領域が適切なタイミングで必要な車両をつないでいくことで時間の列車を編成し、そのタイミングや運行を調整する統合的な構造を持つことによって達成される。あらゆる一次感覚領域が必要に応じて動員され、編成のタイミングの調整や列車の送り出しにはあらゆる連合皮質の参加が要請される。いわゆるデフォルトモードネットワークを構成する一群の連合皮質は、最近になって詳細に調査されているが、このネットワークは、ナラティブの組み立てプロセスに大きな役割を果たしているらしい[6]。

　イメージの処理はまた、脳がイメージを抽象化し、視覚や聴覚のイメージ、あるいは感情の状態を記述する、動きの統合化されたイメージの基盤をなす図式的な構造を明らかにできるようにする。たとえばナラティブが展開される途中で、もっとも予測されるイメージではなく、その代わりにそれと関連する視覚イメージや聴覚イメージが挿入され、かくして視覚や聴覚によるメタファーが形成されることがある。これは、視覚や聴覚の用語でものごとを象徴化する手段だと見なせる。言い換えると、心の基盤としてはもとのイメージそのものが重要だが、それを操作することで新たなイメージを作り出せるのだ。

　心に浮かぶイメージのたゆまぬ言葉への翻訳は、もっとも際立った心を豊かにするプロセスといえよう。厳密にいえば、言葉というトラックを走る乗り物として働くイメージは、翻訳対象のもとのイメージと並走する。もちろんそれはあとから追加されたもの、つまりもとのイメージから翻訳された派生物ではある。私のような多言語環境で育った人にとっては、このプロセスはとりわけ魅力的だ。あるいは狂乱的ともいえよう。そうした人々は並行して走る複数の言語トラックを旅するわけだが、複数の言語が交錯して混合したり合致したりするのは愉快でもあれば、腹立たしくもあるからだ。

組織や器官を生む細胞の規約《コード》や、タンパク質を組み立てるヌクレオチドのコードと同様に、耳で聞き取ることができ、視覚的、触覚的にも表現できるアルファベットの音は、心に浮かぶ言葉や、演説や歌を構成する言葉へと組み立てられる。一連の規則を適用して複数の音を単語へと結びつけ、特定の文法規則に従って複数の単語を文へと組み立てていく。このようにして、心の全体を際限なく記述していくことができる。

記憶に関する補足

新たに鋳造された心的イメージのほぼすべては、好もうが好むまいが、内的に記録され得る。記録の正確さは、そもそもそのイメージにどれほど注意が向けられたかに依存する。またそれは、そのイメージが心に浮かぶことでどれほど情動や感情が生じたかによる。多くのイメージは記録に残され、そのうちのかなりの部分は再生可能で、いわばファイルから読み出され、正確さは場合によって異なるものの、再構築することができる。ときに古い材料の想起が非常に精緻なものになり、たった今生成されつつある新たな材料と競合することさえある。

化学変化の結果によって得られる記憶なら、単細胞生物にも見られる。記憶の基本的な用途は、多細胞生物と同じであり、他の個体や状況を認識して近づいたり回避したりすることに役立てられる。私たち人間も、単細胞生物流の化学的な記憶をこの単純な用途で用い、そこから利益を得ている。たとえば免疫系に保たれているのは、その種の記憶である。危険であり得るが、非活性化された病原体にひとたびさらされた免疫細胞は、同じ病原体に次回遭遇した際にはそれを検知して、人体に足がかりを得ようとしているその病原体を容赦なく攻撃するようになる。だからワクチンが有効なのだ。

私たちの心を特徴づける記憶は、それと同じ一般的な原理に従うが、私たちが記憶するものは、分子レベルで生じる化学変化ではなく、神経回路の連鎖に起こる一時的な変化である。この変化は、あらゆるタイプの感覚に由来する精巧なイメージに関係し、個別に経験されることもあれば、心のなかを流れるナラティブの一部として経験されることもある。イメージの学習と想起の能力を獲得する途上で自然が解決してきた問題は、巨大なものであった。また、分子レベル、細胞レベル、システムレベルで自然が見出した解決手段は、賞賛に値するものだった。システムレベルでは、ここでの議論にもっとも直接的に関係する解決手段（たとえば視覚や聴覚を介して知覚される場面の記憶）は、明示的なイメージを「神経コード」に変換することで達成される。そして神経コードは、あとで逆向きの想起プロセスを通してある程度の完全性をもって再現することができる。神経コードは、非明示的な形態でイメージのコンテンツやシーケンスを表象し、両大脳半球の後頭葉、側頭葉、頭頂葉、前頭葉の連合皮質に蓄積される。これらの領域は、双方向の階層的な神経回路を介して、明示的なイメージが最初に組み立てられる一連の「低次の感覚皮質」と結合している。想起の過程では、逆方向の神経経路を用いて、もとのイメージの近似的なイメージが再構築される。この神経経路は、コードを維持する領域に端を発し、明示的なイメージを形成する領域（そもそも最初にもとのイメージが組み立てられた場所）に影響を及ぼす。なお、このプロセスはレトロアクティベーションと呼ばれる。(7)

海馬と呼ばれる今やおなじみの脳の構造は、このプロセスの主たるパートナーであり、最高レベルのイメージ統合に不可欠の役割を果たしている。海馬はまた、一次的なコードの恒久的なコードへの変換をも可能にしている。

両半球の海馬を失うと、統合された場面の長期記憶の形成と、それへのアクセスが阻害される。特定の文脈の埒外でものごとを認識できても、できごとの独自性を思い出せなくなるのだ。つまり家を家として認識できても、自分の住む特定の家として認識できなくなる。言い換えると、個人的な経験によって獲得された文脈的で挿話的《エピソディック》な知識にはもはやアクセスできなくなるが、一般的、意味的な知識は取り出すことができる。単純ヘルペス脳炎はかつて、その種の能力喪失の主たる原因であったが、現在ではアルツハイマー病が第一の要因になっている。海馬の神経回路や、その入口をなす嗅内皮質の特定の細胞が、アルツハイマー病のために阻害され、漸進的な崩壊によって効率的な学習や、統合化されたできごとの想起が不可能になり、その結果、空間や時間を定位することができなくなるのだ。かくして個人や個別的なものごとを思い出したり、認識したり、新たに覚えたりする能力が失われるのである。

海馬が神経新生、つまり局所的な神経回路に統合される新たなニューロンの形成に重要な役割を果たす組織であることが、現在では明らかにされている。新たな記憶の形成は、部分的に神経新生に依存する。興味深いことに、記憶を阻害するストレスは神経新生を減退させる。

運動に関わる活動の学習や想起は、海馬とは異なる脳の構造、具体的にいえば小脳半球、大脳基底核、感覚運動皮質に依拠する。音楽の演奏やスポーツに必須の学習や想起は、それらの構造と海馬システムの密接な結びつきに依存する。運動に関わるイメージ処理と非運動的なイメージ処理は、日常の活動におけるそれらの典型的な協調様式に従って調和させることができる。言葉によるナラティブに対応するイメージと、関連する一連の動作に対応するイメージは、リアルタイムの経験では一緒に生起することが多い。また、おのおののイメージに対応する記憶は、互いに異なるシステムによって形成、維持されるが、双方が統合されて想起されることもあり得る。歌をうたうことは、歌の流れを導くメロディ、歌詞の記憶、運動実行に関連する記憶などのさまざまな記憶の断片のリアルタイムの統合を必要とする。

イメージの想起は、心と行動の両面で新たな可能性を開いた。ひとたびイメージを学習したり想起したりできるようになると、生物は、過去における物体やある種のできごととの遭遇を思い出せるようになった。またイメージは、推論を支援することで、正確かつ効率的に、そして有益な方法でその生物が行動できるようにした。

たいていの推論は、現在のイメージが「今」として示すものと、想起されたイメージが「以前」として示すものの相互作用を必要とする。効果的な推論はまた、これから起こることに対する予期を必要とし、結果の予期に必要な想像のプロセスも過去の想起に依存する。かくして想起は、意識ある心が思考し、判断し、意思決定することを（要するに、些細なことから崇高な事象に至るまで、私たちが日常生活で直面するあらゆる課題をこなすことを）助けるのである。

過去のイメージの想起は想像のプロセスにとって非常に重要であり、それが創造性の活動の場になる。想起されたイメージはまた、ナラティブの構築、すなわちストーリーテリングにも必須である。ちなみに、人間の心の際立った特徴をなすストーリーテリングは、心のなかの映画製作によってほとんどどんなことでも叙述する言語翻訳と、現在や過去のイメージを動員する。そしてナラティブに含まれる種々の事象に結びついた事実や観念から派生する意味は、ナラティブそれ自体の構造や推移を通してさらに明らかにされる。

同じストーリー展開、主人公、場所、できごと、結末が、さまざまな解釈を生み、語られ方によって異なる意味を生む場合がある。心の言葉においては、ものごとがストーリーに導入される順番や、個々の記述の量や質の違いは、ナラティブの解釈や、記憶への蓄積のされ方、さらには記憶からの想起のされ方に対して決定的な影響を及ぼす。私たちは日常生活で、絶え間なくストーリーを紡いでいる。おもに重要なことがらに関してではあるが、それに限られるわけではない。そして喜々として、過去の経験や自分の好悪に基づく偏見でそのナラティブを色づける。自分の好みや先入観を抑制する努力をしない限り、私たちが紡ぐナラティブに公正さや中立性を確保することはできない。だから自分や他人の生命がかかっているときには、とりわけその努力をおささ怠ってはならない。

かなりの量の脳の力《ブレインパワー》が、過去の心的冒険を自動的に、もしくは必要に応じて想起する検索エンジンに費やされている。このプロセスが重要なのは、私たちが記憶に刻むものの大半が、過去ではなく、予期された未来、すなわち自分や自分の考えについて想像した未来に関するものだからだ。そして現在の思考、過去の思考、新たなイメージ、想起された古いイメージがゴタ混ぜになったシチューのような想像のプロセス自体も、確実に記憶に刻まれる。こうして、創造的なプロセスは将来の利用のために記録され、再び戻ってきては、その瞬間の喜びを過去の幸福で補ったり、最愛の人を失った苦痛を深めたりする。この単純な事実だけでも、生物界における人間の例外的な地位が裏づけられる(8)。

実のところ過去と未来の記憶の絶えざる想起は、現在の状況の意味を直感し、自分が生きていくうえで、直近の未来やかなり先の未来において、何が起こるかを予測することを可能にする。私たちは自己の生の一部を、現在ではなく、予期される未来において生きているともいえよう。おそらくこれは、つねに現在の瞬間を超えて自己を未来に託し、次に何が来るのかを探索しているホメオスタシスの本質のもう一つの現われだとも見なせる。

豊かな心の機能

嗅内皮質とそれに関連する海馬の神経回路を含む複数の皮質領域でのイメージの統合

◇◇◇◇◇◇◇◇◇◇

イメージの抽象化とメタファー

◇◇◇

記憶――イメージに基づく学習と想起のメカニズム、検索エンジンと継続的な記憶検索に基づく直近の未来の予測

事象（感情と呼ばれる事象を含む）に関するイメージをもとにしたコンセプトの構築

諸事象の言葉への翻訳

継続的なナラティブの生成

理性的推論と想像

架空の要素と感情を統合する大規模なナラティブの構築

創造性

第7章　アフェクト

人間存在を支配している（ように見える）心の側面は、今現在の世界であろうが記憶から呼び起こされたものであろうが、他者や諸事象で満ちた周囲の世界に関係する。それらは、あらゆるタイプの感覚に由来する無数のイメージによって表わされ、往々にして言葉に翻訳されナラティブとして構造化される。それでも驚くべきことに、かくも多様なイメージのすべてをともなうパラレルな心的世界が存在する。その世界は非常にとらえがたく、私たちの注意を引かない場合が多いが、おりに触れて非常に重要なものになって、心の支配的な部位における処理の流れを顕著に変えることがある。このパラレルワールドはアフェクトの世界と呼ばれ、この世界では、感情が、通常はより突出した心のイメージにともなって生じる。感情が生じる直接的な要因には、次のものがある。

（a）人間存在の背景をなす生命活動の流れ。自発的な、言い換えるとホメオスタシスに関わる感情として経験される。（b）味覚、嗅覚、触覚、聴覚、視覚などの無数の感覚刺激を処理することで生じる感情表出反応。その経験はクオリアの源泉の一つをなす。（c）衝動（飢えや渇きなど）、動機（欲望や遊びなど）、従来の意味での情動に起因する感情表出反応。これらの感情表出反応は、数々の、ときには複雑な状況に直面した際に活性化される行動プログラムである。情動の例としては、喜び、悲しみ、怖れ、怒り、羨望、嫉妬、軽蔑、思いやり、賞賛などがあげられる。（b）と（c）で言及されている感情表出反応は、基本的なホメオスタシスの流れから生じる自発的なものとは異なり、喚起されることで生じるタイプの感情を生む。なお残念なことに、情動を感じる経験にも、同じ用語「情動」が使われている。そのせいで、区別されてしかるべき情動と感情が、まったく同一の現象であるという誤った考えが広まっている。

私の用法では、アフェクトとはあらゆる感情のみならず、それらを生み出す（すなわち、その経験が感情になる行動を生み出す原因になる）状況や仕組みをも包み込む大きなテントを意味する。感情は、生命活動が展開するもの、すなわち知覚、学習、想起、想像、推論、判断、意思決定、計画、あるいは心的な創造にともなわれる。感情を、心へのおりに触れての訪問者、あるいは典型的な情動によってのみ引き起こされるものと見なすなら、その見方は感情という現象の遍在性や機能的重要性を正しくとらえていないといわざるを得ない。

私たちが心と呼ぶ行列に加わっているイメージのほとんどは、注意のスポットライトにとらえられたときからそこを去るまで、感情をともなう。また、イメージはアフェクトの随伴を強く求めるので、一つの突出した感情を構成するイメージにも他の感情がともなわれる。一つの音に含まれる倍音や、小石が水面に落ちたときにできる水の輪にも少し似ている。生命活動の自然な心的経験、つまり存在しているという感覚がなければ、真の意味での生《ビーイング》はあり得ない。生の起源は、連続的で無限であるかのように思える感情状態、すなわち他の心的なものすべての底流をなす、さまざまな激しさの心的コーラスに存する。なお、「であるかのように思える」とぼかしを入れたのは、継続するイメージの流れから生じる無数の感情のパルスをもとに見かけの連続性が構築されるからだ。

感情の完全な欠如は生の停止を意味するが、それほど劇的でなくとも感情が減退すれば、それだけ人間の本性が阻害される。仮に心の感情の「トラック」を狭められたとすると、外界から入って来る視覚、聴覚、触覚、嗅覚、味覚の刺激から形成された、干からびた感覚イメージの連鎖が残るだけだろう。干からびたイメージには、具体的なものもあれば抽象的なものもあり、あるいは象徴的な、すなわち言語的な形態のものもある。また知覚から生じたものもあれば、記憶から想起されたものもある。感情のトラックを欠いたまま生まれてくると、事態はもっと悪くなる。イメージの残滓が、まったく感情の影響を受けず、質を与えられることもなく、心のなかを漂うだけだろう。ひとたび感情が取り除かれれば、イメージを美しいもの、醜いもの、快いもの、不快なもの、上品なもの、野卑なもの、崇高なもの、俗なものなどとして分類することができなくなるだろう。感情を欠いていても、甚大な努力をして訓練を積めば、ものごとの審美的、あるいは道徳的な分類は可能なのかもしれない。もちろん、それはロボットにも当てはまる。理論的にいえば、その場合、知覚的な特徴や文脈の慎重な分析や、力まかせの学習努力に依存せざるを得ないだろう。だが残念ながら自然な学習は、報酬や、それに随伴する感情なしには実りがほとんど期待できない。

なぜアフェクトの世界は、それなしには日常生活を送れなくなるのに、無視されたり自明なものと見なされたりしやすいのか？　おそらく普通の感情は、どこにでもありながらほとんど私たちの注意を引かないからであろう。幸いにも日常生活では、ポジティブなものにせよ、ネガティブなものにせよ、たいてい混乱のない平穏な状況が続く。また感情が無視されやすい別の理由として、実際に混乱をもたらすネガティブな情動や、蠱惑《こわく》的な情動の魅力のせいで、アフェクトには悪評がつきまとっている点があげられる。アフェクトと理性のよくある対比は、情動や感情に関する偏狭な概念に基づいている。それによれば情動や感情は、そのほとんどがネガティブなもので、事実の認識や理性的推論を歪曲する。実のところ情動や感情には多くの種類がある。実際に混乱をもたらすのはそのうちのいくつかにすぎず、そのほとんどは知的、創造的なプロセスの原動力として必須の役割を果たす。

感情は、生命プロセスの必要不可欠のサポーターとしてではなく、なしで済ませられるもの、あるいは危険な現象としてとらえられやすい。いかなる理由であれ、アフェクトを無視した人間の本性の記述は、貧相なものにならざるを得ない。アフェクトを考慮に入れないことには、人間の文化的な心の説明は、満足なものにはとてもならないだろう。

感情とは何か

感情は心的な経験であり、定義上意識的なものである。さもなければ、それに関する直接的な知識は得られないだろう。しかし感情は、いくつかの点で他の心的経験とは異なる。まず第一に、そのコンテンツはつねに、それが生じた生物の身体を参照する。感情は、その生物の内部、すなわち内臓や内的作用の状態を反映する。すでに述べたように、内的なイメージが形成される状況は、外界を描写するイメージと内界を描写するイメージを分かつ。第二に、これらの特殊な状態のもとで形成される結果として、内界の描写、すなわち感情の経験は、ヴェイレンスと呼ばれる特質に満たされている。ヴェイレンスは、生命活動の状態を、一瞬々々直接心的な言葉に翻訳し、その状態が望ましいか、望ましくないか、その中間かを必然的に明示する。生存に資する状態を経験すると、私たちはそれをポジティブな用語で記述し、たとえば「快い」と呼ぶ。それに対し生存につながらない状態を経験すると、ネガティブな用語で記述し、不快さを口にする。ヴェイレンスは感情、そしてさらにはアフェクトを特徴づける要素をなす。

この感情の概念は、基本的なプロセスにも、同じ感情を何回も経験することから生じるプロセスにも当てはまる。同様な状況に繰り返し遭遇し何度も同じ感情を経験すると、多かれ少なかれその感情プロセスが内化されて「身体」との共鳴の色合いが薄まることがある。特定のアフェクトを引き起こす状況を繰り返し経験すると、私たちはそれを独自の内的なナラティブによって描写する(言葉が用いられないこともあれば用いられることもある)。そしてそれをめぐってコンセプトを築き、それに注ぐ情念の度合いをいく分抑え、自分自身や他者に提示可能なものに変える。感情の知性化がもたらす結果の一つは、このプロセスに必要とされる時間とエネルギーの節約である。それには対応する生理学的側面があり、バイパスされる身体構造もある。私が提唱する「あたかも身体ループ」は、それを達成する一つの方法だといえる(1)。

現実にあるものであれ、記憶から想起されたものであれ、感情を引き起こし得る状況は無限にある。それに対し、感情の基本的なコンテンツの一覧は、たった一つの分類区分《クラス》、つまりその所有者の生体に限定される。なお「生体」とは、身体それ自体の構成要素と、それらの現在の状態を指す。この考えをもっと深く掘り下げてみよう。ここでいう「生体」は、身体の特定の部位、つまり腹部、胸部、皮膚の組織と、それに付随する化学プロセスから成る、内臓という古い内界に支配されている点に留意する必要がある。私たちの意識ある心を支配する感情のコンテンツのほとんどは、内臓の活動と対応しており、それにはたとえば、気管、気管支、消化管、さらには皮膚や内臓腔の無数の血管のような管状組織の壁面をなす平滑筋の、さまざまな強度による収縮や弛緩などがあげられる。同様にコンテンツの一覧のなかで際立つのは、粘膜の状態である。のどの渇き、しめり、いがらっぽさ、あるいは食べ過ぎたときや空腹なときの胃や食道の具合について考えてみればよい。感情の典型的なコンテンツは、それらの内臓作用が滞りなく円滑に実行されているか、それとも不自然で不安定な状態で実行されているかによって左右される。事態をさらに複雑にしているのは、その種の多様な内臓器官の状態が、血管を介して体内を循環する、あるいは内臓全体に分布する神経終末で起こる化学物質(コルチゾール、セロトニン、ドーパミン、内因性オピオイド、オキシトシンなど）の作用の結果として生じることだ。これらの妙薬や錬金薬《エリクサー》には、すぐに効果が現われるほど強力なものもある。最後につけ加えておくと、（前述のとおり身体の枠組《ボディフレーム》みに包まれた新しい内界の一部をなす）随意筋の緊張や弛緩の程度も、感情のコンテンツに影響を及ぼす。たとえば顔面筋肉の活性化のパターンは、その一例である。顔面筋肉の活性化は、特定の情動状態に密接に結びついているため、喜びや驚きなどの感情をただちに呼び起こし得る。そのような状態を経験していることを知るために、鏡を覗き込む必要はない。

　要するに、感情とは、生体内で生じている生命活動の状態の、特定の側面を経験することなのだ。その種の経験は飾りではなく、その瞬間における生体内の生命活動の状態を報告するという驚くべきことをやってのける。「報告する」という言い方をすると、あとで一つずつ検索して特定の身体の部位に関する記録を参照できるオンラインファイルのページのようなものを想像するかもしれない。だが、こぎれいでなにごとにも関心を示さない生命を欠いたデジタルファイルは、ここまで説明してきたような、ヴェイレンスという構成要素を持つ感情のたとえとしてふさわしくない。感情は生命活動の状態に関して重要な情報を提供するが、この情報はコンピューターサイエンスでいう厳密な意味での「情報」ではない。基本的な感情は抽象ではなく、生命プロセスの構成を反映する多次元的な表象に基づいて生命活動を経験することなのである。すでに述べたように、感情は知性化することができる。つまり、もとの生理作用を記述する観念や言葉に翻訳できるのだ。特定の感情に言及することは、当の感情をじかに経験しなくても、あるいはより色あせたバージョンの感情を経験するだけでも可能であり、実際にそのようなことは少なからずある。[2]

あるものが何であるのかを説明する際、それが何ではないのかを明確にすることが役に立つ。というわけで、基本的な感情が何ではないのかを明らかにするために、次の例を考えてみよう。私は今、浜辺に行こうとしている。一〇〇段の階段を下りなければ、そこにたどり着けない。その場合の感情とは、四肢を用いてこれからしようとしている動作の設計や、目や頭や首の実際の動き（これらはすべて、脳のコントロールのもとに身体によって実行され、その作用は脳に伝えられる）に関するものではない。正確な意味での感情の概念は、できごとの特定の側面、この例でいえば階段を下りるときに動員されるエネルギー、軽快さ、熱望、浜辺に下りて海に面したときの快さ、あるいはしばらくしてから階段を上る際の疲労感などにのみ適用される。感情とは第一に、身体内部の古い内界における生命活動の状態の質に関するものなのである。それは休んでいようが、何かを目指して活動しているときであろうが、またこれは重要な点だが、浮かんできた思考に応答するときであろうと、いかなる状況のもとでも生じ得る。また、外界の知覚によって引き起こされる場合もあれば、記憶に蓄えられた過去のできごとを思い出すことで引き起こされる場合もある。

ヴェイレンス

ヴェイレンスとは、経験の固有の質を意味し、快、不快、あるいはその中間段階としてとらえられる。非感情的な表象は、「感知される」「知覚される」などといった言葉で示すことができる。しかし感情として知られる表象は「感じられる」ものであり、私たちはそれによって「アフェクトの影響を受ける」。まさにこの事実が、感情のコンテンツには脳が帰属する身体の情報が含まれるという特異性とともに、感情と呼ばれる経験を独自のものにしているのである。

　ヴェイレンスの起源は、神経系や心が誕生する以前の初期の生物にまでさかのぼる。だがヴェイレンスは、そこまでさかのぼらずとも、今日の生物の生命活動の状態に見出すことができる。「快」と「不快」は原則的に、身体の基盤をなす「グローバルな」状態が生存に資するか否かを、またこの生命の傾向がその瞬間においてどれほど強いか弱いかを反映する。不快感は、生命活動の調節がうまくいっていないことを示す。快い感情は、ホメオスタシスが有効な範囲に収まっていることを示す。たいていの状況下では、経験の質と身体の生理的な状態の関係に、恣意的なところはない。抑うつや躁の状態でさえ、このルールの例外ではない。というのも基本的なホメオスタシスは、ネガティブなアフェクトやポジティブなアフェクトに、ある程度同調しているからだ。とはいえマゾヒズムなどの病理的な状態は、その例外をなす。マゾヒズムにおいては、少なくとも部分的には故意に自分を傷つけることが快として経験されるからだ。

　感情の経験は、生命活動の見通しを評価する自然なプロセスである。ヴェイレンスは、その瞬間における身体の状態の効率性を「判定」し、感情はその判定を身体の所有者に伝える。かくして感情は、生命活動の変動が標準的な範囲に収まっているか否かを示す。また標準的な範囲に収まっていても、他より効率的な状態もあり、感情はそのような効率性も表わす。生命活動は、ホメオスタシスの範囲の中央付近で実行される必要があり、繁栄を導く方向へと上向き調節されていることが望ましい。生命活動の状態が、ホメオスタシスの範囲からはずれるのはきわめて有害であり、それが極端になると生命を失う結果になる。たとえば、全身感染時に代謝不全に陥ったり、活動過多の躁状態のもとで代謝が過剰になったりすると、そのような状態に陥る。

誰もが常時感情を経験していることに鑑みると、その本性を十分に説明することが非常に困難であるのには、驚きを禁じ得ない。それなりに単純かつ明確なのは、感情のコンテンツに関してくらいのものである。感情を構成する事象や、それが生じる順序、また一連の事象が身体の内部でいかに分配され、順序づけられるのかについては、ある程度の同意が得られるだろう。たとえば地震による大きな揺れに反応して、いつもより速く強い心臓の鼓動を感じてそれに注意が向けられ、揺れと同時に、もしくは直前直後に口が渇き、のどが締めつけられるのを感じる。フィンランドのリイッタ・ハリの研究室が行なった単純な実験では、これまで一部の人々によって何度も見出されてきた観察結果が確証されており、この結果は詩人のすぐれた直感にも合致する。それによれば、典型的な感情を経験しているあいだ、その瞬間のホメオスタシスの全般的状況や情動の状況に応じて、身体の特定の領域が動員されているように一貫して感じる人が多数いるらしい[3]。頭部、胸部、腹部は、もっとも頻繁に感情の劇場に動員される。というより、感情が生み出される舞台そのものなのだ。ワーズワースならこの考えを気に入るだろう。彼は「血中や、心臓に感じられる甘い感覚」について語り、この感覚が、「純粋な心に伝えられ静かに復元される」と述べている[4]。

興味深いことに、その種の状況が喚起する感情は、文化によって調整され得る。たとえば試験直前に感じる緊張は、ドイツの学生には胃のなかのチョウとして、また中国の学生には頭痛として経

験される。(5)

感情の種類

私は本章の冒頭で、感情が生じるおもな生理的条件をあげた。最初の条件は自発的な感情を、残りの二つの条件は喚起された感情を生む。

自発的な感情、すなわちホメオスタティックな感情は、背景で生じている生命活動の流れ、つまり生命の基盤をなす動的な状態から生じ、心の働きの自然な背景をなす。その種の感情は、生命活動の流れや、その管理に必要なルーチンプロセスに密接に結びついているため、種類はごく限られている。かくして自発的な感情は、生命活動の調節の全体的な状況を「良好」「劣悪」「その中間」のいずれかで示す。そのような感情は、ホメオスタシスの現状について心に通知する。それゆえ私は、この感情を「ホメオスタティック」と呼ぶ。文字どおりホメオスタシス「に注意を払う(mind)」〔「mind」は心を意味する〕のがその仕事だ。ホメオスタティックな感情を経験することは、生命活動の奏でる絶えざる背景音楽、つまり生命が書き続ける、音の大きさはもちろんテンポやリズムや調性が絶えず変化する楽譜《スコア》の演奏に聴き入ることにもたとえられる。かくして私たちは、ホメオスタティックな感情を経験するとき、内界の働きに波長を合わせているのである。これ以上単純で自然なことはないだろう。

しかし脳は、外界（実際のものであれ、記憶されたものであれ）と身体を仲介する。身体は、

「呼吸や心拍の速度を上げよ」「この筋肉群を収縮せよ」「化学物質Xを分泌せよ」などといった一連の行動の実行を命令する脳のメッセージに反応すると、生理的な構造のさまざまな側面を変更する。その結果に基づいて脳が生体の変化した幾何学を表わす表象を構築すると、私たちはその変化を感知し、それに関するイメージを形成することができる。これは喚起された感情の源泉である。すなわちホメオスタティックな感情とは異なり、感覚刺激や、衝動、動機、従来の意味での情動を動員することで引き起こされた、種々の「感情表出」反応に起因する。

色、手ざわり、形状、音などの、感覚刺激の特質によって引き起こされた感情表出反応は、たいてい身体状態の静かな揺らぎを生む。これが、哲学の世界でよく言及されるクオリアである。それに対し、衝動、動機、情動によって喚起された感情表出反応は、生体の機能の大規模な乱れをもたらし、大きな心の動揺をもたらしかねない。

感情表出プロセス

感情表出プロセスのかなりの部分は、私たちの目には見えにくい。この隠れた部分は、ホメオスタシスの状態を変え、自発的な感情の変化をもたらす場合もある。

美しい音楽を聴いているときに覚える喜びの感情は、生体の状態の急速な変化によって引き起こされる。この変化は感情表出と呼ばれ、背景をなすホメオスタシスを変化させる一連の活動から成る。感情表出反応を構成する活動には、中枢神経系の特定の部位における所定の化学物質の分泌や、それら化学物質の神経系や身体のさまざまな領域への神経経路を介した輸送が含まれる。また、内分泌腺などの身体の特定の組織が動員され、単独で身体機能を変えられる化学物質が産生される。これらの活動の結果、たとえば血管や管状組織の口径、筋肉の弛緩度、呼吸の速度や心拍など、内臓の幾何学に一連の変化が生じる。すると、喜びの例では、内臓の作用は調和する。つまり、内臓は何の妨げや困難もなく機能し、身体の調和した状態が、古い内界のイメージを形成する役割を担う神経系の部位にしっかりと伝えられる。そしてエネルギーの需要と供給が釣り合うよう代謝作用が調整され、神経系の作用それ自体が変更されるので、イメージの形成が容易で頻繁になり、より流動的な想像が可能になる。ネガティブなイメージよりポジティブなイメージが優先され、おもしろいことに免疫反応が強化されても心のガードは下げられる。このような一連の活動が実行され、心に表象されることで、喜びと呼ばれる、ストレスが最小限に抑えられ、高いくつろぎ《リラクゼーション》が得られる快い感情の状態が生まれるのである。[6] それに対しネガティブな情動は、健康や未来の安寧という観点からすると問題含みの生理的状態と結びつく。[7]

感情表出反応によって新たに引き起こされた感情は、生理学的にいえば、すでに自然な流れに沿って伝わっている、ホメオスタシスの自発的な反応の波に乗っている。感情表出反応の背後にあるプロセスは、自発的な感情の背景にあるプロセスの直接性や透明性からはほど遠い。

感情は、心のなかで際立つこともあればそれほど際立たないこともある。心は、種々の分析、イメージやナラティブの形成、意思決定を行なう際、その瞬間の状況への関連度に応じて、個々の対象に注意を向けたり向けなかったりする。つまり、あらゆる項目が注目されるわけではない。この原則は、感情にも当てはまる。

感情表出反応はどこで生じるのか?

答えは明らかだ。感情表出反応を生じさせるのは、その反応に関与する諸器官に対し、必要な化学物質の分泌や内臓の変化、さらには怖れ、怒り、喜びなどの特定の情動の一部をなす顔面や手足や身体全体の動作を指令する責を負う特定の脳システム(場合によっては脳領域)である。

この脳領域が何であるのかは明らかだ。大部分は、視床下部、脳幹(とりわけ中脳水道周囲灰白質と呼ばれる領域)、および(扁桃核と側坐核が主要な構造をなす)前脳基底部のニューロン群(神経核)から構成される。以上の領域はすべて、特定の心的コンテンツを処理することで活性化される。この活性化は、特定のコンテンツと脳領域の「マッチング」としてとらえることができる。そしてマッチングが生じると、つまりその領域が所定のパターンを「認識」すると、情動を引き起こすプロセスが始動する。[8]

これらの領域には自分の仕事を直接的に行なうものもあれば、大脳皮質を介して行なうものもある。いずれにせよ直接的であろうが間接的であろうが、これらの小さな神経核は、化学物質の分泌や、神経経路の働き(特定の動作を始動したり、決まった脳領域で化学調節物質を放出したりする)を介して、生体全体と連絡する。

この一連の皮質下脳領域は、脊椎動物にも無脊椎動物にも存在するが、とりわけ哺乳類に顕著に見られ、あらゆる形態の感覚刺激、物体、状況に対して衝動、動機、情動によって対応する手段を備えている。「アフェクトのコントロールパネル」ともいえるだろう。ただし、情動をボタン操作一つで始動する一連の不変の作用としてとらえないよう注意する必要はあるが。神経核は、一連の特定の行動が集中して生じる可能性を高めることで、自らの仕事を達成する。だが、結果は不変ではない。それには陰影や変化があり、パターンの本質のみが維持される。進化は徐々にこの装置を築いていったのである。社会的行動に関係するホメオスタシスの側面のほとんどは、これら一連の皮質下構造に依存する。

感情表出反応の喚起は、意思の介入なしに非意識的、自動的に生じる。私たちが情動の喚起に気づくのは、それを引き起こし得る状況が繰り広げられているときではなく、状況の処理によって感情が引き起こされたときであることが多い。つまり状況の処理によって、情動的なできごとに関する意識的な経験が引き起こされるのだ。そして私たちは、感情が生じたあとで、自分が特定のあり方で感じている理由を認識するのである（あるいは、しないこともある）。

これらの脳領域の詮索を逃れられるものはない。フルートの音、日没時の空の茜色、きめの細かなウールの生地の手ざわりはすべて、ポジティブな感情を引き起こす反応と、それに対応する快い感情を喚起する。子どもの頃によく行った夏の別荘の絵や、しばらく会っていなかった友人の声なども同様だ。好物の料理を見れば、空腹でなくても食欲が昂進し、扇情的な写真は欲望をかき立てる。泣く子を目にすれば、抱きしめたり慰めたりしたくなる。同様に根深い生物学的衝動は、人間の赤ん坊の目を思わせる、訴えるようなまなざしをした愛らしいイヌによっても引き起こされる。

要するに、絶えざる刺激によって、喜びや悲しみや心配が生み出されるのだ。私たちは、ある種の小説を読んだり、映画や劇の場面を見たりすることで思いやりや畏怖を感じる。チェロの豊かで暖かい音色に聴き入ればメロディーとは関係なく快く感じ、高音の粗い音を聴けば不快に感じる。同様に、特定の色合い、形状、量、生地を目にしたり、何かを味わったり、ある種のにおいをかいだりすると、ポジティブもしくはネガティブな感情を覚える。感覚的なイメージは、刺激の種類や、その刺激を感じた過去の経験に応じて、弱い反応を引き起こしたり強い反応を引き起こしたりする。通常の状況下では、数々の心的コンテンツが、激しい感情表出反応や弱い感情表出反応を引き起こし、その結果激しい感情や弱い感情を生む。無数のイメージの構成要素や、ナラティブ全体に対する感情表出反応の「喚起」は、私たちの心的作用が持つ、もっとも核心的かつ恒常的な側面の一つである。(9)

情動的な刺激が、知覚によって現実のものとして提示されるのではなく記憶から呼び起こされる場合でも、情動はいくらでも喚起される。イメージの存在がカギになり、メカニズムはどちらも同じである。想起された材料は感情表出プログラムを起動させ、それによって対応する認知可能な感情が引き起こされる。イメージが知覚によって構築されるのではなく記憶から呼び起こされるには、感情表出プログラムの起動を促す刺激が存在し、この刺激がやはりイメージで構成されている必要がある。いずれにせよ、源泉は何であれ、感情表出反応の生成にはイメージが用いられる。そして感情表出反応は、生命活動の背景をなす状態、つまりその瞬間のホメオスタシスの状態を変更し、その結果、情動的感情が生じる。

情動のステレオタイプ

感情表出反応は一般に、一定の支配的なパターンに従うが、厳密にではないし、ステレオタイプ化されてもいない。おもな内臓の変化や、反応を通じて分泌される化学物質の量は、場合によって異なる。一般的には全体的なパターンが認められるが、いつでも正確に同じというわけではない。また感情表出反応は、知覚の構成によって活性化しやすい脳領域があることは確かだが、必ずしもただ一つの脳領域で生じるわけではない。言い換えると、ある「脳のモジュール」が喜びの感情を引き起こす感情表出反応を、また、それとは別のモジュールが嫌悪の感情を引き起こす感情表出反応を生むなどといった考えは、あらゆる情動に対応するボタンを集めたコントロールパネルが存在するという考えと同様に間違っている。また喜びにしろ、嫌悪にしろ、感情はつねに同じもののレプリカだとする考えも間違っている。とはいえ喜びの性質と、その発現の基盤をなす仕組みは、ケースごとに十分に類似する。だから喜びという現象は、日常生活において容易に見分けられ、特定の脳領域にその起源をたどることができる。つまりそれは、自然選択によって与えられた遺伝子の助けと、子宮環境や乳幼児期の環境からの影響を受けて特定の脳領域に植えつけられるのだ。しかし感情表出は固定されていると主張すれば、誇張になる。感情表出プロセスは、私たちが成長するにつれ、あらゆる種類の環境要因によって変更され得る。アフェクトを司る装置はある程度学習させることが可能であり、文明と呼ばれるものの大部分は、家庭や学校や文化などの補助的な環境のもとで、この装置に学習させることを通して発展してきた。日常生活で遭遇するショックや驚きに、どの程度調和的なあり方で対応できるかを示す気質と呼ばれる性質は、情動的反応の基盤と長い教育課程が相互作用し合うことで形成される。この情動的反応の基盤は、遺伝子や、周産期に生じた偶然的なできごとなど、あらゆる生物学的要因が作用した結果として発達途上に組み込まれる。しかし、確実にいえることが一つある。アフェクトを司る装置は、感情表出反応を生成し、その結果、もっとも知的で明敏な心の構成要素のみに支配されていると、私たちが無邪気にも想定している行動に影響を及ぼす。だから衝動、動機、情動は、私たちが純粋に理性的なものと見なしている意思決定に何かを加えたり、そこから何かを引いたりすることがあるのだ。

衝動、動機、従来の意味での情動の本質的な社会性

衝動、動機、情動を司る装置は、それによって反応が引き起こされる生体の健康に関与する。だがほとんどの衝動、動機、情動は、ミクロのレベルでもマクロのレベルでも、本質的に社会的なものであり、その作用が及ぶ範囲は個人を超越する。欲求、欲望、ケア、養育、愛着、愛情は、社会的な文脈のもとで機能する。喜び、悲しみ、怖れ、パニック、怒り、思いやり、賞賛、畏怖、羨望、嫉妬、侮蔑にも、たいていそれが当てはまる。ホモ・サピエンスの知性に欠くことのできない支えであり、文化の形成に重要な役割を果たしてきた強力な社会性は、衝動、動機、情動の装置にその

起源を持ち、より単純な生物の素朴な神経プロセスから進化してきた可能性が高い。さらに時をさかのぼると、それは一群の化学物質から進化してきた。しかもその一部は、単細胞生物の内部にも見られる。私がここで言いたいのは、文化的反応の形成に不可欠な一連の行動戦略から構成される社会性は、ホメオスタシスが備える道具の一つだということである。社会性は、アフェクトに導かれて人間の文化的な心に入って来るのだ。[10]

衝動と動機の行動的側面や神経的側面は、哺乳類を対象にヤーク・パンクセップとケント・ベリッジの手でとりわけ深く研究されている。パンクセップが「探求（seeking）」という分類に含め、またベリッジが「欲求（wanting）」と呼ぶ予期や欲求や、性的な意味と恋愛感情という意味の両方における欲望（lust）は、顕著な例である。子どものケアや養育も強力な衝動であり、それを受ける側において愛着や愛情に基づく絆によって補完され、この絆が絶たれるとパニックや悲しみがもたらされる。遊び《プレイ》は哺乳類や鳥類に顕著に見られ、人間の生活でも中心的な役割を果たす。また、子どもやティーンエイジャーやおとなの想像力の基盤をなし、文化を特徴づける技術革新の重要な要因になる。[11]

結論すると、心に浮かぶイメージのほとんどは、強弱を問わず感情表出反応を喚起する。イメージの源泉は問題にならない。味覚、嗅覚、視覚など、いかなる感覚プロセスも、そのきっかけになり得る。イメージが知覚を通じて新たに形成されたものなのか、記憶から呼び起こされたものなのかも問わない。さらにいえば、イメージが生き物に関するものなのか物体に関するものなのか、それとも色、形状、音色などの物体の性質に関連するものなのか、あるいは生き物や物体やその性質を対象とする行為、抽象、判断に関連するものなのかは関係ない。心に浮かぶ多量のイメージを処理することの予期される結果は、感情表出反応の発動と、それに対応する感情の生成なのである。かくして喚起された情動的感情は、生命活動という背景音楽に耳を澄ませることではなく、ときに湧き上がってくる歌や、場合によっては豪華な衣装をまとったオペラ歌手がうたうアリアを聴くことにたとえられる。だがその歌は、身体という同じコンサートホールで同じ伴奏により、生命という同一の背景のもとでうたわれる。しかしきっかけが与えられると、心はおもに、身体の世界よりも、そのとき繰り広げられている思考の世界に波長を合わせる。こうして私たちは自分の思考に反応し、その反応を感じるのだ。音楽の演奏はその都度変わる。感情表出反応の実行と、それによって喚起される感情の経験は、有名な曲が異なる音楽家によって演奏されたときと、少なくとも同程度に変化するからだ。それでも演奏されている曲は、疑いなく同じものである。人間の情動は、誰もがすぐにわかるスタンダードナンバーのようなものだ。

人間の栄光と悲劇の大きな部分は、アフェクトに依存している。アフェクトは、人間以外のつつましやかな生物にその起源を持つとはいえ。

層状の感情

イメージに対する感情表出反応は、感情そのものにも、それをイメージとして扱うことで適用される。たとえば痛みを感じている状態は、その状況に反応することで生じるさまざまな思考によって促される、第二の感情とも呼べる新たな階層のプロセスを通じて豊かにされる場合がある。こうした層状の感情状態の深さこそが、おそらく人間の心の顕著な特徴なのだ。私たちが苦しみと呼ぶ感情の基盤をなしているのは、その種のプロセスなのである。

高等哺乳類など、私たちのものに似た複雑な脳を持つ動物も、層状の感情状態を持つと考えられる。これまでは極端な人間至上主義が動物の感情を否定してきたが、感情の科学はそれとは反対の見解を徐々に示すようになってきた。人間の感情は、動物の感情より複雑かつ精巧で、深く階層化されているという見方を否定したいのではない。否定できるはずはない。だが私の見るところ、あらゆる種類の観念、とりわけ現在の瞬間や予期される未来をめぐる解釈と感情状態が取り結ぶ関係の網の目にこそ、人間の特徴が存在する。

前述のとおり、層状の感情は、感情の知性化を支援する。その瞬間の感情によって心に喚起された事象や観念は、そのきっかけになった状況の知的な記述を生み出すプロセスを豊かにするのである。

層状の感情は、偉大な詩の拠りどころでもある。たとえばそのような感情は、マルセル・プルーストという名の小説家、哲学者が生涯にわたって探求していたテーマだ。

第8章　感情の構築

　感情の起源を理解し、それがいかに構築され、人間の心に何をもたらしているのかを正しく評価するためには、ホメオスタシスを背景に全体像を眺める必要があろう。快とホメオスタシスの正の範囲、ならびに不快と負の範囲の一致は、検証された事実である。良好な、あるいは最適な範囲のホメオスタシスは健康や喜びという形で現われ、愛情や友情によって喚起された幸福感は、より効率的なホメオスタシスに寄与し、健康を増進する。負のホメオスタシスの例も、それと同様明確である。悲しみに結びつくストレスは、ホメオスタシスを減退させる。それは、血管や筋肉構造などの無数の身体部位に実際に損傷を与える化学物質が、視床下部と脳下垂体の活性化を通じて分泌されることで引き起こされる。奇しくも、ホメオスタシスに対する身体的な疾病による負荷は、それと同じ視床下部・脳下垂体軸を活性化させ、情動不安をもたらす化学物質ダイノルフィンの分泌を引き起こし得る。

これらの作用の循環性には特筆すべきものがある。どうやら心や脳に対する身体の影響と同程度に、心や脳が身体に影響を及ぼすらしい。それらは単に、同じ現象の二つの側面にすぎない。

ホメオスタシスの正の範囲に対応しようが、負の範囲に対応しようが、その処理に関与する種々の化学的シグナルと、それにともなう内臓の状態は、通常の心の流れをときに微細に、ときに大きく変える力を持つ。注意、学習、想起、想像は中断され、些細であろうがなかろうが課題や状況へのアプローチは阻害され得る。情動的感情によって引き起こされた心の混乱は、とりわけそれがネガティブなものであれば無視しがたいものだが、穏やかで調和のとれたポジティブな感情でさえ、無視できないことが多い。

生命プロセスと感情の質の並行的な関係は、内分泌系、免疫系、神経系の共通の原型的組織におけるホメオスタシスの働きにその起源が求められる。つまり霧に包まれた初期の生命にまでさかのぼる。内界、とりわけ古い内界を監視し、それに反応する役割を担う神経系の部位は、同じ内界でつねに免疫系と内分泌系と連携しながら機能してきた。この並行関係の現在の状況について考えてみよう。

たとえば、内臓疾患や外的な傷害によって組織が損傷すると、通常私たちは痛みを経験する。原因が前者の場合、痛みは、ミエリン（髄鞘）化されていない古いC線維によって伝えられ、痛む箇所はあいまいに感じられる。それに対し後者の場合、進化的により新しいミエリン化された神経線維を経由し、痛む箇所がはっきりした鋭い痛みを感じる。[1] しかし痛みの感覚は、あいまいであろうが鋭かろうが、生体内で生じている現象の一部にすぎない。しかもそれは、進化論的な観点からすると、もっとも新しい部分に相当する。では他に何が生じているのか？　痛みのプロセスの隠れた部分は、何から構成されているのか？　その答えは、損傷によって免疫反応と神経反応の両方が局所的に引き起こされている、というものになる。この反応には、局所的な血管拡張などの炎症性の変化や、負傷箇所への白血球の流入が含まれる。白血球は、感染の防御や、損傷した組織の残骸の除去を支援するために呼び出される。前者の課題は病原体を包んで吸収し破壊する食作用によって、また後者の課題はおもに特定の化学物質を分泌することで達成される。その種の化学物質では最初のものとも呼べるプロエンケファリンは、進化的に古い化学物質で、二つに分裂して二種類の活性化した化合物として局所的に分泌される。一方の化合物は抗菌作用を持ち、もう一方は鎮痛効果を有するオピオイド系化合物で、末梢神経終末に位置する特殊なオピオイド受容体（δクラス）に働きかける。局所的な混乱や、身体組織の状態の変化のさまざまな徴候は、その場所で神経系に検知され、徐々にマッピングされていき、痛みの感覚の重層的な構成に寄与する。しかしそれと同時に、オピオイド系化合物の局所的な分泌と取り込みによって、痛みが抑えられ炎症が緩和される。この神経系と免疫系の連携によって、ホメオスタシスは私たちを感染から守り、問題を最小限に抑えようと懸命に試みる。(2)

しかし、話はそこで終わらない。傷は一連の独自の行動を誘発する感情表出反応を引き起こす。たとえば、たじろぐなどといった表現で示される筋肉の収縮による行動だ。そのような反応や、それに続く生体の構成の変化もマッピングされ、神経系によってそのできごとの一部として「イメージ化」される。運動反応に対するイメージを形成することは、以後同様な状況が、気づかれないままになることのないよう導いてくれる。奇しくも、その種の運動反応は神経系にはるかに先立って登場した。単純な生物は、身体の統合性が危殆に瀕すると、あとずさりしたり、すくんだり、戦ったりするのだ[3]。

つまり、ここで私が取り上げている、抗菌性化合物や鎮痛効果のある化合物の分泌、たじろぎ、回避行動などの、損傷に対する人間の一連の反応は、身体と神経系の相互作用に基づく、太古の時代に由来する十全に構造化された反応なのである。進化が進み、神経系を備えた生物が非神経的なできごとをマッピングするようになると、この複雑な反応の構成要素のイメージ化が可能になる。「痛みを感じる」と私たちが呼ぶ心的な経験は、この多次元的なイメージに基づいている[4]。

ここで強調しておきたいのは、痛みを感じることが、ホメオスタシスの観点から明らかに有用であるような一連のより古い生物学的現象によって十分に支援されているという点だ。とはいえ神経系を持たない単純な生物が痛みを感じていると主張する必要はなく、そもそもそれはおそらく正しくないだろう。単純な生物が痛みの感覚の構築に必要な基本構成要素のいくつかを備えていることは確かであろうが、心的経験としての痛みが出現するためには、生物は心を必要とし、それには構造やできごとをマッピングする能力を持つ神経系を備えていなければならない。そう仮定するのが妥当であろう。言い換えると、神経系や心を欠く生物は、精巧な感情表出プロセスや、防御的、適応的な行動プログラムを持ってはいても、実際に感情を経験しているわけではない。神経系が登場して初めて、感情への道が開けたのである。つつましい神経系でさえ、おそらくある程度の感情を備えているだろう[5]。

　なぜそもそも感情は、「快い」「不快な」「穏やかな」「嵐のような」などと感じられるのかという、至極妥当な問いがよく立てられる。その理由は今や明らかだ。感情を形成する一連の生理的現象が、進化の過程で全面的に出現し、心的経験を生み始めると、状況が変わり始めた。感情は生命活動を改善し、生命を救い、寿命を引き延ばした。感情はまた、ホメオスタシスの規則に従い、たとえば場所嫌悪の条件づけの現象に見られるように、心的に重要なものにすることで、感情の主体にもこの規則を遵守させるよう導いた[6]。さらに感情の存在は、意識、より特定すると主観性の発達にも密接に結びついている。

　進化が感情に目をつけた理由は、それが提供する知識の価値にあると考えられる。感情は生物の内部から心のプロセスに影響を及ぼす。そしてポジティブもしくはネガティブな性質を必然的に持つこと、健康や死をもたらす行動に起源を持つこと、それを感じた者をつかまえて揺さぶり、強引に特定の状況に注意を向けさせる力を持つことで強い強制力を帯びている。感情を知覚的なマップやイメージとして中立的にとらえる単純素朴な説明は、感情の持つ重要な要素であるヴェイレンスや、注意を喚起する力を見落としている。

　この独自の感情の説明は、心的経験が神経組織における単なる事象のマッピングから生じるわけではないという点を強調する。そうではなく心的経験は、神経的な現象と一緒に織り上げられた身体現象の多次元的なマッピングから生じるのである。心的経験は「インスタント写真」ではなく、時間の経過に沿って展開されるプロセス、つまり身体と脳におけるいくつかのミクロのできごとから構成されるナラティブなのだ。

もちろん、自然は別のあり方で進化し、感情を生まなかったというケースも考えられる。しかし、そうはならなかった。感情の基盤は、生命を維持するメカニズムの一部として最初から完全に統合されていたのだ。あとは、心を構築する神経系の登場を待つだけでよかった。

感情はどこからやって来るのか？

進化の過程でいかに感情が生まれたのかを想像するには、それ以前の生命活動の調節がいかなるものであったのかを考えてみるとよい。単細胞か多細胞かを問わず単純な生物でさえ、エネルギー源を取り込み、化学変化を起こし、有毒物や老廃物を取り除き、機能不全に陥った部位を取り替えたり、再構築したりする役割を担う、精巧なホメオスタシスシステムをすでに備えていた。負傷によって生体の統合性が脅かされると、その生物は、特定の化学物質を放出したり、身を守る動作を実行したりして多角的な防御手段を講じる。こうして、あらゆる脅威を受けつつも生体の統合性が維持されているのである。

ごく単純な生物には、神経系もなければ、指令を出す神経核もない。ただし、細胞質や細胞膜に、相互作用する小器官の先駆けが存在する。すでに述べたように、およそ五億年前に最初に神経系が登場したとき、それは単純なニューロンのネットワーク、「神経網」であった。そしてその構造は、人間を含めた脊椎動物が持つ脳幹の網様体によく似ていた。神経網は、生物の花形機能たる消化を運営する役割をおもに担っていた。ヒドラと呼ばれる愛らしい生物では、神経網は他の物体に反応しての移動（すなわち泳ぎ）をコントロールし、口を開け、蠕動を開始するよう指令を出していた。ヒドラは、現在に至るまで究極の泳ぐ消化システムであり続けたといえよう。その種の神経網には、外界に関してにせよ、内界に関してにせよ、マップやイメージを形成する能力は、おそらく備わっていなかっただろう。したがって、心が形成される可能性は低かった。進化がこの限界を突破するには、数百万年の時を要した。

ホメオスタシスに資するさまざまな機能の発達は、神経系が登場する以前にも見られた。まずあげられるのは、すでに特定の化学物質によって、細胞内の生命活動の状態が、健全か不健全かが示されていたことだ。この能力は、細菌細胞に至るまで、あらゆる生命の階層に浸透していた。第二に、初期の真核生物において、先天性免疫として知られるシステムが誕生したことがあげられる。アメーバなど体腔を有するあらゆる生物が先天性免疫系を備えているが、適応免疫系を備えているのは脊椎動物だけである。適応免疫系とは、たとえばワクチンなどによって、学習、訓練、補強が可能な免疫系をいう[7]。ここで、免疫系は循環系、内分泌系、神経系を含む生体の包括的システムを構成する一つの特殊な分類項目《クラス》である点を思い出されたい。病原体による危害と、それによる損傷から自己を守る免疫は、生体の統合性を監視するもっとも初期の見張り役の一つであり、ヴェイレンスへの主要な貢献者でもある。循環系は、エネルギー資源を分配し、老廃物を排出する支援をすることで、ホメオスタシスの規則を満たす。内分泌系は、生体全体のホメオスタシスに適合するようサブシステムの作用を調整する。神経系は、生体と周囲の環境の関係を管理しつつ、他のすべての包括的なシステムの調整者としての役割を徐々に担うようになる。とりわけ生体と環境の関係の管理という役割は、神経系の発達の主要な産物である感情が大きな影響力を持ち、想像力や創造力の行使が可能な心の世界に依存する。

私が選好するシナリオでは、生命活動は当初、いかなる種類の感情も持たないまま調節されていた。心も意識もなかった。存在していたのは、より生存に資する結果を生むような選択を盲目的に行なう、ホメオスタシス関連の一連のメカニズムだけだった。その後、マッピングやイメージ形成の能力を持つ神経系が登場すると、単純な心が生まれる道が開けた。カンブリア爆発のあいだに無数の変異が生じたあと、神経系を持つある種の生物は、外界のイメージばかりでなく、背後で忙しく働いている生命活動の調節プロセスに関するイメージをも生むようになったのだろう。そしてこのイメージが、対応する心的状態の基盤になり、そのコンテンツは、体内におけるその瞬間の生命活動の状態を反映する色合いを帯びるようになったのだろう。こうして、その瞬間の生命活動の質が感じ取られるようになったのだ。

その種の生物が持つ神経系の残りの部分が、種々の感覚情報の単純なマップを作れる程度の、非常に簡素なものであったとしても、その瞬間の生体の状態が「生存に有益か有害か」を示す必須の情報がそこに加えられることで、生物は、それまでは可能ではなかった有利な行動反応を示せるようになった。特定の場所や物体、あるいは他の生物のイメージに単純な情報を並置するという、この新たな戦術をものにした生物は、それらに近づくべきか、それとも離れるべきかに関する、自動化された指針を得たのだろう。こうして生物は、生命活動をより効率的に、またおそらくはより長く行なえるようになり、それだけ繁殖の機会も増えたはずだ。そして、この新たに獲得された有益な特徴を次世代に伝えるための遺伝的な装置を備えるようになった生物は、自然選択による進化というゲームで勝ちを収めるようになる。かくしてこの特徴は、必然的に生物界に広がっていったのである。

進化の歴史のどの時点で、いかにして感情が誕生したのかを正確に知る方法はない。あらゆる脊椎動物が感情を備えている。社会性昆虫に関しても、その神経系は初期バージョンの感情と意識を備えた単純な心を生んでいると、私はますます考えるようになった。最近の研究はこの見方を支持する。[8] いずれにせよ次のことは確かである。心が出現したあとに感情を支援してきたプロセスは、それよりはるか以前からすでに装備されていたのであり、そこには感情を特徴づける構成要素、ヴェイレンスを生成するのに必要なメカニズムが含まれていた。

私の見るところ、初期の生物は感知と反応の能力を持ち、感情構築の基盤は整ってはいたものの、感情そのものや心や意識はまだ備えていなかった。私たちが心、感情、意識と呼ぶものが出現するためには、進化は、構造面や機能面でカギとなる補強をいくつか必要とした。そしてこの補強は、やがておもに神経系の内部で起こる。

植物を含め私たちより単純な生物は、環境からの刺激を感知してそれに反応する。[9] また、単純な生物は、力強く戦って身体の統合性を維持しようとする。ただし、セルロースに包まれ動くことがほとんどない植物は除く。動きが取れなければ殴り返すことはできないのだから。いずれにしても、あらゆる種類の身体的脅威に対する感知、反応、防御は、生命の多様で偉大なストーリーには不可欠な要素であるとはいえ、私たちが心、感情、意識と呼んでいる心的現象とは比較にならない。

感情を組み立てる

ここまで論じてきた事実は、感情の存在理由を説明し、その背後にあるいくつかの重要なプロセス、つまりヴェイレンスの足場を提供するプロセスの概略を示している。本節では、ヴェイレンスに関する生理機能で補完的な役割を果たしていると見られる神経系の条件をいくつか指摘する。ヴェイレンスに寄与している相当な量の情報が、身体構造と神経構造の連続性という意外な背景のもとで生じることが明らかになってきた。私はこれまで、身体と脳の「結びつき」「契約」「融合」などといった言葉を用いてこの考えを説明してきた。「連続性」という用語は、それに新たなニュアンスをつけ加える。(10)感情の経験においては、重要なコンテンツを生む物質、身体、そして情報の受け手、処理者として従来見なされてきた神経系のあいだには、構造的なものにせよ、生理的なものにせよ、距離はほとんど、あるいはまったく存在しない。物質／身体とプロセッサ／脳という二つの陣営は、間違いなく隣接しており、意外なあり方で連続している。それによって二つの陣営は、豊かな相互作用を行なうことが可能になるのだ。そしてその仕組みは、今や解明されつつある。この相互作用には、特定の組織に対する化学物質や神経の作用と、それに対する反応が含まれる。

感情とは、単なる神経的な事象ではない。そこには身体が不可避的に関与しており、内分泌系、免疫系などのホメオスタシス関連の他の重要なシステムも参加している。つまり感情は徹底して、身体と神経系の両者が相互作用しつつ同時に顕現する現象なのである。

単なる神経的な現象、またその逆に単なる心的な現象は、ポジティブなものであれ、ネガティブなものであれ、強い感情の特徴である、激しく強引に主体をとらえる能力を持たない。したがって単なる神経的な現象も、単なる心的な現象も、複雑な生物が繁栄するために必要な材料を提供しない。

身体と神経系の連続性

従来の考えでは、内界から発せられる化学的シグナルは、末梢神経系を介して身体から脳へと伝達される。その後、中枢神経系の神経核や大脳皮質が、残りの処理、すなわち感情の醸成を司るのだという。だがこの考えは、何十年ものあいだ不完全なまま通用してきた黎明期の神経科学の見解にとらわれた、時代遅れの見方だ。いくつかの研究によって、身体と脳の結びつきに、いくつかの奇妙な特徴が見られることが明らかにされた。この発見が持つ意義は、感情形成のプロセスの理解に興味深い視点を提供する。端的にいうと、身体と神経系は、相互の連続性のゆえに可能な、さまざまな構造間の「混合」「相互作用」を介して「連絡し合っている」。私は、神経経路の内部で生じているシグナルの進行を指して、「伝達」という言葉を用いることに反対はしない。しかし「身体から脳への伝達」という概念には問題があると言わざるを得ない。

身体と脳のあいだに距離はなく、両者が相互作用し合いながら一個の有機的統合体を形成しているのなら、感情は従来の意味での身体状態の知覚とは異なる。そこでは主体／客体、知覚者／知覚対象という二元性は解消する。この局面のプロセスに関していえば、そこには二元性ではなく統合性が存在する。感情は、この統合性の心的側面なのだ。

とはいえ二元性は、脳と身体の相互作用に関する複雑なプロセスの別の局面で戻ってくる。身体の枠組み《ボディフレーム》と感覚ポータルのイメージが形成され、内臓が占める空間的な位置のイメージが、ボディフレームに参照され、その内部に位置づけられると、生体に関する心的な観点の形成が可能になる。つまり外界由来の感覚イメージ（視覚、聴覚、触覚）や、それによって喚起される情動や感情とは区別される一連のイメージの形成が可能になるのである。すると、一方には「ボディフレームと感覚ポータルの活動」に関するイメージが、他方には外界と内界に関するそれ以外のイメージが存在し始め、二元性が定着する。これは主観性のプロセスに関連する二元性だが、それについては意識を論じる章で検討する。[11]

感情の生理学に関するもっともすぐれた説明のいくつかは、感情の源泉（生体内の生命活動）と、神経系（視覚や思考と同様、感情を作り出すものと通常は想定されている）の独自の関係に基づいている。しかしその種の説明は、現実の一部しかとらえておらず、生体と神経系の関係が近親相姦的なものであるという劇的な事実を見逃している。確かに神経系は、生体の内部に存在する。しかし、「あなたは自宅の部屋にいる」「財布はポケットのなかにある」などというときに意味されるような、両者が別のものとしてはっきりと区別されているという意味において、そういえるわけではない。神経系は、身体のあらゆる構造に分布する神経経路を介して、またそれとは逆向きに血液循環に乗って移動し、「最後野」「脳室周囲器官」などの風変わりな名称を持ついくつかの検問所《チェックポイント》で直接神経系にアクセスする化学物質を通じて、さまざまな身体部位と相互作用する。境界のない往来自由な場所として、これらの領域を想像されたい。それ以外の場所はどこも血液脳関門が存在し、ほとんどの化学物質の脳への出入りを妨げている。

概していえば、身体は、制約されずに直接神経系にアクセスできる。また身体も、一種の見返りとして、多くのケースでは脳に向かって連絡する場合とまったく同じ箇所で、神経系に自由なアクセスを与え、身体から脳、脳から身体、さらに身体から脳へというシグナル交換のループをしっかりと完結している。言い換えると身体は、自己の状態に関する情報を脳に伝える見返りに、脳からの返信によって変更を受けるのだ。その際の身体の反応は、各種器官や血管の平滑筋の収縮、内臓の作用や代謝を変える化学物質の分泌など、さまざまである。また変更は、身体が脳に「語った」ことへの直接的な返答に基づく場合もあれば、それとは独立した自発的なものである場合もある。

たとえば神経系と、視覚や聴覚の対象の関係においては、それにわずかでも匹敵する現象は、明らかに起こらない。見られたもの、聞かれたものは、その特徴をマッピングし知覚する能力を持つ感覚器官からは独立している。二つの陣営のあいだには、自然で自発的な相互作用は存在せず、距離、しかもしばしば大きな距離が存在する。見られたものや聞かれたものに干渉するには熟慮を要し、この干渉は、知覚対象と知覚器官の二重唱の外部で実行される。残念ながら、認知科学や心の哲学の議論では、この重要な区別は一貫して無視されている。ちなみにこの区別は接触することで得られる感覚には適用しがたく、触覚にはそれほどうまく当てはまらず、味覚や嗅覚にはそれ以上に当てはまらない。進化は接触感覚《コンタクトセンス》とは別に、遠隔感覚《テレセンス》とでもいうべき感覚を発達させた。つまりこの感覚を用いる生物は、外界の物体には第一に神経的、心的な手段によってアクセスし、また内界の生理的な事象には、アフェクトのフィルターという媒介的なメカニズムを介してのみアクセスする。それに対し進化的に古い接触感覚は、より直接的に内界の生理的事象にアクセスする。(12)

内界の事象と外界の事象を脳が処理する方法の違いを考慮しなければ、議論は完全なものにはならないだろう。またこの違いが、ここまで論じてきたヴェイレンスの構築に寄与しているとする仮説を検討しなければならない。そもそもヴェイレンスは、生体内のホメオスタシスが良好な状態にあるのか、劣悪な状態にあるのかを反映することを考えれば、身体と脳がおのおのの仕事を遂行する際に取り結ぶ緊密な連携は、ホメオスタシスの状態を、脳の機能の実行やそれに関連するその瞬間の心の経験に翻訳することに関与していると見なせるだろう。もちろんそれには翻訳に必要な装置が存在していることが前提とされるが、それについてはこれから見ていく。身体と脳の緊密な連携、およびそれを可能にしている生理的メカニズムは、主体をとらえる感情の力の背後にある主たる成分、ヴェイレンスの構築に寄与する。

末梢神経系の役割

身体はほんとうに、自己の状態に関する情報を神経系に伝達しているのだろうか？　それとも、身体は神経系と融合しているがゆえに、後者がつねに前者の状態を知らされているのだろうか？　ここまでの議論から、これら二つの説明はそれぞれ、身体と脳の関係の進化における異なる時代、そして神経処理の異なるレベルに対応すると結論づけられる。融合による説明は、古い内界がいかに古い機能的構成を用いて身体と脳を織り合わせているのかを記述する唯一の方法である。それに対し伝達による説明は、より新しい脳の構造や機能にうまく合致しており、それが古い内界とそれほど古くはない内界の両方からの情報をいかに取得しているのかを説明してくれる。

ホメオスタシス関連の仕事を遂行するにあたり、身体は自己の働きに関する情報を、脳の古い、いわゆる「情動」領域に到達するさまざまな経路を介して中枢神経系に伝えるというのが従来の見方だ。「情動」領域として一般には、扁桃体などの神経核の大規模な集合、島皮質などの大脳皮質、前帯状回、前頭葉の腹内側部などがあげられる。[13]　またこれらの領域に対する他のよく知られた言い方に、「辺縁脳」「爬虫類脳」がある。その種の用語は、使われるようになった経緯は理解できても、今ではとても使用に耐えない。たとえば人間においては、これらの「より古い」はずの構造はすべて、「現代的《モダン》な」区画を含み、古い屋敷に、改装したモダンなキッチンやバスが設置されているようなものである。また、上記の脳の区画の作用は独立しておらず、相互に関連し合っている。

従来の説明のもう一つの大きな問題は、ここにあげた古い構造が話のすべてではない点にある。

そこには、大脳皮質の下に位置し、身体関連の情報を処理する重要な組織である脳幹の神経核を筆頭に、いくつかの部位が欠けている。[14] 主要なものとして、傍小脳脚核があげられる。[15] これらの神経核は生体の状態に関する情報を受け取るだけではなく、衝動、動機、従来の意味での情動に関連する感情表出反応を始動する。その好例は、中脳水道周囲灰白質である。[16] おそらく従来の説明からもっとも致命的に欠落しているのは、さらに古い初期の部位であり、それは身体の近傍に位置する末梢の神経構造に関係する〔ここでの「身体」(body proper) からは、神経系が除外されている点に注意されたい〕。古い説明は書き換えられねばならない。

確かに感情に関与する中枢神経系の構造は、複雑な認知に関与する構造より進化的に古い。だが、同様に事実であるにもかかわらず見過ごされがちなのは、「末梢」に位置する装置、つまり身体の情報を脳に伝達するとされている装置が、それと少なくとも同程度、もしくはそれ以上に古いということである。私たちは中枢神経系を重視し、末梢の構造を軽視するのだ。

実のところ、感情プロセスに関連する末梢の情報伝達は、視神経における網膜から脳へのシグナルの伝達、あるいは新しく高度な神経線維を介した繊細な触覚刺激の皮膚から脳への伝達に見られるようなものとは異なる。そもそもこのプロセスの一部は、神経的なものではない。つまりニューロンの連鎖に沿った神経の発火による通常のシグナルの伝達とは違う。それは体液性のものであり、毛細血管中を移動するシグナル分子が、血液脳関門のない神経系の領域を浸し、その瞬間のホメオスタシスの状態に関する情報を、それらの脳領域に直接伝えるのだ。[17]

血液脳関門とは、その名が示すように、血中を循環している化学物質の影響から脳を守る。ここまでの説明で、血液脳関門を欠くことでよく知られている、中枢神経系の二つの部位に言及した。これらの領域は、化学シグナルを直接受け取ることができる。二つの領域とは、脳幹レベルの第四脳室の床に位置する最後野と、側脳室のへりに位置する脳室周囲器官を指す[18]。また最近になって、後根神経節も血液脳関門を欠くことがわかった[19]。この事実はとりわけ興味深い。というのも後根神経節は、軸索が内臓に広範に分散し、身体由来のシグナルを中枢神経系に伝えるニューロンの細胞体を束ねているからだ。

後根神経節は脊柱の全長にわたり、各脊椎骨につき両側に一つずつ存在し、身体の末梢と脊髄、すなわち末梢の神経線維と中枢神経系を結びつけており、手足や胴から中枢神経系に感覚シグナルを伝達する経路の一つをなす。顔面に関する情報は、脳幹の両側に一つずつある、三叉神経節と呼ばれる二つの大きな神経節によって伝達される。

これは次のことを意味する。ニューロンは末梢で生じたシグナルを中枢神経系に伝達する役割を果たすが、単独でそれを行なっているのではなく、支援を受けている。つまり血中を循環する化学物質によって直接調節されているのだ。たとえば、負傷による痛みを生むシグナルは、まさにこの後根神経節に送られる[20]。このような仕組みを考慮すれば、シグナルは「純粋に」神経的なものであるとはいえない。身体はこのプロセスに対して、血中を循環する化学物質の影響という形態で一家言を持っているのである。同様な影響は、脳幹や大脳皮質という、システムの高次のレベルでも行使される。血液脳関門をなくすことは、身体と脳の融合を可能にするメカニズムの一つである。それどころか浸透性は、末梢神経節にかなり一般的に見られる特徴なのかもしれない[21]。感情の研究は、これらの事実を考慮に入れる必要がある。

身体と脳の関係における他の特異性

内受容シグナルが、ミエリンを欠く軸索を持つニューロンのC線維か、わずかにミエリン化された軸索を持つニューロンのAδ線維のいずれかによって伝達されることは長く知られてきた[22]。これも確定された事実ではあるが、内受容システムの進化の古さを示すものとして単純に解釈され、それ以上の意義は認められてこなかった。私の解釈は、それとは異なる。次の事実を考えてみよう。軸索を絶縁し、そこを流れる電流の漏洩を防ぐことによって高速でシグナルを伝えられるようにするミエリンは、進化が達成した偉業の一つである。外界の知覚、つまり見るもの、聞くもの、触れるものは、ミエリン化され十分に絶縁された高速の軸索によって、確実な伝達が保証されている。私たちの高度ですばやい動作にも、あるいは高邁な思考や推論や創造性にも、同じことが当てはまる[23]。このように、ミエリンに保護された軸索の発火は、高速で、効率的、現代的、シリコンバレー的なのである。

ならば、私たちの生存に不可欠な装置であるホメオスタシスや、それが大幅に依存する調節のための貴重なインターフェースたる感情が、漏れやすく遅い、ミエリン化されていない太古の線維の手に委ねられているというのは、実に奇妙に思える。つねに怠りのない自然選択が、なぜ「高バイパス」エンジンを搭載した高速ジェット機を選好して、その種の非効率かつ遅いプロペラ機を淘汰しなかったのか？

　二つの理由が考えられる。まず私自身の見方に反する理由をあげよう。ミエリンは、神経細胞ではないグリア細胞（シュワン細胞とも呼ばれる）を軸索に巻きつけることで丹念に生成される。つまりグリア細胞（「グリア」は接着剤を意味する）は、神経ネットワークに足場を提供するだけでなく、ニューロンを絶縁する。ところで、ミエリンの生成は、エネルギーの面で非常に高くつくので、あらゆる軸索をミエリンで包むコストは、それによって得られる恩恵をしのぐ可能性がある。しかも古い神経線維でも、それなりに役には立つ。だから進化はこの製品に飛びつかず、ミエリンの欠如にそれ以上の意義は与えられなかった。

　次に私の見方に沿う理由をあげよう。ミエリン化されていない神経線維は実のところ、感情の構築に不可欠な好機を提供するものであったがゆえに、進化は貴重なケーブルを絶縁することで、みすみすその好機を逃すわけにはいかなかったのだ。

　ではミエリンの欠如によって、いかなる好機が生まれたのか？　一つは、周囲の化学的な環境への開放性に関係する。ミエリン化された現代的な神経線維は、軸索沿いのランヴィエ絞輪《こうりん》と呼ばれる数箇所でのみ化学物質の働きかけを受ける。つまりそこに、ミエリンによる絶縁の切れ目が存在する。しかしミエリン化されていない神経線維では、話が違ってくる。それは全長にわたり、あらゆる箇所を演奏に使える弦のようなものである。この特質は、間違いなく身体と神経系の機能的融合に資するはずだ。

二つ目の好機はさらに興味深い。並行して走るミエリン化されていない神経線維（複数の神経線維が束ねられて神経が構成される）は、絶縁されていないがゆえにエファプスと呼ばれるプロセスを通じて電気インパルスの伝達を行なうことができる。つまり電気インパルスは線維の走る方向と直交して側方に伝達される。エファプスは通常、神経系の作用とは見なされない。人間の神経系ともなれば、なおさらだ。注目されるのは、たいていシナプスである（相応の理由によって、とあえてつけ加えておこう）。シナプスはニューロン間で電気化学的シグナルを伝達する装置で、私たちの認知や運動は、その働きに多くを負っている。それに対しエファプスは、過去の古いメカニズムである。今やたいていの教科書では、それに言及されることがない。しかし感情も過去のものだが、非常に役に立ち、それどころか不可欠なものだからこそ現在に伝えられたのだ。たとえばエファプスは、神経幹に沿って伝達される反応を増幅することで、軸索の動員の様態を変えることができる。胸部全体や腹部から脳に至る神経シグナルの主たる導管である迷走神経のほぼすべてがミエリン化されていないことは、実に興味深い。迷走神経の非常に重要な作用に、エファプスが一役買っていることは十分に考えられる。

非シナプス性伝達メカニズムは現実に存在する。軸索間のみならず、細胞体間、さらにはグリア細胞のような支持細胞とニューロンのあいだでも作用している。[24]

軽視されている腸の役割

身体と脳の関係における非常に多くの特異性が知られていなかったり、無視されたりしているのは驚きだ。もっとも大きな驚きの一つは、咽頭や食道から下りてくる消化管を調節する大規模な神経系、腸管神経系が無視されていることである。それについて医学部で教えられることはめったにない。たとえ言及されたとしても、一般には神経系の「周縁の」構成要素として扱われる。最近になるまで詳細に研究されることもなかった。ホメオスタシス、感情、情動に関する科学的な記述にはほとんど見当たらない。私自身も、腸管神経系への言及に必要以上に慎重になっていたところがある。

腸管神経系は実のところ、周縁的ではなく中枢的な神経系である。巨大な構造を有し、その機能は私たちにとって不可欠だ。一億から六億のニューロンで構成されると見積もられ、この数は脊髄全体に匹敵するかそれを超える。また高次の脳と同じように、そのニューロンの大多数は内在性のものである。内在性とは、生体のどこか別の場所から迎え入れられたのではなく、その構造に固有のものであり、また、自分の仕事をどこか別の部位に投射することによってではなく自らの構造内で遂行することをいう。それに対し外来性のニューロンは一部に限られ、おもに迷走神経を介して中枢神経系へと投射している。外来性のニューロン一本につきおよそ二〇〇〇本の内在性ニューロンが存在し、この事実は腸管神経系が独立した神経構造であることを強く示唆する。したがって腸管神経系の機能は、おもにそれ自体のコントロールのもとで実行される。中枢神経系は腸管神経系に、かくかくしかじかのやり方でこれを実行せよなどと指令を出したりはしないが、その作用の調節は可能である。つまり腸管神経系と中枢神経系のあいだでは、会話の流れはおもに腸から高次の脳に向けられたものではあれ、言い合い《クロストーク》が随時行なわれているのだ。

腸管神経系は、最近になって「第二の脳」と呼ばれるようになった。この栄誉は、腸管神経系の規模と自律性に基づく。進化の歴史の現時点において、構造面でも機能面でも、腸管神経系が主役の座を譲るのは高次の脳のみである点に疑いはない。しかし、進化の歴史から見て、腸管神経系の発達が中枢神経系の発達に先立つ可能性を示唆する証拠が得られている[25]。それには相応の根拠があり、根拠はすべてホメオスタシスに関係する。多細胞生物では、消化機能がエネルギー源の処理のカギになる。食物の摂取、消化、必須栄養素の抽出、排泄は、生命の維持には欠くことのできない複雑な処理である。唯一それに匹敵するのは呼吸だが、呼吸は消化より単純な機能だ。気道から酸素を取り込んで、二酸化炭素を排出する機能は、消化管が果たさねばならない数々の仕事に比べれば、些細なものだといえよう。

進化の歴史のなかでいつ消化管が出現したのかを考えると、すでに言及した刺胞動物に属する原始生物に、それに似たものを見出すことができる。前述したとおり、刺胞動物は袋のように見え、文字どおり浮遊しながら生きている。その神経系は神経網であり、神経系の最古の形態を代表すると考えられている。神経網は、二つの側面において現代の腸管神経系に類似する。一つは、神経網が蠕動運動を生むことだ。この運動は食物を含む水の流れを取り込み、循環させ、排出するのを支援する。もう一つは、形態学的な見地からすると、哺乳類の腸管神経系が持つ重要な解剖学的構成要素であるアウエルバッハ筋層間神経叢に、それがよく似ているという点である。刺胞動物の起源は先カンブリア時代にさかのぼるが、やがて中枢神経系になるものに似た構造は、カンブリア時代になってから扁形動物に出現する。腸管神経系が最初に出現した脳である可能性を考えると、興味は尽きない。

ミエリンに関してここまで述べた点を考慮すると、腸管神経系のニューロンがミエリン化されていない事実は、特に驚くべきことではない。軸索は束ねられ、腸グリア細胞による絶縁によってまとめて不完全に包まれている。この設計が、末梢神経系のミエリン化されていないニューロンをめぐって先述した、軸索同士の側方の交換、エファプス伝達を可能にしていることも考えられる。この設計では、少数の軸索の活動によって、一緒に束ねられた近傍の神経線維が動員され、シグナルが増幅される。隣接し合う領域に投射する近傍の神経線維の動員は、消化管の活動によって、場所の特定がむずかしい特徴的な感覚が生まれる要因をなす。

いくつかの証拠によって、消化管と腸管神経系が、感情や気分の形成に重要な役割を果たすことが示されている。[26] たとえば、「グローバル」な健康感が腸管神経系の作用に強く結びついていたとしても不思議ではないだろう。吐き気はもう一つの例である。腸管神経系は、腹部の内臓器官から脳に送られるシグナルの主要な導管である迷走神経の大きな支流をなす。それに関連して他にも注目すべき事実がある。たとえば消化器障害は、気分の病理に相関しやすい。興味深いことに腸管神経系は、アフェクトの障害やその矯正に重要な役割を果たす神経伝達物質セロトニンの九五パーセントを産生する。[27] ここで報告すべきもっとも重要な最近の発見は、細菌の世界と腸の密接な関係であろう。ほとんどの細菌は、皮膚や粘膜のあらゆる場所に宿りつつ（襞をなす部分にもっとも多く存在する）、私たちと調和しながら共生している。だが、腸以上に多数の細菌が宿る場所はない。腸に宿る細菌の数は一〇〇兆の単位に達し、人体の細胞総数を凌駕する。これらの細菌が、直接的にせよ間接的にせよ、いかに感情に影響を及ぼすのかは、二一世紀の科学の注目すべきテーマの一つになっている。(28)

感情の経験はどこに位置づけられるのか？

感情は、心の領域のどこに位置づけられるのだろうか？　この問いに答えるのは簡単だ。私は自分の感情を、心に表象された身体の内部に、ときにＧＰＳ並みの高い精度で位置づけるだろう。ジャガイモの皮をむいているときに手を切ると、私は指が切れたのを感じ、痛みの生理的メカニズムが、左手の人差し指の先などと、負傷した場所の正確な位置を教えてくれる。すでに述べたように痛みを引き起こす複雑なプロセスは、最初は局所的なものだが、上肢につながる後根神経節に神経シグナルが届いても継続する。ここでも、このプロセスは完全に神経的なものではなく、血中を循環する化学物質が、ニューロンに直接影響を及ぼし得る。後根神経節内に細胞体が存在する、いわゆる偽単極神経細胞は脊髄にシグナルを伝達し、シグナルは脊髄の背角（後角）と腹角（前角）の内部で複雑な様態で混合される。おそらくはこの時点で初めて、通常の伝達が生じてシグナルは上方へと伝わり、脳幹の神経核、視床、および大脳皮質に届くのだろう。

標準的な説明では、脳は、大工場の制御室やジェット機のコクピットに見られる大きな計器パネルのごとく、負傷箇所をGPS並みの正確さでとらえる。パネルYの座標Xが光ると、場所Xで問題が発生していることがわかる。計器パネルを見ている人間は、シグナルに意味を付与する心を持つからだ。パネルを監視しているスタッフやパイロット、あるいは監視機能を実行するべく設計されたロボットは、警報を鳴らし、必要な処置をとる。だがこのシナリオはおそらく、身体と脳が連携しながら行なう仕事のやり方には当てはまらないだろう。私たちは、負傷箇所を知ることができる。それはもちろん有用だが、それに劣らず重要なのは、痛みに対する感情表出反応が感じられ、それまでしていた動作を止めることである。私たちが行なう痛みの解釈の一部と、それに対する反応のほとんどは感情に依存し、それに応じて、また、場合によっては意識して私たちは反応する。

興味深いことに、脳は工場やジェット機同様パネルを備えており、それは、大脳皮質の体性感覚を司る領域にある。ちなみにこの領域は、頭部、胴、手足、ならびに筋骨格の枠組みなど、身体構造のさまざまな部位を表わすマップを保持している。だが、工場で発生した問題が、それを表示するパネルにあるわけではないのと同じように、私たちは脳のパネルに痛みを感じるのではない。私たちはその源泉である末梢に痛みを感じる。ヴェイレンスの構築者が懸命に作業を開始するのは、まさにそこにおいてである。この優位性をもたらす痛みへの参照は、脳幹の神経核の一部、島皮質、帯状皮質など、感情経験にもっとも重要な役割を果たす脳領域が、身体のグローバルな神経マップ内における末梢のプロセスの位置づけを行なう、体性感覚皮質などの脳領域とともに活性化されることを必要とする。心のプロセスは、感情と、それを生むプロセスが開始した箇所の両方に関わるコンテンツを照らし出す。これら二つの側面は同一の神経空間に位置する必要はないし、実際明らかに位置しておらず、神経系の異なる部位に追跡することができる。そして二つの部位は連続して、ほぼ同じ時間単位内で活性化する。さらにいえば、一つのシステムを形成する神経結合によって互いに機能的に結びついている。

ジャガイモの皮むきに戻ろう。身体の統合性の喪失をもたらす細かな局所的事象は、本人が気づくことのできる化学作用、感覚、運動の混乱をもたらし、何とかしてそれに対処しない限り、消え去らない。無視したり忘れたりすることはできない。というのも、痛みの感情が持つネガティブなヴェイレンスが、強引に他の事象から注意を引き剥がすからだ。またそれは、そのできごとの詳細を効率的に学習することを保証する。この心的経験のコンテンツには、自己から切り離された疎遠な側面はまったく存在しない。だから、私なら二度とジャガイモの皮むきをしようとはしなくなるだろう。

解明される感情？

この時点で感情について確実に何をいえるのか？　感情という現象の特異性は、それが担うホメオスタシスの維持に関する不可欠の役割に密接に関係する。感情が生成される背景は、他の感覚現象とは大きく異なる。神経系と身体の関係は、控えめにいっても普通ではない。前者は後者の内部に存在する。隣接しているばかりではなく、ある意味で連続的であり相互作用する。前節で述べたように、身体と神経の作用は、末梢神経系から大脳皮質やそのすぐ下にある大規模な神経核に至るまで、複数のレベルで融合している。この事実、ならびに身体と神経系が、ホメオスタシスの必要性に動機づけられて不断のクロストークを行なっている事実は、生理学的に見て、感情が純粋に神経的なものでもなければ、身体的なものでもないハイブリッドなプロセスに基づくことを示唆する。これは私たちが感情と呼ぶ心的経験と、それに状況に応じて結びついた身体や神経のプロセスの両面に関する事実である。神経的な側面や身体的な側面の背後にある生理現象のさらなる探究は、それに対応する心的側面をも、くっきりと照らし出してくれるだろう。

本書はここまで、感情をホメオスタシスの心的表現として、また、生命活動を支配する道具としてとらえてきた。さらには進化が感情をめぐってアフェクトの装置を構築し、その装置が頻繁に動員されてきたがゆえに、感情を考慮に入れなければ、思考、知性、創造性について有意義に語ることはできないと論じてきた。感情は私たちの意思決定に関与し、人間存在に浸透しているのだ。

感情は、私たちを悩ませもすれば喜ばせもする。しかし、少しのあいだ目的論的見地から考えることが許されるなら、感情はそのためではなく、生命活動の調節のために、つまり基本的なホメオスタシスや社会的状況に関する情報の提供者として存在する。感情は私たちに、回避すべきリスク、危険、その瞬間の危機的状況について教えてくれる。また肯定的な側面では、好機について教えてくれる。そして全体的なホメオスタシスを改善する行動へと私たちを導き、その過程で自己や他者の未来に対して責任を担うよりよい人間の形成を促してくれるのだ。

日常生活において快い感情をもたらすできごとは、有益なホメオスタシスの状態が達成されるよう私たちを導く。誰かを愛し誰かに愛されていると感じていれば、あるいは自分の目標を達成できれば、私たちは幸福に感じるか、あるいはラッキーだと思う。その際、何か特別なことをしなくても、全体的な生理状態を表わすいくつかのパラメーターは、良い方向へと変化する。たとえば、免疫反応が強化される。感情とホメオスタシスの関係は非常に緊密なので、ポジティブな方向にもネガティブな方向にも影響が及び得る。だから疾病をもたらす生命活動の調節の乱れは、不快に感じられるのだ。言い換えると、疾病によって変えられた身体の表象に反応して起こる感情は、不快なのである。

おもにホメオスタシスの混乱に起因する不快な感情より、外的なできごとによって引き起こされた不快な感情のほうが、実際には生命活動の調節に混乱をもたらしやすい。たとえば最愛の人を失ったことで引き起こされた長く続く悲しみは、免疫反応を低下させる、日常の危害から自分を守る警戒心をそぐなど、さまざまなあり方で健康を蝕み得る。[29]

感情の持つ良い側面も悪い側面も、道具の発明や文化の実践の背後にある動機の役割を果たしている。

過去の感情の想起に関する補足

記憶や感情に関してとりわけ私の関心を引くことの一つは、人によっては、過去のよ﹅き﹅瞬間の多くが、思い出したときには魔法のように変化して過去のすばらしい瞬間や、場合によっては至上の瞬間にさえなり得ることだ。つまり記憶の素材が、再分類され評価され直すのである。記憶の想起には、過去のできごとの機微をより生き生きとしたものにしたり、繊細なタッチで浮き彫りにしたりすることで、そのできごとを甘美にする傾向がある。たとえば視覚イメージや聴覚イメージは補強され、それに結びついた感情は暖かさを増して色調が豊かになり、非常に喜ばしいものになるため、今は過去になった経験がきわめてポジティブなものとして立ち現われてくるだけに、想起の流れを中断することは考えるだけで苦痛に思えてくる。

　この変化をどう説明すればよいのか？　年をとればその傾向が強まるように思えるが、年齢のせいではないだろう（個人的には、過去はつねにこのように感じられる）。年をとるにつれ快い経験の頻度が高まり、それだけ多くの経験がすぐれたものとして思い出されるようになるのだろうか？それはありそうもない。ところで、記憶の改善（正確な言い方ではないかもしれないが）は、できごとを軽視したり詳細を無視したりすることで得られるのではない。それどころか、想起されるできごとの詳細は、さらに増大することがある。そのできごとを構成するイメージの多くは非常に長く残存し、より強力な感情表出反応を引き起こすことがある。おそらく、それによって記憶の改善を説明できるのではないだろうか。主要なイメージの上映時間が長くなり、穏やかな情動が喚起され、それがより深い感情に翻訳されるよう、想起のプロセスに注意深い編集が加えられるのかもしれない。いずれにせよ、想起にともなう強いポジティブな感情は、想起される素材の一部でないことだけは確かだ。感情は、想起が引き起こす強い感情表出反応の結果として新たに構築される。感情それ自体は決して記憶されることはなく、したがって想起の対象にはなり得ない。感情は、想起された事実に随伴しそれを補完するために、その場で相応に忠実に再構築されるのである。

都合の悪いできごとは記憶に保管されず、利用できないと言いたいのではない。今この瞬間、記憶がどれほどの影響を心に及ぼせるのかが問題なのである。そのようなできごとの詳細も記憶に保管されており、ひどい苦痛の感情がそこから生じてもまったくおかしくはない。おそらく不快な体験の記憶は、快い経験を再生する記憶とは異なり、時が経つうちに勢力が強まったりはしないのかもしれない。悪い記憶を抑圧しているというより、それに拘泥しないことでネガティブな度合いが減じられるのかもしれない。その結果、高度に適応的な全般的健康の改善が得られるのだ。[30] ダニエル・カーネマンとエイモス・トヴェルスキーが述べるピーク・エンド効果も関係している可能性がある。つまり私たちは、過去に起こったより有益な経験的側面に対しては強い記憶を形成し、残りの経験的側面をあいまいにする傾向を持つ。記憶は不完全なものなのだ。[31]

この種のポジティブな想起の改変を、誰もが報告するわけではない。ものごとを、よい方にも悪いほうにも改変することなく正確に思い出していると考える人もいる。当然ながら、ものごとを実際より悪く報告する悲観主義者もいる。しかし、その種の現象を正確に測定し評価することはむずかしい。というのも私たちの生活の大部分は、その人が持つアフェクトの様式によって変わってくるからだ。

そのような現象を考慮に入れることが、なぜ重要なのだろうか？　一つの理由は、未来の予期に関係する。何を望むか、今後の人生にどう対処していくかは、いかに過去が経験されるかに依存する。それには単に客観的で検証可能な事実だけではなく、想起された客観的なデータの経験や再構成も含まれる。想起は、私たちを一人の独自の人間にするあらゆる事象の影響を受ける。種々の側面におけるその人のパーソナリティのスタイルには、認知や感情の様態、アフェクトに関する個々の経験のバランス、文化的アイデンティティ、業績、運が関与しているのだ。

私たちが文化的な側面で何をいかにして作り出すのか、そして文化的な事象にいかに反応するのかは、かくして感情に操られる不完全な記憶のトリックに左右されるのである。

第9章　意識

意識について

通常の状況下では、目覚めて覚醒しているときには、特に何も考えなくても、心に浮かんでくるイメージには自己の視点が備わっている。私たちはごく自然に、自分自身を心的経験の主体として認識している。私の心のなかの素材は私のものであり、あなたの心のなかの素材はあなたのものであると無条件に想定しているのだ。こうしてあなたと私は、心のコンテンツを、あなたの視点、私の視点という異なる視点で評価する。二人が一緒に同じ光景を目にすれば、私たちはただちに、互いに異なる視点からそれを見ていることを認識するだろう。

「意識」という用語は、今述べたような特徴によって示される、ごく自然ではあるが独自の心の状態を指す。この心的状態は、その所有者が周囲の世界の私的な経験者になり、それと同程度に重要なことに、自己という存在を経験することを可能ならしめる。実践的な理由により、私的な心の内部に喚起される、現在や過去に関する知識の世界は、その所有者が意識ある状態に置かれ、自身の主観的な視点から心のコンテンツを眺めることができる場合に限って、立ち現われてくる。この視点は意識のプロセス全体にとって不可欠のものなので、単に「主観性」について語るだけで十分だと考え、「意識」という用語や、それによる影響に関する考察を置き去りにしやすい。しかし私たちはこの誘惑に駆られてはならない。なぜなら、「意識」という用語のみが、統合化された経験という、意識ある状態のもう一つの重要な構成要素を示唆するからだ。そしてこの統合化された経験は、もろもろの心的コンテンツをある程度統一化された多次元的なパノラマのもとに置くことで構成される。端的にいえば、主観性と統合的な経験の両方が、意識の不可欠の構成要素をなすのである。

本章の目的は、主観性と統合化された経験が、文化的な心を可能にする本質的な要因である理由を明らかにすることだ。主観性が存在しなければ、何も際立たなくなる。ある程度の統合化された経験が存在しなければ、創造性に必要な熟慮や洞察力は得られなくなる。(1)

意識を観察する

意識ある心の状態は、いくつかの重要な特徴を持つ。眠ってはおらず、目覚めている。もうろうとしていたり混乱していたり散漫になっていたりはせず、注意の焦点が絞られている。自分の置かれている時間的、空間的な位置をしっかりと把握している。音、光景、感情などの心的イメージは、的確に形成され、明瞭かつ精査可能な状態で提示される。ただしアルコールからドラッグに至る「精神興奮性」の化学物質の影響を受けていなければだが。心の劇場（あえてデカルト劇場という）では、幕が上がり、俳優たちが舞台の上で動き回りながらセリフを語っている。舞台には照明が当てられ効果音が鳴り響く。それに加え、ここがミソなのだが観客がいる。それは「あなた」だ。あなたは自分自身を目にすることはない。消すことのできない第四の壁〔舞台と観客のあいだに存在する目には見えない壁〕に隔てられた舞台の前方の空間に、劇の主体／観客たるある種の「あなた」がすわっていると感じるのだ。そしてさらに奇怪な事態が待ち受けている。というのも、劇を見ている「あなた」をあなたの別の部分が見ているように、ときに感じられるからである。

ここで、その種のたとえを繰り出して、劇場のごとく機能し心的経験の舞台をなす場所が脳内のどこかに実際に存在すると示唆しているのは、私があらゆる種類の罠にかかっているからではないかと心配になる読者もいることだろう。そうではないので安心されたい。まして私は、あなたや私の脳内に小さなあなたや私が宿っていて、そこで何かを経験しているなどとは思っていない。小人もいなければ、小人のなかの小人もいない。哲学の世界では伝説と化している無限後退などありはしない。だが否定しがたい事実は、あたかも劇場か、もしくは巨大な銀幕が存在するかのように、また、あたかもあなたや私という観客が存在するかのように、あらゆる現象が起こることだ。その背後には厳然とした生理的プロセスが存在することを理解し、この心的現象をおおむね説明できるということをしかと認識しているのなら、脳を劇場と見なすその種の考えを幻想と呼んでまったく問題はない。だが、「幻想なんだから、問題にする必要などない」として、単純に切って捨てることはできない。私たちの生体、とりわけ神経系と、それと相互作用する身体は、劇場や観客を必要とせず、これから見ていくように、身体と脳の連携に基づく他のトリックを用いて、それと同じ結果を生んでいるのだから(2)。

意識ある心の主体として、私たちは他に何を観察するだろうか？　たとえば、意識ある心が一枚岩《モノリス》ではないことを見て取るだろう。それは組み立てられたもので、数々のパーツから構成される。パーツは非常に精妙に接合されている。あるパーツが別のパーツに依存したりもしているが、いずれもパーツである点に変わりはない。また観察する視点によって、とりわけ際立って見えるパーツが存在するかもしれない。もっとも際立ち、意識に関する処理を支配するパーツは、視覚、聴覚、触覚、味覚、嗅覚などの種々の感覚から成るイメージである。それらのイメージのほとんどは、周囲の世界で生起する事象に対応し、舞台装置に多かれ少なかれ統合されている。そしておのおののイメージの相対的な豊かさは、その瞬間に自分がしている活動によって変わる。たとえば、音楽を聴いているあいだは音のイメージが支配する。食事をしているときには、味覚と嗅覚のイメージがとりわけ際立つ。イメージにはナラティブやその一部を構成するものもある。その瞬間の知覚に由来するイメージに混じって、現在との関連性のゆえに過去から再構成され想起されたイメージも存在し得る。それらは物体、行動、できごとに関する記憶の一部であり、古いナラティブに埋め込まれるか、別個のアイテムとして蓄えられる。また意識ある心は、さまざまなイメージを結びつける図式《スキーマ》、あるいはイメージの抽象化を含む。私たちはこれらのスキーマや抽象作用を、自身の心的スタイルに応じて、さまざまな明瞭さで感知することができる。曇ったガラス越しに外を眺めながら、空間内の物体の動きや、物体同士の空間的な関係をイメージするようなものだ。

　この脳内の映画の進行に沿って、数々のシンボルが流れている。そのなかには物体や行動を言葉や文に翻訳する言語トラックを構成するものもある。たいていの人にとって、言語トラックは聴覚的なものであり、また、必ずしも網羅的ではない。つまり、あらゆる項目が翻訳の対象になるわけではない。心はすべてのセリフに字幕をつけたりはしないいし、あらゆる場面にキャプションを加えたりもしない。それはオンデマンドの言語トラックであり、外界に由来するイメージだけでなく、すでに述べたように内界に由来するイメージも必要に応じて翻訳する。

　言語トラックの存在は、人間の例外主義を少しばかり正当化する、現在でも残る疑う余地のない証拠の一つと見なせよう。人間以外の動物は、いかに尊重に値するとしても、また、たとえ人間にはできたりできなかったりする数々の賢い行動を見せたとしても、イメージを言葉に翻訳したりはしない。

　言語トラックは、人間の心を流れるナラティブの形成に寄与しており、私たちの多くにとっては、それが主たるまとめ役を演じている。無声映画のようなあり方で、あるいは言葉を用いて、私たちはとめどなく自分や他人にストーリーを語って聞かせるのだ。さらには、次々に語りを繰り広げていくことで、ストーリーの個々の構成要素の意味を超えて、まったく新たな意味を作り出しさえする。

　意識ある心の他の構成要素についてはどうだろう？　それらは生体そのものに関するイメージであることがわかるはずだ。その一つは古い内界、つまり感情を支える化学作用と内臓の世界に由来するイメージ、いかなる心のもとでもはっきりと際立つヴェイレンスを帯びたイメージである。背景をなすホメオスタシスの状態や、外界のイメージによって生み出された無数の感情表出反応に起因する感情は、意識ある心に大きく寄与している。意識の問題に関する議論で決まって持ち出されてきたクオリアは、この感情によって形成される。また、枠組みとしての筋骨格とその感覚ポータルから成る、新しい内界に由来するイメージがある。筋骨格のイメージは、他のすべてのイメージが位置づけられる仮想身体《ファントム》をなす。こうしてさまざまなイメージ形成プロセスが連携することで得られた成果は、偉大な演劇、交響曲、映画に匹敵するばかりでなく、いわば壮大なマルチメディアショーとでも呼ぶべきものなのである。

これらの心の構成要素が、どれほど私たちの心を支配しているのか、すなわち注意を引くかは、年齢、気質、機会、心的スタイルなど、さまざまな要因に依存する。そもそも、外界の様相や、アフェクトの世界に付与する重要度は人によって異なる。

通常の状況下では、主観的な機能の強さやイメージの統合度も変化する。何らかのナラティブを経験したり、作り出したりすることに没頭している最中は、主観的な機能は極端に微弱なものと化している。それでもそれはすぐに動員可能な状態で存在し、機会が与えられればただちに中心的な役割を果たし始める。

たとえば映画鑑賞中、波乱万丈のストーリーに没入しているときには、自分自身のことを考えたり、おのれの楽しみを主体の存在に関連づけようと試みたりはしないのが普通だ。なぜ処理能力を余分に割いて「私」に割り当てる必要があるのか？　しかし映画のなかで発せられたセリフや生じたできごとが、自分の過去の経験に合致し、思考や感情表出反応や特定の感情を引き起こすと、「主体」が前面に立ち現われてくる。その瞬間私たちは、銀幕上で繰り広げられているストーリーと、意識ある心のなかで際立ち始めた自分自身の両方を経験するようになる。このような現象は、ストーリーに没入するのに必要な時間を自分で自在にコントロールできる状況にあれば、さらに起こりやすい。たとえば小説や、あるいは迫真のノンフィクションを読み耽っているときなどだ。この場合、私たちは読むペースや心的な翻訳の速度を自由に変えることができる。映画を観ているときには、映画鑑賞者としての立場を放棄して、銀幕から目を逸らさない限り、そのようなことは起こり得ない。映画や音楽、あるいはそもそも現実は、私たちがとるべきテンポを強要してくる。だから真に自由になりたければ、文学作品を読むことだ。

最後に、内界のイメージが二つの役割を果たしているという点を指摘しておきたい。それは一方では、意識のマルチメディアショーに貢献し、意識のスペクタクルの一部として観察される。他方では感情の形成に寄与し、そもそも私たちが観客になることを可能にしている意識の特質、すなわち主観性の構築の支援をする。一見するとこれは理解しがたい、あるいは場合によっては逆説的に思われるかもしれない。だが、そんなことはない。二つのプロセスは入れ子になっている。感情は、主観性に含まれるクオリアの要素を提供する。その代わりに主観性は、意識的な経験のもとで感情が特定の対象として精査されることを可能にしている。この見かけの逆説が強調しているのは、感情に言及しない限り意識の生理学を論じることはできないということ、そしてその逆も真であるということだ。

主観性＝意識の第一の不可欠な構成要素

ストーリーのコンテンツの大部分を構成する、意識ある心のもっとも突出したイメージはとりあえず脇に置いて、意識を可能にしている重要な構成要素である主観性を築くイメージに焦点を絞ろう。心のなかで生じている事象を指して、「私はそれを意識している」といえる理由は、心を占めているイメージが自動的に私のイメージになって、注意を向けたり精査したりできるようになるからだ。私たちは、イメージが、心と身体の所有者に、つまり自らが住まう生体の所有者たる自分に属するということを、自明のこととして知っている。

主観性が失われ、心に浮かぶイメージが、その正当な所有者／主体によって自動的に自分のものとして求められなくなると、意識は正常に働かなくなる。心に立ち現われるコンテンツを主観的な視点から保てなくなれば、それらのコンテンツは手綱を解かれて勝手に浮遊し始め、誰のものでもなくなる。誰がその存在を知り得ようか？ 意識は消え、その瞬間の意味も消え去るだろう。自己の存在に対する感覚が途絶えてしまうのだから。

主観性のトリック、あるいは所有者のトリックとも呼べる単純なトリックは、心のイメージ形成の試みを意味や方向性のある営為へと変えることができる。また、それが単に欠けるだけで、心の営為全体がほとんど無用なものと化し得る。いかに意識が構築されるのかを理解したければ、主観性の構築について理解しなければならないことは明らかだ。

言うまでもなく、主観性とはプロセスであって実体ではない。そしてこのプロセスは、心的なイメージに対する視点の構築と、イメージにともなう感情という二つの重要な構成要素に依存する。

１．心的なイメージに対する視点を構築する

私たちがものを「見る」とき、視覚の提示する視点、とりわけ頭部に位置する両目の近似的な視点から、心に視覚的なコンテンツが立ち現われる。まったく同じことは、聴覚イメージにも当てはまる。聴覚イメージは、対面している人の耳でも、その意味では自分の両目でもなく、自分の耳の「視点」から形成される。触覚イメージも同様で、手や顔など、対象物が触れた身体の部位の「視点」を持つ。言うまでもなく、私たちは鼻でにおいをかぎ、味覚乳頭で味わう。これから見ていくように、この事実は主観性の理解に不可欠なものである。

主観性の構築に主要な貢献をしている要素の一つは、外界のイメージを生成する責を担う器官を備えた感覚ポータルの作用である。いかなる感覚であれ、知覚の初期の段階では、感覚ポータルが重要な役割を果たす。典型的な例として、目とそれに関連する器官があげられる。眼窩は頭部の、しかも顔面の一部という局所的な領域を占めており、身体の（より正確にいえば筋骨格によって定義される仮想身体の）三次元マップの内部に特定のＧＰＳ座標を持つ。何かを見るというプロセスは、単なる網膜への光のパターンの投射などではなく、それよりはるかに複雑なものである。「ハイエンド」の視覚情報は網膜に始まって、いくつかの段階から構成されるシグナル伝達プロセスを経て、視覚専用の大脳皮質へ送られることで処理される。しかし見るためには、まず対象物に目を、

向けなければならない。それは多くの動作から成り、これらの動作は網膜や視覚皮質ではなく、目の内部や周囲にある一連の複雑な装置によって始動される。おのおのの目には、カメラの絞りのように機能する虹彩が存在し、網膜に注がれる光量を調節している。またカメラと同じくレンズがあり、それには対象物に焦点を自動調節する、いわばオートフォーカス機能が備わる。また両目はさまざまな方向に動く。頭部や身体を動かさなくても、上、下、左、右に両目が連動して動き、前方のみならず周囲の世界を満遍なくとらえることができる。これらの装置は、体性感覚システムによって常時感知され、対応する体性感覚イメージを生んでいる。脳は視覚イメージの構築と同時に、これら一連の精巧な装置が実行する動作をイメージ化している。かくしてもっとも自己参照的なあり方で、イメージという手段を通じて脳や身体が何をしているのかが心に伝えられ、それらの活動が仮想身体内に「位置づけられる」のだ。仮想身体のイメージはかすかなもので、意識のショーにおけるものほど鮮明ではなく、ショーの観客側の一部をなす。「目を向ける」プロセスを成就するために必要な動作や調節に関する情報を受け取る脳のシステムは、「見る」ことの基盤をなす視覚イメージに関する情報を受け取るシステムとはまったく異なる。つまり前者の装置は、視覚皮質には位置していない。

　ここで、この異常な状況についてよく考えてみよう。主観性のプロセスの一部は、主観性のもとで立ち現われるコンテンツと同じ素材、具体的にいえばイメージによって構成される。しかし素材の種類は同一でも、源泉は異なる。このイメージは、通常意識を支配している物体や行動やできごとに対応するのではなく、これら他のイメージを生み出す途上でとらえられた、身体全体の総合的なイメージに対応する。他のイメージに沿って巧妙に挿入されたこの一連の新たなイメージは、心に立ち現われるコンテンツを構築するプロセスを部分的に明示する。そしてそれらが生み出されるのは身体の内部においてであり、心に立ち現われる他のコンテンツ、言い換えると脳の舞台で上演され、意識によって維持や評価が可能になるコンテンツは、まさにその身体が所有しているのだ。かくしてこれらの新たなイメージは、他のイメージを獲得するプロセスの途上にある所有者の身体を記述する支援をするのだ。だがよく注意していないと、この過程は気づかれない。

この包括的な戦略は、（a）その瞬間に重要なものとして経験され解釈される基本的なイメージ、（b）（a）のイメージを構築する途上にある自己の生体に関するイメージから成る、複雑なコラージュを作り出す。主体の構築に重要な役割を果たすにもかかわらず、私たちは（b）のイメージにあまり注意を払わず、心の基本的なコンテンツ、すなわち生存するために対応が必要になるコンテンツを記述する、新たに鋳造されたイメージに注意を向ける。これが、主観性、さらに広くいえば意識のプロセスがかくも大きな謎であり続けている理由の一つなのである。当然ながら、操り人形の糸は都合よく隠されている。この説明に小人や不思議な魔法の出る幕はない。それはごく単純で自然なものだ。敬意をもって微笑み、このプロセスの巧妙さを賞賛するほかはないだろう。

では、心に浮かぶイメージが、知覚ではなく想起によって記憶から呼び起こされた場合はどうだろう？　そのケースにも、上記の説明は当てはまる。想起された素材は、心のコンテンツに加えられると、その瞬間に生じている知覚表象と並存するようになり、十分な枠組みに支えられ自分のものとされた後者から、個人的な視点に必要な「支え《アンカー》」を受け取る。

2. 感情＝主観性のもう一つの成分

筋骨格と感覚ポータルによって形成された視点だけでは、主観性を構築するのに十分ではない。感覚的な視点の採用の他に、継続して感情を利用できることが、主観性の構築に向けての重要な要件になる。ありあまるほどの感情は、感情性とでも呼べる豊穣な背景を構成するのだ。

感情の構築プロセスについては前章で論じた。本章では、いかに感情が感覚的な知覚と合わさって主観性を生むのかを検討する。感情は、意識に立ち現われた構成要素に保たれたイメージにともなって生じる、自然で豊穣な随伴物である。その豊穣さは二つの源泉から得られる。一つは生命活動の状態に関係し、そのホメオスタシスのレベルは、さまざまな度合いの健康さや不快さをもたらす。自発的に生じるホメオスタティックな感情の浮き沈みは、つねに存在する背景（たとえていえば、瞑想の実践者が到達を目指すたぐいの純粋な存在の境地）を提供する。感情のもう一つの源泉は、心に浮かぶ一連のコンテンツを構成する複数のイメージの処理に求められる。それによって感情表出反応が引き起こされ、対応する感情の状態が生じるのだ。第7章で見たように、後者のプロセスは、心の流れの内部の物体や行動や観念のイメージが持つ、感情表出反応を喚起して感情を生むという特性に依存する。このようなあり方で形成されたさまざまな感情は、既存のホメオスタティックな感情に合流して、その波に乗る。その結果、いかなるイメージにも、感情が割り当てられるのである。

主観性は、意識されるイメージが身体のどこで生成されるのかを示す生体の視点と、基本的なイメージによって喚起され、それに随伴する自発的な感情の絶え間ない構築の組み合わせから成る。イメージが生体の視点から見て適切に配置され、相応の感情をともなうと、心的経験が生じる。これから見るように、そのような心的経験が、より広いキャンバスのなかで適切に統合された場合、完全な意味での意識が生じる。

かくして意識を構成する心的経験は、心的イメージと、それを自分のものにする主観性のプロセスの両方に依存する。また主観性は、イメージの生成に関する視点の措定と、イメージ処理に付随して生じ浸透していく感情性を必要とする。そしてそれらはともに、じかに身体からやって来る。つまり、生体の周囲のみならず内部で生じる事象を感知し、そのマップを作成しようとする神経系の絶えざる傾向に由来する。(3)

統合経験＝意識の第二の構成要素

精巧な主観性のプロセスと、その視点ならびに感情の構成要素だけで、本章の冒頭で論じたような意識の説明が可能になるのだろうか？　その答えは「ノー」である。私は、「あなた」や「私」が観客で、ときにショーを観ている自分が登場するショーを観ることさえ可能なマルチメディアショーについて論じた。それが起こるには、いかに精巧であっても主観性だけでは不十分であり、ある程度広いキャンバスのなかで、さまざまなイメージと、それらに対応する主観性を統合するプロセスが必要とされる。

完全な意味での意識とは特定の心の状態を意味し、そこでは心的イメージが主観性を吹き込まれ、ある程度広範に統合化された背景のもとで経験される(4)。


主観性とイメージの統合はどこでなされるのか？　それに関連するプロセスは、特定の脳領域、あるいは脳システムで生じるのだろうか？　私の見方では、その答えは「ノー」だ。ここまでの章で検討してきたように、心は、ホメオスタシスの指令のもとで実行される、神経系と、それに関連する身体部位の協同作戦によって複雑な形態で出現し、あらゆる細胞、組織、器官、システム、さらには各人におけるそれらのグローバルな表現のなかに顕現する。意識は生命活動に関連する相互作用の連鎖から生じる。また、言うまでもないことだが、意識は生命活動に関わることで、化学作用や物理作用の世界（生体の基盤を構成し、私たち自身が住まう世界）にも関連する。

主観性の構成要素である視点や感情、経験の統合という、意識のすべての必要条件を満たす、ただ一つの脳領域、あるいは脳システムなど存在しない。特に意外なことではないが、意識が宿る場所を脳に探そうとする試みは、これまでのところ成功していない(5)。その一方、視点の措定、感情、経験の統合という、ここまで論じてきたプロセスの主たる構成要素の生成に間違いなく関与している、脳のいくつかの領域やシステムを特定することは可能である。これらの領域やシステムは、一緒にこのプロセスに参加し、順序よくアセンブリーラインに乗ったり、そこから降りたりしている。ただしこのケースでも、それらの脳領域だけがプロセスを実行しているのではなく、身体と緊密に連携しながら行なっている。

私の見るところ、このプロセスに関与するもろもろの構成要素は、順番に、あるいは並行して、もしくは重ね合わせられて特定の領域で生み出される。典型的な例をあげると、視覚や聴覚のパーツに支配された場面に対する主観性は、脳幹と大脳皮質の両方に分布する視覚システムと聴覚システムに属する複数の部位の活動を必要とする。そしてこれら一連の主要なイメージに、記憶から喚起された関連イメージが加えられる。心に浮かぶイメージによって喚起された感情に関連する活動は、脳幹上部、視床下部、扁桃体、前脳基底部、島皮質、帯状皮質の神経核が、身体のさまざまな部位と相互作用することで行なわれる。また感覚ポータル／筋骨格に関連する活動は、脳幹の中脳蓋（上丘、下丘）、体性感覚皮質、前頭眼野で起こる。最後に、これらの活動の連携の一部は、視床核の支援を得て、皮質の内側領域、とりわけその後部で生じる。

経験の統合に関与しているプロセスは、イメージをナラティブのように順序立て、主観性を司るプロセスと連携させる必要がある。この仕事は、デフォルトモードネットワークに代表される大規模ネットワークとして構成された、両大脳半球の連合皮質によって達成される。なお大規模ネットワークは、互いに隣接していない脳領域を双方向の長い経路によって結びつけている。

要するに脳のさまざまな部位は、身体と密接に協力し合いながらイメージとそれに対応する感情を生成し、両者を視点マップに照らし合わせて、主観性の二つの構成要素を構築するのである。また他の脳の部位は、個々のイメージを連続して照明《ハイライト》する役割を果たす。この照明のそれぞれは、対応する感覚の源泉で生じ、イメージの広範な提示に寄与しており、イメージは空間内ではなく時間の流れに沿って展開される。したがってイメージは脳内を動き回る必要はなく、局所的で連続的な照明によって、主観に呈示され統合が達成されるのだ。数々のイメージやナラティブは、それぞれの時間単位で処理され、それによってその瞬間の統合の範囲が決定される。この処理を支援する個々の脳領域や身体領域は、神経経路によって相互接続しており、神経解剖学的な構造やシステムにその基盤を求めることができる。それでも本章の冒頭にあげた、主体（あなたや私）による劇や映画の鑑賞にもたとえられるパノラマのような経験の統合は、たった一つの脳の構造内に見出されるのではなく、時間の流れに沿って連続的に提示される数々の枠組《フレーム》みが、一つずつ活性化されることで達成される。これは映画が複数のフレームから構成されるのにも似ている。だがここで注意してほしいのだが、脳内の映画のたとえを用いたとき、私は単に、ナラティブにおける種々のイメージの生成と、その順序づけについて考えていたのであって、イメージに主観性を吹き込み、空間が時間に依拠するより大きな多次元キャンバスへと統合の範囲を拡大するような、いっそう複雑なプロセスを考えていたのではない。

この仮説から見えてくる構図に従えば、このプロセスの上層は、いくつかの局所的な神経系とそれらを結ぶ神経経路、ならびに身体との相互作用に徹底的に依存する。全体的なプロセスは時間の流れに沿って展開されるが、局所化された特定の生命活動に深く根差す。つまり、末梢神経系や中枢の神経構造に対する直接的な化学作用を介した生体の周縁部の貢献なくしては存在し得ない。ちなみにこのプロセスは、脳幹の多数の神経核と終脳核、さらには進化的に古いもの、新しいものの両方を含む大脳皮質を必要とする。だから意識の形成に関して、どれか一つの神経組織を特別扱いしたり、神経系が奉仕している身体の存在を無視したりすることは、まったく愚かな所業である[6]。

感覚から意識へ

広い意味における意識が、無数の生物に存在しているとする見方には利点がある。もちろんここで問題になるのは、人間以外の生物によって示される意識の「種類」と量である。細菌や原生動物が環境の状態を感知してそれに反応することは疑うべくもない。ゾウリムシも同じだ。植物は、徐々に根を伸ばしたり、葉や花の向きを変えたりすることで、気温、水分、光量に反応する。これらの生物はすべて、他の生物の存在や環境をつねに感知している。だがそれを従来の意味で意識と呼ぶのは避けたい。なぜなら意識の従来の意味は、心や感情の概念に結びついているからだ。ここまで私は、心や感情の存在を神経系に結びつけてきた[7]。ところがこれらの生物は神経系を持たない。また、心的状態を保持していることを示す証拠もない。とどのつまり、心的状態や心の存在は、従来の意味での意識的な経験が生じるための基本的な前提条件なのである。そして心が視点、つまり主観的な観点を獲得すると、意識が生まれる可能性が生じる。

起源についてはそのくらいにしておこう。ここまで見てきたように、意識が行き着くところは、非常な高み、つまり統合化された複雑な多感覚性の経験の成層圏であり、そこでは主観性が適用される。この経験は、外部の世界と、過去の複雑な世界、すなわち想起された記憶から組み立てられた過去の経験の世界の両方に関係する。また前述したように、主観性のプロセスを支え、それゆえ意識の不可欠の構成要素をなす現在の身体の状態に基づく世界にも関係する。

単細胞生物や植物による感知や反応と、心的状態や意識のあいだにある大きな生理的、進化的差異は、前者と後者が無関係であることを示唆するのではない。それどころか心的状態や意識は、神経系を持たない単純な生物に見られる戦略やメカニズムを、神経系を持つ生物が精緻化することに依存しているのだ。進化的には、この精緻化は神経束、神経節、中枢神経系の神経核で起こり始め、やがて通常の意味での脳に生じるようになる。

自然なプロセスの基礎的レベルにある細胞による感知と、完全な意味における心的状態のあいだにはきわめて重要な中間段階が存在し、それはもっとも基本的な心的状態である感情で構成される。感情は中核的な心的状態であり、意識が宿る身体の内的状態という基礎的なコンテンツに対応する、唯一の核心的な心的状態だとさえいえるかもしれない。そして体内の生命活動のさまざまな質に関連するがゆえに、感情は必然的にヴェイレンスを帯びている。つまり、よいものにも悪いものにも、ポジティブなものにもネガティブなものにもなる。さらには、魅力的なものにも嫌悪を催すものにも、快いものにも苦痛に満ちたものにも、あるいは受け入れられるものにも受け入れられないものにもなる。

たった今の内的な生命活動の状態を示す感情が、生体全体の現在の視点の内部に「置かれる」、あるいは単に「位置する」だけでも主観性は生じ、そこから周囲のできごと、自らが参加するできごと、想起された記憶に新たな可能性が生まれる。つまり、自分にとってそれらが重要性を帯びて立ち現われ、生きるあり方に影響を及ぼすようになるのだ。文化の出現には、できごとが重要性を帯びて立ち現われ、自分にとって有益か否かに基づいて自動的に分類されるこのステップが必要とされる。自己によって所有され意識された感情は、自分の置かれた状況が問題を孕むか否かに関するすばやい判断を可能にする。そして想像力を喚起し、自分の置かれた状況を正しく判断するための基盤をなす理性的プロセスを始動する。このように、文化を構築する創造的な知性を駆り立てるためには、主観性は不可欠なのである。

主観性は、イメージ、心、感情に対し、新たな性質を付与する。その性質とは、これらの現象が生じている生体に対する所有の感覚と、個体性（individuality）の世界への参入を可能にする「私有性（mineness）」である。心的経験は心に、無数の生物種に利点をもたらしてきた新たなインパクトを与える。人間にとって心的経験は、熟慮に基づく文化の構築の梃子《てこ》になる。痛み、苦しみ、喜びの心的経験は人間の欲求の基盤をなし、文化的な発明の足がかりになる。その意味でこの経験は、自然選択や遺伝の働きによってそれまでに構築されてきた種々の行動とは鮮やかな対照をなす。生物学的進化と文化的進化という二つのプロセスのあいだに横たわるギャップは非常に大きいため、双方の背後にホメオスタシスの力が厳然と存在する事実が忘れられやすい。

イメージは、特定の文脈の一部になるまで単独で経験されることがない。この文脈は、感覚装置が特定の対象と関わることで、生体がどのような影響を受けているかを示すストーリーをごく自然なあり方で語る生体関連のイメージの集合を含んでいる。対象が外界にあるのか、あるいは身体のどこかに存在するのか、それともかつて遂行されたイメージ化によって形成された、外界や内界の何ものかに関する記憶から想起されたものなのかは、ここでは重要ではない。主観性とは、有無を言わさず構築されるナラティブなのだ。そしてナラティブは、ある種の脳の機能を備えた生物が、周囲の世界、記憶に蓄えられた過去の世界、自己の内界と相互作用することで生じる。(8)

意識の背後にある謎の本質はそこにある。

意識のハードプロブレムに関する補足

哲学者のデイヴィッド・チャーマーズは、意識の研究に見受けられる問題を二つに分けてとらえた。(9) 実のところ、どちらの問題も神経系という有機的な素材からいかに意識が生じ得るのかを理解することに関係している。「イージープロブレム」とは、イメージや、イメージを操作する道具（記憶、言葉、推論、意思決定など）の構築を脳が行なうことを可能にする、複雑ではあっても解明可能なメカニズムに関する問題を指す。チャーマーズの考えによれば、イージープロブレムは創意と時間が十分にあれば解明できる。彼の考えは正しい。私の見るところ、賢明にも彼は、イメージやマップの形成をめぐるいかなる問題も持ち出さなかった。

チャーマーズのいう「ハードプロブレム」は、心の「イージー」な部分の活動が、なぜ、そしていかにして意識的な経験になるのかを理解することにある。彼の言葉によれば、「これらの心的機能（イージープロブレムとして記述される機能）の実行には、なぜ経験がともなうのだろうか？」。このようにハードプロブレムは、心的経験と、その構築に関する問題を対象にする。私たちは、知覚表象（たとえばスタイル、色、奥行きなどの特質を帯びた絵画のイメージ）が意識にのぼると、どのイメージも自分に属し、他者には属さないことを難なく知る。すでに述べたように、心的経験が持つこのような側面は主観性と呼ばれるが、主観性に単に言及するだけでは、その構築に関与する機能的構成要素が、魔法のごとく明らかになったりはしない。ここで私が言及しているのは、心的経験の質、感情性、そして生体が持つ視点の内部への感情性の配置についてである。

チャーマーズはまた、経験に感情が「ともなう」理由を知りたがっている。なぜそもそも、感覚情報には感情がともなうのか？

私の考えでは、経験それ自体が、部分的には感情から生じるのであって、ともなう、ともなわないの問題ではない。感情は、私たちのような生物において、ホメオスタシスを維持するために必要な機能が働いた結果生じるのであり、他の心の側面と同じ布地から織り上げられ統合されたものなのだ。初期の生物の器官に浸透していたホメオスタシスの規則は、その生物の統合性の維持を保証する化学経路や行動の選択を導いた。神経系とイメージ形成能力を備えた生物がひとたび出現すると、脳と身体は連携して、統合性の維持を多角的に保証する複数の段階から成る複雑なプログラムをイメージ化していった。そしてそれが感情を生んだのである。さまざまな対象、構成要素、状況に関して、化学的プログラムや行動プログラムから得られるホメオスタティックな利点、ないしはその欠如を心的なものに翻訳するメカニズムとして、感情はその瞬間のホメオスタシスの状態を心に知らせることで、貴重な別次元の調節オプションをつけ加える。このように感情は、心的プロセスの一貫した随伴物として、自然が選択しないはずのない決定的な利点を与えてくれる。したがってチャーマーズの問いに対する答えは、「心的状態が何ものかとしてごく自然に感じられる理由は、感情によって評価された心的状態を持つことがその生物にとって有利に作用するからである」というものになる。感情によって評価されることを通じてのみ、心的状態はホメオスタシスにもっとも合った行動をその生物にとらせるよう導くことができるのである。それどころか私たち人間のような複雑な生物は、感情を欠いては生きていけないだろう。自然選択は、感情が心的状態の恒久的な性質になるべく作用した。生命や神経系がいかに感情の状態を生んだのかの詳細については、前章で論じたとおり、より単純な化学作用や動作が進化の過程を通じて蓄積され、一連の身体関連のプロセスがボトムアップで徐々に形成されていくことで感情が生じたことを思い出されたい。

感情は、私たち人間のような炭素を基盤とする生物の進化を変えた。しかし感情が最大の影響を持ち始めるのは、進化の歴史のもっとあとの段階になって、感情の経験がつけ加えられ、さらには主体の持つ包括的な視点から評価され、個体にとって重要な意味を持つようになってからであり、それが想像力、理性、創造的な知性に影響を及ぼすようになるのはさらにそのあとのことだ。そしてそのような結果は、本来は孤立していた感情の経験が、イメージによって構築された主体の内部に位置づけられることで初めて得られたのである。

ハードプロブレムは、心が有機的な組織から生じるのなら、心的状態として感じられる心的経験がいかにして生じるのかを説明することはきわめて困難、もしくは不可能だという事実に関する問題である。視点と感情を織り交ぜることで心的経験が生じるというのが、それに対する私の答えだ。

第3部　文化的な心の働き

第10章　文化について

人間の文化的な心の働き

いかなる心的能力も、人間の文化的営為に影響を及ぼすが、前五章で私は、イメージ、アフェクト、意識を作り出す能力に焦点を絞った。というのも、それらの能力がなければ文化的な心は存在し得ないからだ。記憶、言葉、想像力、理性は文化的プロセスを推進するが、それにはイメージ形成が必要とされる。また文化の実践や文化的な事象の生産に必要な創造的知性は、アフェクトと意識がなければ働き得ない。奇妙なことに、アフェクトと意識は、理性主義的、認知的な革命の陣痛にまぎれて、忘れ去られてきた。だが実際には、特に注目されてしかるべきだ。

一九世紀が幕を閉じるまでには、文化的な事象の形成に果たす生物学の役割は、チャールズ・ダーウィン、ウィリアム・ジェイムズ、ジークムント・フロイト、エミール・デュルケームらによって認識されるようになっていた。[1] またその頃、ならびに二〇世紀に入って数十年のあいだに、ハーバート・スペンサーを始めとする何人かの理論家が、生物学的な事実を取り上げて、ダーウィンの見方を社会に適用すべきだとする考えを擁護するようになった。一般に社会進化論と呼ばれているこの潮流は、ヨーロッパとアメリカで優生学の興隆をもたらした。のちに第三帝国が勃興したとき、生物学的事実が曲解され、急激な社会文化的変化を引き起こす目的で社会に適用された。そしてその結果、特定の集団が、民族的な背景や政治的なアイデンティティ、もしくは行動様式のアイデンティティのゆえに、恐るべき大量殺戮の標的にされた。予想どおりに、生物学はこの非人間的な残虐行為の責任を不当に負わされた。生物学と文化の関係が学問の主題として受け入れられるようになるまでには、数十年を要した[2]。

二〇世紀も四分の三が経過すると、社会生物学とそこから派生した進化心理学は、文化的な心に対する生物学的な視点を提供するだけでなく、文化に関わる形質が生物学的に伝達されるという証拠も示していった[3]。後者の試みは、文化と遺伝的な複製プロセスの関係に焦点を絞る。したがってそこでは、感情と理性の世界が絶えず相互作用し合うという事実や、文化的な考え、道具、実践が、この相互作用への適応やそれとの矛盾の問題にとらわれざるを得ないなどといった点は重視されない(ただし進化心理学は、行動に関して、情動などのアフェクトの世界に由来する構成要素を考慮に入れている)。同じことは、本書が特に重視している主題、すなわち文化的な心が人間の演じるドラマに対処し、人間が持つ可能性を活用する方法や、文化的な選択が文化的な心の仕事を完成させ、遺伝的伝達を補完するあり方に着目する観点にも当てはまる。私は、文化的プロセスに寄与している他のさまざまな要因を無視してまで、アフェクトや人間ドラマを重視しているわけではなく、もっとはっきりと文化の生物学に取り入れられるようになることを願って、アフェクトと、とりわけ感情に着目しているのである。そのためには、文化的プロセスにおける、ホメオスタシスと、その代理たる意識ある感情の役割が強調されねばならない。長年にわたり生物学が文化の世界に進出してきたにもかかわらず、ホメオスタシスの概念は、生命活動の調節という従来の狭義の意味においてさえ、文化の探究から抜け落ちていた。すでに述べたように、タルコット・パーソンズはシステムの観点から文化を考慮してホメオスタシスに言及しているが、彼のホメオスタシスの説明は、感情や個人には無関係である(4)。

ホメオスタシスの状態を、ホメオスタシスの欠陥を矯正する文化的な道具にいかにして結びつけることができるのか？　ここまで指摘してきたように、それらを結ぶ橋は、ホメオスタシスの状態の心的な表現である感情が提供してくれる。感情はその瞬間の突出したホメオスタシスの状態を心的に表現するがゆえに、また、それがもたらす激しい変化のゆえに、創造的な知性を動員しようとする動機づけとして作用する。そしてこの創造的な知性は、文化的な実践や道具を実際に構築する際の媒介となる。

ホメオスタシスと文化の生物学的起源

第1章で私は、人間が示す文化的な反応のいくつかの重要な側面が、単純な生物の行動にすでに予示されていると述べた。しかし単純な生物に見られる驚くほど効果的な社会的行動は、卓越した知性によって発明されたわけでもなければ、私たちのものに似た感情に動機づけられているわけでもない。そうではなく、個体や社会の優位性をもたらす行動の無目的な擁護者たるホメオスタシスの規則に対して、生命プロセスが自然で尋常ならざる方法で対処することから生じるのだ。ここで私は、文化的な心の生物学的な起源を解明するために、「単純な生物においてにせよ、人間を含めた複雑な生物においてにせよ、生命の維持と繁栄を確たるものにする行動戦略や装置の出現には、ホメオスタシスが一役買っている」という説を提起したい。原初の生物では、ホメオスタシスは心的プロセスを欠きながら、感情と主観的視点の先駆けとなるものを生んだ。感情も主観性も存在せず、神経系や心の発達に先立って、生命活動の調節を支援するのに必要にして十分なメカニズムのみが存在していたのである。

　このメカニズムは、自然によって選択された（内分泌系、免疫系の先駆器官の内部に存在する）化学物質と行動プログラムに依拠していた。またそれらのメカニズムの多くは、感情表出行動として今日でも残存している。

　神経系が出現したのち、生物は心を持つようになり、その内部に、感情と、外界や生体と外界の関係を表象するイメージを持てるようになる。そしてこれらのイメージは、主観性、記憶、理性、やがては言葉や創造的知性に支援されるようになる。一般的な意味での文化や文明を構成する道具や実践は、その後に登場する。

　ホメオスタシスは個体に生存や繁栄をもたらし、個体が生きながらえて生殖できるような条件を作り出す支援をしてきた[5]。当初生物は、神経系や心に頼らずにそのような目的を達成していたが、やがて熟慮に基づく心的な方法を用い始める。多くの手段のなかでもっとも有益な戦略が進化の過程で選択され、その結果、世代をまたいで遺伝的に受け渡されるようになる。単純な生物では、自律的な自己組織化のプロセスによって自然に生じたオプションのなかから選択され、複雑な生物では、選択は文化的なものになり、主観に導かれた創意によって生み出されたオプションがその対象になった。複雑さのレベルはさまざまだが、生存、繁栄、生殖の可能性という基本的なホメオスタシスの暗黙の目的は変わらない。これは、「社会文化的な」特徴を何らかの形で呈する実践や道具が、進化の初期の段階で一度ならず生まれた理由を十分に説明する。

細菌のような単細胞生物では、熟慮のプロセスを欠きながらも、他個体の行動が集団や個体の生存に資するか否かに関する暗黙的な判断が、豊かな社会的行動に反映されている。単細胞生物は、判断しているかの「ように」振る舞う。この振る舞いは、「文化的な心」を持たずに達成された初期の「文化」とも見なせよう。十分に開花した心が、問題を考え抜いて解決する能力をひとたび獲得すると、知性や明晰な理性によって図式的な解決方法《ソリューション》が用いられるようになるが、ここにその初期の現われを見出すことができる。

精巧な神経系を備えた多細胞生物である社会性昆虫では、「文化的な」行動の複雑さはより高度だ。行動は複雑さを増し、具体的な道具の構築（たとえばコロニーの構築）が見られる。精巧な巣にせよ、単純な道具にせよ、何らかの構造物を作り出す生物種は、他にもたくさん存在する。だがもちろん、人間以外の生物が示す文化的な営為は、特定の状況に合わせて組み込まれた既存のプログラムを、ステレオタイプ化された方法で適用した結果である場合が多い。このプログラムは、ホメオスタシスのコントロールのもとで、自然選択を介して悠久の時間をかけて構築され、遺伝によって受け継がれてきた。脳もなければ細胞核すらない細菌の場合、プログラムを実行する指令センターは細胞質の内部に置かれている。それに対し、昆虫などの多細胞の後生動物では神経系に置かれ、ゲノムによって形作られる。

進化とその系統樹を眺めれば、「前」心的生物と「後」心的生物を分かつ境界を見て取ることができる。この境界は、「前文化的な行動」と、「真に文化的な行動や心」の相違にある程度対応する。「前」心的生物と純然たる遺伝的進化の、また、「後」心的生物と遺伝的進化＋文化的進化（後者が大部分を占める）の相応は非常に興味深い。

卓越した人間文化

人間の文化的な心と、文化それ自体に関して描くことのできる構図は、種々の側面で細菌や社会性昆虫のものとは異なる。同じホメオスタシスの規則に準ずる点で変わりはないが、結果に至るまでのステップの数は多い。そもそも人類に系統的に先行する生物種の多くは、競争、連携、単純な情動、あるいはバイオフィルムのような防御手段の集団的な構築など、細菌の出現以来存在していた単純な社会的反応の体系に依拠しながら、ホメオスタシスの規則に準ずる、複雑な感情表出反応（社会的反応になることも多い）を形成できる一連の介在メカニズムを進化させ、遺伝によって受け継いできた。このメカニズムに必須の構成要素は、第7章で取り上げたアフェクトの装置に組み込まれている。この装置は、衝動や動機を動員し、さまざまな刺激や状況に情動的に反応する役割を果たしている。

さらにいえば、介在メカニズムが複雑な感情表出反応とそれに続く心的経験、すなわち感情を生むという事実をうまく利用して、ホメオスタシスは円滑に作用し始めた。感情は、人間の豊かで創造的な知性と運動能力によって生み出された新たな形態の反応を始動する動機として作用するようになった。この反応は生理的パラメーターをコントロールし、ホメオスタシスの維持には不可欠の正のエネルギーバランスをもたらすことができた。だが新たな形態の反応は、別の点でも革新的だった。人間の文化に由来する観念、実践、道具は、文化的な手段で受け渡すことが可能であり、文化的選択の対象になった。決まった状況下で一定のあり方で反応できるようにする遺伝的要件に加え、文化的生産が独自の歩みを始め、その産物は、ホメオスタシスとそれに基づく価値に導かれながら、有用性の度合いに従って存続したり廃れたりするようになったのだ。そしてこの革新は、感情と文化の関係におけるもう一つの非常に重要な特徴を生んだ。すなわち感情は、このプロセスの調整者としても機能するようになったのである。

調整者としての感情

生命活動を調節する自然なプロセスは、生命の維持と繁栄に資する範囲内で生命活動が行なわれるよう生物を仕向ける。生命の維持という英雄的な営為は、個々の細胞レベルでも生体全体のレベルでも、正確きわまりない超人的な調節プロセスを必要とする。複雑な生物では、感情は二つのレベルでこのプロセスに重要な役割を果たす。一つは、ここまで見てきたとおり、生体の状態が健全な範囲から逸脱し、病気になって死の危険にさらされるような状況に追い込まれたときに見出される。そのような状況に陥ると、望ましいホメオスタシスの状態を取り戻すよう促す激しい動揺が、感情によって思考プロセスに注入される。もう一つは、次のようなものである。感情は、懸念を喚起し思考や行動に何かをさせることの他に、反応の質の調整者としての役割を果たし、究極的には文化的な創造プロセスの判事を務める。というのも文化的な発明はたいてい、感情を媒介として有効か無効かが最終的に判定されるからである。痛みの感覚は、それを除去するソリューションを実行するよう動機づけるが、その効果のほどは感情によって告知される。つまり感情は、自分のとったソリューションが有効か否かを判定するための決定的なシグナルになるのだ。このように感情と理性は、循環的に反映し合う不可分のペアと見なせる。この連携はどちらか一方を優位な立場に置くかもしれないが、両方が関与することに相違はない。

端的にいえば、文化的な反応のカテゴリーは、機能不全に陥ったホメオスタシスを矯正し、もとの正常な範囲内にうまく戻してきたのだろう。これらの文化的な反応のカテゴリーが現在でも残存しているのは、有益な機能的目的を果たすことで、文化的進化の過程で選択されてきたからであろう。興味深いことに有益な機能的目的は、特定の個人や集団の力を高めてきた。テクノロジーはその可能性を示す好例である。航海術、交易、会計、印刷、そして現代のデジタルメディアを考えてみればよい。かくして新たに追加された力が、それを支配する人々に有利に働くことはあえて言うまでもない。しかしそのような力は、相応の野心にたきつけられ、報酬となるアフェクトをともなって得られる。アフェクトを管理し、それを通じてホメオスタシスを調整することを目的として文化的な道具や実践があみ出されるという可能性は考えられる。繁栄をもたらす道具や実践の文化的選択が遺伝子の頻度に影響を及ぼし得ることは言うまでもない。

この説の利点を評価する

文化的な心の働きというこの考えは、人間文化の実際とうまく整合しているのか？　初期のテクノロジーに最初の文化の顕現を見出すのは簡単だ。狩猟や防御や攻撃のための道具、住居、衣類の製作は、基本的なニーズに対応してなされた知的な発明の好例をなす。その種の基本的なニーズは、個人の生命活動の状態を管理し、ホメオスタシスの狂いを知らせる飢え、乾き、極端な暑さや寒さ、不快感、痛みなどの自発的な感情によって各人に気づかれるようになった。食べ物に対する基本的なニーズ、エネルギーが比較的迅速に得られる肉類などの食糧源の探索の必要性、厳しい気候から身を守り、乳児や子どものための安全な避難場所を提供する住居に対するニーズ、捕食者や敵から自己や自集団を守る必要性、これらはすべて、たとえば親子の絆や愛着、あるいは怖れに関連する感情によって効率的に告知された。そしてこれらの感情は、知識、理性、想像力、すなわち創造的知性の影響を受けた。同様に、負傷や骨折から感染に至る病的状態は、第一にホメオスタティックな感情によって検知され、時代が経過するにつれ次第に効率性を増してきた、医学と呼ばれる新たなテクノロジーによって対処された。

喚起された感情のほとんどは、孤立した個人のみならず、他者とともにいる個人にも関係する情動の発露によって生じる。たとえば喪失体験は悲しみや絶望をもたらし、それが他者の共感や思いやりを引き寄せる。また共感や思いやりは、創造的な想像力を刺激して、悲しみや絶望に対抗する方法を生み出す。その結果生じるのは、他者を気づかおうとする姿勢や身体的な接触による保護など単純なものでも、歌や詩のように複雑なものでもあり得る。それに続くホメオスタシスの状態の回復は、感謝の念や希望などのより複雑な感情状態と、それに対する理性的考察を動員するための道を開く。有益な社会性とポジティブなアフェクトのあいだには、また、それら両方とストレスや炎症を緩和する、内因性オピオイドなどの一連の化学物質のあいだには密接な関係がある。

アフェクトという文脈を考慮に入れない限り、医学やその他の主要な技芸をもたらした反応の起源を考察することはできない。患者、失恋した人、負傷兵、恋愛を歌い上げる叙情詩人《トルバドール》は自らの境遇を感じる。彼らが置かれた状況と感情は、自分や周囲の人々を知的な反応へと動機づける。健全な社会は報酬をもたらし、ホメオスタシスを改善する。それに対し、攻撃的な社会は反対の効果をもたらす。私はここで、現代における技芸の役割を癒しに限定しているわけではない。技芸から得られる喜びは、現在でも癒しとして生まれた起源に結びついてはいるが、新たな知性の高みへのぼり、そこで複雑な観念や意味と融合している。また私は、すべての文化的な反応が、必ずや苦境に対する効果的なソリューションを提供してくれる、十分に組織化された知的な成果だと言いたいのでもない。

他のポジティブな感情表出反応や文化的反応の例として、「他者の苦痛の緩和を切望し、それを実現する手段を発見する」「他者の生活を改善し幸福をもたらす有益な道具や必需品を発明する」「自然の謎の解明を試みる」などして、そこに喜びを感じることがあげられる。文化的な観念、道具、実践、制度の多くは、おそらく小規模の集団でささやかに生まれたのだろう。やがてそれは、崇拝、賢者の書、教養小説、教育制度、規範、国家憲章などへと発展していく。

ネガティブな側面では、他者に対する暴力が並外れた役割を果たすようになった。そのおもな要因は、情動を司る神経装置の関与に求められる。この装置の発達はおそらく、大型類人猿でピークに達し、人間の本性にも影を落とし続けているのだろう。

身体的暴力はおもに男性が振るう。飢餓や領土の防御などといった理由が当てはまらない場合もある。女性や子どもが標的になることもあれば、他の成人男性が狙われることもある。祖先の動物から受け継いだこの行動様式は、人類の歴史の長い期間を通じて高度に適応的な役割を果たしてきたのであり、生物学的進化によっては排除されなかった[6]。人間の持つ創造性のおかげもあって、実のところ文化的進化は、暴力の表現範囲を拡大してきた。フィレンツェの伝統的なスポーツ、カルチョ・フィオレンティーノ、あるいはラグビーやサッカーはその好例である。身体的な暴力は、古代ローマの剣闘士の闘技の衣鉢を継ぐいくつかの競技で現在でも見られるし、映画、テレビ番組、インターネットを通じて、さまざまな形態のエンターテインメントとして日夜繰り返し上演されている。また身体的な暴力は、戦争やテロリストの攻撃でいくらでも見られる。心理的な暴力に関していえば、最新のテクノロジーによって可能になったプライバシーの侵害に代表される権力の濫用にその好例を見出すことができる。

文化の仕事の一つは、私たちの出自の残滓として存在し続け、これまでおりに触れて顕現してきた野獣性を飼い慣らすことにある。「人類がもともと宿していた野蛮さを克服し、術策によって十全な人間になるための手段」という、ザムエル・フォン・プーフェンドルフ〔一七世紀ドイツの法学者〕による文化の定義は、この点を踏まえたものである。(7) プーフェンドルフはホメオスタシスという用語こそ使っていないものの、彼の言葉を私なりに解釈すると、野蛮さが苦しみをもたらしホメオスタシスをかく乱するのに対し、文化や文明は苦しみを緩和し、混乱した生体の状態を更新したり抑制したりすることでホメオスタシスを回復させるという主張としてとらえられる。

文化的な道具や実践の多くは権利への不満や権利の侵犯に対する反応であり、この反応は単に特定の状況をめぐる事実の表現としてではなく、怒りや反発などの活力を付与する強力な情動や、その結果生じる感情状態の形態で顕現する。そこにはアフェクトと理性が、社会的運動の二つの構成要素であることを見て取れる。敵を壊滅させ血にまみれた勝利を寿ぐ国歌や詩は、このプロセスの背景をなす歴史の一部と見なせよう。

宗教的信念や道徳性から政治的ガバナンスへ

医学は当初、人間の魂が受けたトラウマに対処する準備が整っていなかった。だが宗教的信念、道徳体系、司法制度、政治的ガバナンスは、おもにその種のトラウマに対処し、それによる悪影響から回復することを目的としていたのだろう。私は宗教的信念の発達を、親しき人の喪失からくる悲しみにもっとも密接に関係するものとしてとらえている。親しき人の喪失は、死の必然性や、前史時代にはまれだった老衰を除く、死をもたらし得るあらゆる状況（事故、病気、他者による暴力、自然災害など）について考えるよう人々を仕向けた。しかし人間の魂が受けたトラウマの多くは、社会的空間で公的なできごとによってもたらされることを考えれば、宗教的信念は、さまざまな点でそれに見合った反応だと見なせる。(8)

暴力によって引き起こされた喪失や悲しみへの反応は、共感や思いやりばかりでなく、場合によっては怒りやさらなる暴力という形でも現われる。悲しみは、大規模な争いを解決し、激しい暴力を終結させる力を持つ神々の形態をとった超自然的な力という適応的な概念を動員することで対処されていたのだろう。アニミズム文化の段階では、神々は、個人的な苦しみのみならず、作物や家畜、あるいは土地などの個人や共同体の所有物の保護を求める人々によって信奉された。のちの一神教文化の場合、そうした実体に対する信念は、たとえば親しい人の喪失を正当化する、ないしは受け入れられるような説明を与えてくれる唯一神という形態をとるようになる。やがて死後の生の保証は、あらゆる喪失の負の効果を完全に抹消し、それに対して別の意味を付与するようになったのだろう。

宗教的な信念や実践が与えてくれる感情や、ホメオスタティックな動機づけがもっとも顕著に見られるのは、仏教においてである。仏教の開祖で、知覚力、知識、哲学的思索に秀でた王子ゴータマは、人間の本性を腐食する側面として苦しみをとらえ、そのもっとも主要な要因である、「快楽はつねには得られないのに、いかなる手段を使ってでもそれに耽ろうとする欲望」を抑制することで、苦しみを取り除こうとした。ゴータマは、自己を完全に脇に置き、存在することそれ自体の経験を通して救いを得るよう提案した。つまり、その種の欲望を満たそうとあがくことの無益を悟り、その永続を求めてホメオスタシスの安定を失うことから解放されるよう戒めたのだ。

冷徹な理性も、自らの働きを促進するために見張り役としての感情を用いる。盗難、詐欺、裏切り、気まぐれな規律によって引き起こされる苦しみに何度も遭遇することで、その緩和に資する行動規範の発明が強く促されてきたのだろう。

私の見るところ、太古の部族の利他的な取り決めから始まり、青銅器時代の王国、あるいは古代ギリシアやローマ帝国の複雑な管理様式へと続いていく、道徳規範、司法制度、政治的ガバナンスの発展は、感情とそれを通してホメオスタシスに結びついた宗教的信念の発達と密接に関連している。神々、そしてのちの唯一神とは、人間の移り気を克服し、公正で信頼と尊重に値する、特定の利害を超越した権威を確立するための一つの手段なのだ。つけ加えておくと、私の研究グループやジョナサン・ハイト、ジョシュア・グリーン、リアンヌ・ヤングらの業績に示されるように、過去二〇年にわたって行なわれてきた、道徳性や宗教に関連する神経的、認知的現象の研究では、感情や情動が注目されるようになった。またこれらの発見は、マーク・ジョンソンやマーサ・ヌスバウムによって、道徳哲学の観点からとりわけ入念に論じられてきた(9)。

ホメオスタシスを経由して宗教的な実践に至るもう一つの重要なルートは、大規模な脅威や災害（洪水や干ばつなどの自然災害、地震、疫病、戦争）に見舞われた場合に関するものだ[10]。その種の大災厄は社会的な動機に働きかけ、協調的で強力な集団行動を生む。困難な状況によってただちに怖れや不安や怒りが喚起され、ホメオスタシスに悪影響が及ぶが、やがてそのような状況に対して、建設的に理解し、評価し、対応しようとする試みがなされるとともに、集団による協調的な支援活動が繰り広げられるようになる。これらの対応には、のちに宗教、芸術、政治的ガバナンスに取り込まれたものもあるだろう。災厄のなかでも戦争は特別な意味を持つ。というのも、戦争は暴力が暴力を生む悪循環を引き起こすとともに、建設的な対応を促進する場合があるからだ。それについては、叙事詩『マハーバーラタ』、あるいはホメロスやシェイクスピアの歴史劇が雄弁に物語っている。

ホメオスタシスを個人的な慰安や安寧という角度から見ようが、集合的な組織や社会性によって生み出される恩恵としてとらえようが、宗教とホメオシタシスは、起源と歴史的な持続性という観点から、十分な説得力をもって互いに結びつけることができるだろう。特に歴史的な持続性は、そこに強力な文化的選択が作用していることを如実に示している。宗教の起源を個人や小集団の苦しみの緩和ではなく、部族の集団的な儀式に求めたエミール・デュルケームなら、この見方に同意するだろう。デュルケームが論じるように、その種の集団行動は、報酬となる強力な情動や感情を喚起する。彼がいう部族の集団行動は、そもそも不安定なホメオスタシスによって引き起こされる可能性が高いが、その場合でも、その集団を構成する個人のホメオスタシスを安定させる。

カール・マルクスは、「宗教は民衆のアヘンである」と言ったとされている(正確には「人々(people)のアヘン」と言った。「民衆(mass)」という表現は、レーニン主義者があとから言い直したのだろう)。オピオイドを処方することで苦痛を緩和するという概念ほど、ホメオスタシスに啓発された考えはないのではないか?

マルクスは、この有名な言葉に先立って「宗教は圧迫された生き物の溜め息であり、無情な世界における心情であり、精神なき状態の精神なのである」〔マルクス『ユダヤ人問題に寄せて/ヘーゲル法哲学批判序説』(中山元訳、光文社古典新訳文庫)より引用〕と述べている。ここには社会分析と文化的な心の探究の興味深い融合が見られ、宗教の否定と、宗教を非人間化され魂が失われた世界における魂の避難所と見なす現実的な認識が結びつけられている。マルクスは世界、とりわけ彼の考えに鼓舞されて成立した世界が、いかに非人間化され魂を失っていくかを知らなかったことを考えれば、彼の見方は特筆するに値する。何よりも、生命活動の状態と感情と文化的反応が結びつけてとらえられていることは、注目されてしかるべきだろう(11)。

宗教的信念は、苦しみや暴力や戦争を頻繁にもたらしてきたし、今でももたらしている。この人間的に望ましいとはいえない事実は、宗教的信念がこれまで持っていた、そして人間性の大きな部分に関して現在でも明らかに持っているホメオスタシスの価値と矛盾しない。

最後に、私は宗教を、芸術の場合と同様、単なる癒しの反応と見なしているのではないことを明記しておく。宗教的な信念や実践の最初の動機が、ホメオスタシスの状態の是正に関連していることは十分に考えられる。しかし、そのような当初の試みがいかに進化したのかについては別である。

それに続いて構築された知的な体系は、慰めという目的を超えて、意味の形成と探究の道具として機能するようになったのであり、そこではホメオスタシスの状態の是正という要素は痕跡として残されているにすぎない。つまり実用的な機能を果たすことから、人間や世界に関する哲学的な探究を行なうことへと、目的が変わっていったのである。

芸術、哲学的探究、そして科学

芸術、哲学的探究、科学は、とりわけ広範に感情や、ホメオスタシスの状態を利用してきた。芸術の誕生を検討する際に、一人の個人が、本人のものであれ、他者のものであれ、感情によって示された問題の解決を目指して理性を働かせているところを、どうして想像しないでいられようか？私は、音楽、ダンス、絵画、詩、劇、映画の発達をそのようなものとしてとらえている。また以上の芸術はすべて、強い社会性と結びついている。というのも、それらの活動を動機づけている感情は集団に由来する場合が多く、芸術の効果は個人を超えて作用するからだ。芸術は、アフェクトをめぐる個人的なニーズを満たすという最初の参加者の目的を超え、宗教的な儀式から戦争の準備に至るさまざまな状況のもとで、集団の構造や結束の維持に重要な役割を果たしてきた。

音楽は感情を強く喚起する。人間は、快いアフェクトを引き起こす音、旋法、調性、構成に惹かれてきた。[12] 音楽は、さまざまな機会にさまざまな目的で感情を喚起するために作られてきた。かくして引き起こされた感情は、苦しみを打ち消し、自分や他者に慰安を提供し、また、誘惑や、純粋に個人の満足のためにも役立ってきたのだろう。人類は、早くも五万年前に、五つもの穴があいたフルートを製作していた。その努力に何らかの報酬がともなわなければ、わざわざその種の精巧な楽器を、すぐれた効果を得るためのテストを繰り返しながら長い時間をかけて完成させたりはしなかっただろう。音楽が誕生した頃、人類は、音声か楽器かを問わず、音の種類によって快いものと不快なものがあることを発見したのだろう。たとえば、声にせよフルートの音色にせよ、管を通って発せられた音によって喚起された感情表出反応とそれに続いて生じる感情は、気分を和らげる効果や誘惑するような効果をもたらすが、棒や石をこすり合わせることで発せられた耳障りな音にはそのような効果がないことを発見したのだ。また音を次々に発していけば、快さを長引かせることができ、さらには音を適切なあり方で配列することによってさまざまなものごとを模倣しストーリーを語るなど、別のレベルの効果を得ることができるようになった。

音に結びついた感情の表出は、色や形状や手ざわりによるものにも比べられる。その種の刺激の物理的な性質は、それを典型的に示す素材全体のよさや悪さを伝えるしるしになる。そしてそのような性質を帯びた物体は、進化の過程で生命活動のポジティブもしくはネガティブな状態に一貫して結びつけられてきた。たとえば健康や好機、もしくは脅威や危険などといった、快や苦痛の基盤をなす状態に結びつけられてきた。人類や、人類の祖先の動物が生きてきた世界では、生命のある事象もない事象も、アフェクトの面で中立的ではない。それどころかさまざまな事象は、その構造や行動のゆえに個々の経験者の生命活動にとって自然に有利になったり、不利になったりする。またホメオスタシスに対して正もしくは負の方向に作用し、その結果、快や不快の感情を生む。それと同じくごく自然に、音、形状、色、手ざわり、動き、時間構成などの、ものごとの個々の特徴は、そのものごと全体に結びつくポジティブもしくはネガティブな情動／感情に学習を通じて関連づけられるようになる。私の考えでは、そのようなプロセスによって、特定の音の響きが「快い」もの、あるいは「不快な」ものとして特徴づけられるようになったのだ。つまり、ものごとの一部を構成するにすぎない音が、そのものごと全体としてのアフェクトの意義を獲得するのである。個々の特徴と感情ヴェイレンスの系統的な結びつきは、それを生んだもとの個別的な結びつきとは独立して存続する。だから私たちは、「チェロの音色は美しく暖かい」などと口にするのだ。特定の音の響きの特徴は、かつてはまったく異なる物体によって引き起こされた快さの経験の一部をなしていたのである。トランペットやバイオリンのかん高い音が、不快、あるいは恐ろしく聞こえるなら、それも同じ理由による。このように私たちは、長きにわたって確立してきた結びつきに依拠して、アフェクトの言葉で音を分類するのである。なお、この結びつきの多くは人類の誕生に先立ち、現在では標準的な神経装置の一部を構成している。かくして人間は、そのような結びつきを探索することができた。そしてそれによって、音によるナラティブを構築し、音の組み合わせに関してあらゆる種類の規則を定めたのである[13]。

　人類がフルートを製作するようになる頃には、最初の楽器である声、そしておそらくは第二の楽器ともいえる、叩いて鳴らす《ドラミング》のに適した空洞を備えた胸、さらにはおそらく第三の楽器として、人為的に製作された実際のドラムを使うようになっていたと考えられる。

　慰安のためか誘惑のためかは別として、二人で行なう活動、あるいは誕生や死に関する儀式、食糧の調達、祝祭、遊戯、部族間戦争など、共同体の催し物やできごとのために人々が集って行なう活動では、重層的な感情から観念に至るまで、音楽はさまざまな側面でホメオスタティックな効果をもたらしてきた[14]。音楽の普遍性と際立った持続性は、どんな気分や状況にも溶け合える能力に由来するように思われる。個人においてか、小集団においてか、音楽の力で突然結束を強めた大規模集団においてかを問わず、地球上のどこであろうと、恋愛でも戦争でも。音楽は、あるときは執事のごとく粛々と、またあるときはヘビーメタルバンドのごとく騒々しく、どんな主人にも奉仕するのだ。

ダンスは音楽に密接に結びついており、その動きは思いやり、欲望、さらには誘惑、愛情、攻撃性、戦争に由来する高揚した喜びなどの情念を表現していた。

洞窟壁画に始まる視覚芸術や、詩や劇や政治演説における口頭でのストーリーテリングの伝統に、ホメオスタシスの作用の例を見出すことはたやすい。それらには、食糧源、狩猟、集団の組織化、戦争、同盟、愛情、裏切り、ねたみ、嫉妬、集団の参加者が直面している問題の暴力的解決など、日常生活の管理にまつわるものが多い。絵画や、のちの時代に登場した文字は、告知の手段、反省、警告、劇、遊戯を生み出した。また混乱をもたらさざるを得ない現実への対処方法を明確化する試みを可能にした。つまり知識の分類や体系化を促し、意味を与えたのだ。

哲学的探究と科学は、同じホメオスタシスの布地から織り上げられている。哲学や科学が答えようとしている問いは、さまざまな感情に促されている。苦しみはそのもっとも顕著な例だが、天候、洪水、地震の不規則さ、あるいは星辰の動き、植物や動物や他者に見出されるライフサイクル、数々の人間の行動に認められる親切な行為と破壊的な行為の奇妙な混淆などの、現実の不可解さに対する常日頃の困惑によって引き起こされる動揺や不安もその例としてあげられる。戦争を引き起こすこともある破壊的な感情は、科学やテクノロジーの分野で大きな役割を果たしてきた。人類の歴史を通じてこれまで何度も、兵器開発への道を開く科学やテクノロジーの獲得に成功したか否かによって、戦争が引き起こされたり、その企てが頓挫したりしてきた。

他の感情としては、宇宙の謎を解こうとする試みから得られる快さや、それによってもたらされる報酬への期待などがあげられる。まったく同種の問題やホメオスタティックなニーズであっても、時代や場所の違いに応じて、自分たちが直面している苦境を説明する宗教的な言説が提起されることもあれば、科学的な言説が提起されることもある。これらの言説の究極の目的は、苦痛を緩和し不足を満たすことだ。ただし、それによって引き起こされた反応の形態や効率については、ここでは問わない。

哲学や科学の探究によって得られる、ホメオスタシスの恩恵は、間違いなく医学に、そして人類が長く依存してきたテクノロジーの発達を可能にする物理や化学の分野に数限りなく見出すことができる。それには、火の利用、車輪の発明、文字の発明、それに続く記憶に頼らない書かれた記録の誕生などがあげられる。同じことは、ルネサンス以降の近現代化をもたらした、のちの革新にも当てはまる。また、さらに時代を下って、帝国や国家の政治的ガバナンスをよくも悪くも啓発してきた考え（宗教改革、反宗教改革、啓蒙主義、より一般的にはモダニティの形態で表現された考え）にも当てはまる。

文化の発達によって得られた最大の恩恵は、さまざまな苦境に対するソリューションとして知的な発明が利用できるようになったことにあるが、アフェクトの装置に媒介され自動化されたホメオスタティックな是正の試みそれ自体も、生理的恩恵をもたらすという点に留意しておく必要がある。社会化に対する単純な衝動は、個人を孤立状態から引き剥がして集団を形成することで、個人のホメオスタシスを改善し安定させる機会を生むようになった。哺乳類における互酬的な毛繕いは、ホメオスタティックな効果が大きい本能的、前文化的なメカニズムの一つである。焦点をアフェクトに絞ると、毛繕いは快さをもたらす。また健康面では、ストレスを緩和し、ダニが媒介する感染症の発症を防ぐ。

集合的、文化的な事象によって生み出された協力関係は、本能的、前文化的なメカニズムとまったく同じように、高度に保存された神経メカニズムや化学的メカニズムを通じて、ストレスを緩和し、快さを生み、認知的流動性を強化し、より一般的には健康を増進する反応を引き起こす。[15]

反証を検討する

私が立てた仮説を、それに矛盾する状況を取り上げ、その反証が正しいのか単なる見かけにすぎないのかを検討することで検証してみよう。いくつか問いをあげよう。宗教はさまざまな苦しみを引き起こし得るにもかかわらず、なぜ宗教的信念をホメオスタシスに資するものと見なすことがで

きるのか？　自傷や過度の肥満に至る文化的実践についてはどうか？(16)

宗教的信念の問題は、ここで取り上げる価値がある。ホメオスタシスに対する宗教的信念のポジティブな効果は、いくつかある。それは苦しみや絶望を緩和したり排除したりし、また、程度は別として安寧や希望をもたらす。それについては生理学的に検証することができる。(17)世界人口の大きな部分がさまざまな宗教的信念を抱いており、信者の総数は安定しているか増加しつつあり、減ってはいないという報告がある。この事実は強い文化的選択が作用していることを示す。私の仮説は、宗教的信念の特徴や内的構造、あるいはその帰結を明らかにすることにその目的があるのではない。喪失や、それにともなう苦しみによって引き起こされた、個人や集団のホメオスタシスの混乱が、宗教的信念を含む文化的反応によって軽減され得るという事実を示すにすぎない。宗教的信念は苦しみをも引き起こし得るという事実は、私の仮説と矛盾するわけではない。さらにいえば、宗教的信念には、ホメオスタシスに有益な効果をもたらす社会集団への加入など、他にも顕著な恩恵がある。宗教的信念に直接関係する音楽、建築、絵画や、さらには宗教的組織にも同じことが当てはまる。調整者としての役割を果たす感情は、ホメオスタシスの面で数々の有利な結果をもたらす観念の存続に寄与してきた。かくして文化的選択は、宗教的な観念や制度の採用を促してきたのである。

文化的道具のなかには、ホメオスタシスの調節の効率を低下させたり、その阻害の主因になったりするものもある。その好例の一つとして、大規模な社会的苦境に建設的に対処するために導入されたにもかかわらず、やがて人的な災厄を生むに至った政治的、経済的ガバナンスの採用があげられる。たとえば、共産主義はその典型だ。共産主義制度という発明が当初はホメオスタティックな目的を持っていたことは否定すべきものではなく、私の仮説にも適合する。だがそのことは、短期的なものにせよ、長期的なものにせよ、得られた結果には当てはまらず、このシステムの普及を脇から支えた第一次世界大戦以上に苛烈な貧困や暴力的な死を生み出した。共産主義は、不正義の否定という理論的にはホメオスタシスに資するはずのプロセスが、意図せずしてさらなる不正義を生み、ホメオスタシスの衰退を導いた逆説的な例をなす。しかし私の提起する一般的な仮説は、ホメオスタシスに啓発された営為の必然的な成功を保証するわけではない。その成功は、その文化的反応がそもそも妥当なのか否か、それが適用される状況、実践方法の性質の如何にも左右される。

私の仮説では、反応の成功は、それを動機づける役割を担ったシステムと同じシステム、つまり感情によって監視される。共産主義のような社会システムによって生み出された不幸や苦しみは、そのシステムの終焉の要因を作り出したといえるかもしれない。だが、なぜ共産主義が実際に終焉を迎えるのに長い年月を必要としたのだろうか？　一見すると、文化的反応の採用や棄却は文化的選択に依存する。理想的には、文化的反応の結果は、感情によって監視され、集団によって評価される。また、理性と感情の協議によって有益か有害かが判定される。しかし文化的選択が前提とする条件には、真に有益であっても、実践上は失敗を招き得るものもある。たとえば政治的ガバナンスや道徳体系においては、文化的選択は、特定の反応の採用や拒否が強制されないよう、民主的な自由を前提とする。さらには知識、推論、判断に関して、公平に検討する場の存在も前提としている。だから共産主義、あるいは全体主義体制下では、文化的選択は機が熟すのを待たねばならなかったのだ。

吟味する

思い切っていえば、私たちが現在真の文化と見なしているものは、ホメオスタシスの規則に導かれた効率的な社会的行動という形態で、ごく単純な単細胞生物によって粛々と始められたのである。しかし文化がその名に十分に値するようなものになるのは、それから数十億年が経過し、文化的な心、すなわち依然として同じホメオスタシスの規則のもとで機能する創造的な探究する心によって息吹を吹き込まれた、人類という複雑な生物が登場してからのことである。太古の時代の心を持たない前駆的生物と、のちの文化的な心の繁栄のあいだには、あとから振り返るとホメオスタシスの要件に合致していたと見なすことのできる、以下のような一連の発達段階を見出すことができる。

第一点。心は、二種類のデータをイメージの形態で表象する能力を獲得しなければならなかった。一つは外界に関するデータで、そこでは社会という布地の一部をなす他者が際立って存在し、影響を及ぼしてくる。もう一つは生体内部の状態で、感情として経験される。この能力は、神経回路の外部に存在する事象を神経回路内にマッピングする中枢神経系の働きに依存する。かくして構築されたマップは、事象の「類似性」をとらえる。

第二点。心はそれら二種類の表象、つまり内界と外界の表象に関係づけられた、生体全体を対象とする心の視点を構築しなければならない。この視点は、それ自身や外界を知覚している最中の自己を、身体全体の枠組《ボディフレーム》みに参照してとらえたイメージで構成され、私が意識の決定的な構成要素と見なす主観性の不可欠の構成要素をなす。社会的、集合的な意図を必要とする文化の構築は、そもそも複数の個人の主観性の働きなくしては考えられない。この主観性の働きは、最初は自己の利益や関心のために、やがて個人の関心の輪が拡大すると、集団の利益を促進するために必要になる。

第三点。心がすでに確立されてはいるが、文化的な心といえるものがまだ形成されていない段階では、新たな特徴を獲得することで心を豊かにする必要があった。新たな特徴とは、学習、想起、個々の事実やできごとの関係づけを可能にする、イメージを基盤にした強力な記憶機能、そして非言語的なナラティブの形成を可能にする想像力、推論能力、象徴的思考能力の拡張、さらには非言語的なイメージやシンボルをコード化された言葉に翻訳する能力などである。そのうちの言葉への翻訳能力は、文化の構築に決定的な役割を果たすツールである、言葉によるナラティブの発明に至る道を開いた。またその発展途上で、アルファベットと文法は「遺伝子のようなツール」として機能した。やがて発明された書き言葉《ライティング》は、創造的な知性（感情に動機づけられてホメオスタシスの問題や可能性に対応する知性）の最上の道具になった。

第四点。あまり強調されることはないが、文化的な心の重要な道具である遊び、つまり一見すると無用に思われる行為を行なおうとする欲求が生まれた。それには、ほんものであろうがおもちゃであろうが、外界の物体を動かすこと、ダンスや、道具を使った遊びなどで自分の身体を動かすこと、リアルなものであれ空想によるものであれ、心に思い浮かんだイメージを動かすことがあげられる。想像力が密接に関係するのはもちろんだが、想像力だけでは、遊び（ヤーク・パンクセップはこの機能に言及する際、わざわざ大文字で「ＰＬＡＹ」と表記する）が持つ自発性と奥深さを十全にとらえることはできない。無限の音、色、形状でできること、色とりどりのレゴブロックや、コンピューターゲームを使ってできることを考えるとき、また、言葉の音や意味の結合の持つ無限の可能性について思いを馳せるとき、あるいは実験を計画したり、これからしようとしていることの青写真を描いたりするとき、遊びの意義について考えてみよう。

第五点。他者と協力し合いながら、共通の目的を達成する能力が獲得された。これは人類においてとりわけ顕著な発達を見た。協調性は、人類において十全に発達したもう一つの能力である共同注意に依存する。これについては、マイケル・トマセロが草分け的な研究を行なっている[18]。遊びと協力はそれ自体、結果の如何にかかわらず、ホメオスタシスに資する活動であり、「プレイヤー／協力者」に一連の快い感情を与えて報いる。

第六点。文化的な反応は、心的表象によって始まったが、やがて動きによって体現されるようになった。動きは文化的なプロセスに深く埋め込まれている。文化的な介入を動機づける感情は、生体内部で生じる情動に関連する動きから構築される。また文化的な介入は、情動に関連する手の動きや、顕著な例では発声器官の動き、あるいは顔面筋肉（コミュニケーションで重要な役割を果たす）や身体全体の動きから生じることも多い。

第七点。生命の誕生から人間における文化の発達や伝達へと至る推移は、ホメオスタシスに駆り立てられたもう一つの発達、すなわち細胞内の生命活動の調節を標準化し、新たな世代に生命を受け継ぐことを可能にした遺伝装置の発達なくしては考えられない。

人間文化の興隆は、意識された感情と創造的な知性の両方のおかげで可能になった。初期の人類にも、ネガティブな感情とポジティブな感情が必要であった。さもなければ、芸術、宗教的信念、哲学的探究、道徳体系、司法制度、科学などの高度な文化的営みは、その発達に必要な原動力を得られなかっただろう。痛みの背後にあるプロセスを経験することがなかったら、身体の状態と規則正しい生体作用のパターンがあるにすぎなかっただろう。そのことは健康感、喜び、怖れ、悲しみにも当てはまる。痛みや快が経験されるには、それらに関与する作用のパターンが感情に変換されねばならない。言い換えると、それらは心の顔を獲得しなければならず、心の顔は、生体によって所有されることで、主観的なものに、つまり意識的なものにならなければならない。

初期の生物においては、主体によって経験されない痛みや快のメカニズム、すなわち非意識的で非主観的な痛みや快のメカニズムによって、自動的かつ無自覚的に生命活動の調節が支援されていたことは明らかである。しかし主観性を欠いていれば、痛みや快のメカニズムを持つようになっても、その生物は、当のメカニズムやその結果を斟酌することも、痛みや快に対応する身体の状態を調べることもできなかったはずだ。

人類の歴史のもっとも高貴な部分をなす、問いを立てて謎を解明すること、慰安、調節、発見、発明は総じて、動機を必要とする。痛みや苦しみを感じることは、とりわけ快さや繁栄を感じるときと比べ、心を動かし何らかの行動をとらせることが多い。しかしもちろん、それには動機によって動かされ得る何か〔以下「可動的な心的要素」と訳す〕が心に存在していなければならない。その何かは確かに存在した。とりわけホモ・サピエンスが進化すると、先に述べたような拡張された認知能力や言葉を操る能力という形態で存在するようになった。実際、可動的な心的要素とは、その瞬間に知覚された事象を超えて考える能力、原因と結果を考慮に入れながら、状況を解釈し評価する能力を指す。解釈や評価がどれだけ正確かは、問題ではない。明らかに、正確でないことは頻繁にあった。重要なのは、正しいか正しくないかにかかわらず、ポジティブなものにせよネガティブなものにせよ、強い感情にしっかりと動機づけられた解釈をするようになったという点である。この基盤に依拠することで、高度に社会的な人類は、個人にせよ集団にせよ、かつてなかった反応の発明を促されるようになったのである。可動的な心的要素は、その瞬間のリアリティとして感じられるものだけでなく、起こり得たこと、起こると予測されることにも関与する。これは想起されたリアリティ、つまり視覚、聴覚、触覚、嗅覚、味覚などのあらゆるタイプの感覚情報に由来する想起されたイメージの連続として処理され、想像力によって変えることのできるリアリティなのだ。その際これらのイメージは、分解したり動かしたりすることが可能であり、新たなパターンで自由に結びつけて、道具の製作、実践、謎の解明などの特定の目的を達成するために用いることができる。ホモ・サピエンスの登場に先立つ、石器などの限定的ながら文化的な道具の出現は、これらの条件をすべて満たしている。(19)

可動的な心的要素は、物体、人々、できごと、観念のあいだの関係や、苦しみや喜びの発現の特定に寄与してきた。痛みや快さに先立つ徴候（直前のものであろうと、かなり前のものであろうと）に気づかせ、その原因を突き止められるようにしてきたのだ。これは非常に大きなできごとで、その影響も同様に非常に大きかったと考えられる。歴史的な例としては、ユダヤ教、仏教、儒教などの主要な宗教体系の発達に先立って起こった社会の擾乱《じょうらん》があげられる。たとえば紀元前一二世紀におそらくは破壊的な地震、干ばつ、政治や経済の凋落を背景にして、地中海文明を崩壊させた「海の民」による壊滅的な戦争やテロリズムなどである。黄金の枢軸時代（キリスト教が誕生する以前の六世紀にわたる期間を指し、アテネにおける哲学や劇の興隆もそこに含まれる）における文化の発達の数千年前に、人類は、感情に反応することであらゆる種類の社会的創造物を発明していた。ここでいう感情は、悲しみ、痛み、苦しみ、予期される快に限定されるわけではなく、他にも共同体への思慕（子どものケア、愛着、核家族に結びついた感情が、より大きな集団に拡張されたもの）、さらには賞賛の念、畏怖、至高性の感覚を引き起こす物体や人や状況に対する衝動などがあげられる。

感情に促されて発明されたものには、音楽、ダンス、視覚芸術、さらには儀式、魔術の実践、そして日常生活における謎の解明を目指して崇められた多忙な神々などがある。また人類は、ごく単純な部族生活から始まって、青銅器時代のエジプト、メソポタミア、中国の伝説的な王国における文化的に構造化された生活様式に至るまで、複雑な社会組織の枠組みを形成してきた。

複雑な文化的制度の発達をもたらした心的要素には、特定可能ないかなる前兆も理由もなく、ただ単に痛みや快が生じる場合もあるという衝撃的な認識が含まれる。その結果生じた無力感や絶望は、人間のさまざまな営為の基盤をなす原動力であり続け、超越性などの概念の形成や発達を促してきたということも十分に考えられる。科学の瞠目すべき成功にもかかわらず、無数の謎が残されており、それらは原動力として、現在でも世界のほとんどの文化のもとで大きな役割を果たしている。

感情は、知性をして特定の目的に焦点を絞らせ、その射程を伸ばし、文化的な心が形成されるよう導いてきた。感情とそれが動員する知性は、よきにつけ悪しきにつけ、人類を遺伝子という絶対君主のくびきからある程度解放したが、その反面ホメオスタシスという専制君主の支配のもとに置くことになった。

ハード・デイズ・ナイト

私たちは誰も、日没から薄暮に至りやがて夜がやって来て空には星や月の光が輝く、夕暮れ時のマジックについてよく知っている。人々はこの魅惑的な時間に集まって、談笑し、飲み、子どもやイヌと遊び、今や終わりに近づきつつあるその日に起こったよいできごとや悪いできごとについて話し、家族、友人、政治に関する問題を論じ、翌日の行動計画を立てる。私たちは今でも、冬を含め一年中たき火のそばや灯りの下で、その種の活動に耽っている。これは、はるか昔に実践されていた習慣の名残りだともいえよう。というのも、太古の時代、夕暮れ時の複雑な社会活動が、野外で星の光を浴びながら簡素なたき火のまわりで始まったのは、そのようにしてであったと考えられるからだ。

火の使用が始まったのは、せいぜい一〇〇万年前のことであり、ロビン・ダンバーやジョン・ゴーレットによれば、野営のたき火は、おそらくはホモ・サピエンスが登場する以前、数十万年のあいだ続けられてきたようだ。[20] 火のコントロールが、なぜそれほど重要なのか？　火がもたらしたさまざまな恩恵のなかでも、調理はもっとも重要であろう。火は調理の発明を導き、わずかなエネルギーしか得られないにもかかわらず時間をかけてゆっくりと噛み砕く必要のある野草とは対照的な、消化しやすく栄養価の高い肉をすばやく食べることを可能にした。身体と脳は、必須タンパク質や動物脂肪を十分に摂取することですみやかな成長を遂げられるようになり、このぜいたくな消費を維持するための数々の仕事をこなす責を担う心が研ぎ澄まされるようになった。火を使った食物の調理は、食べる場所を制約したが、咀嚼に必要な時間を減らして他の活動に割り当てられるようにした。ここには、状況を限定することで新たな活動が生まれるという、火の使用をめぐる隠されたトレードオフを見出すことができる。部族のメンバー全員が野営のたき火のまわりに集まり、調理や食事のみならず社会的交流を行なうようになったのだ。それまでは、暗い夜がやって来るとメラトニンと呼ばれるホルモンが脳で分泌され、その結果睡眠が引き起こされた。しかし火が放つ光はメラトニンの分泌を遅らせ、それによって活動に使える時間が増えた。夕方になって狩猟や採集をする者などいなかっただろうし、農業が始まってからは夕方に土地を耕したりする者などいなかっただろう。だが、一日の活動時間は増えた。だから、その日の仕事を終えても、部族の面々はまだ目覚めたままリラックスしてくつろぐことができる。そこで、その日起こったよいこと悪いこと、仲間や敵、仕事やゴシップなどについて皆で会話を交わしたであろうことは想像に難くない。しかもホモ・サピエンスともなれば、交わされた会話の内容はそれほど単純なものばかりではなかったはずだ。日中に壊れてしまった関係を修復し、新たな関係を強化するにはちょうどよい機会になる。また、わがままな子どものしつけや教育にも都合がよい。あるいは天空を眺めながら、薄明、またたく星の光、天の川、気ままに、されど予測可能な様態で形を変えていく月、長い夜が終わって到来する日の出などといった現象が何を意味するのかを思案していたのかもしれない。詠唱やダンス、あるいは魔術なども行なっていたことだろう。

ポリー・ウィスナーは、アフリカ南部に住むジュホアン族の研究に基づいて、野営のたき火の集いについて雄弁に語っている。[21] 彼女によれば、日中の採集の作業が終わったら、部族のメンバーは野営のたき火のまわりに集まって、会話、物語、そしてもちろんゴシップに打ち興じたり、厳しい日中の仕事で壊れた人間関係を修復したり、小集団における社会的結束を強化したりして夜の早い時間を有効に過ごす。

火のそばに腰をおろす機会があったら、なぜ現在でも、人々は大して役に立たない古めかしい暖炉をモダンな室内に作りたがるのかについて考えてみるとよい。思うに暖炉は、野営のたき火がかつて果たしていたものと同じ、豊かな文化的役割を果たすからであろう。火を用いて有利な環境を作り出せるという観念は、現在でも期待の感覚を生み、私たちを動機づけているに違いない。それこそマジックと呼ぶにふさわしい。

第11章　医学、不死、そしてアルゴリズム

現代医学

文化的実践にホメオスタシスに関連する要素を見出すことは難しくはない。だが医学ほど、それが顕著に見られる分野はない。数千年前に医術が誕生して以来、医療実践の全体が、かつては魔術や宗教に、やがては科学やテクノロジーに結びつきながら、病に陥ったプロセス、器官、システムの修繕の試みとして成り立ってきた。

現代における医療関連の科学やテクノロジーの発達は範囲がきわめて広く、その目的もありきたりなものから妄想的なものまでさまざまだ。ありきたりな目的には、最新の科学やテクノロジーによって利用が可能になった薬品や医療装置を駆使して、医学によってよく理解されている疾病を治療することがあげられる。かつては致命的だった感染症が抗生物質やワクチンの発明を通じてコントロールされるようになった、伝染病の治療の歴史はその好例である。この戦いは決して終わらな

い。なぜなら、新たな病原菌が出現したり、抗生物質を使用した結果、もとの細菌が大きく変化して悪性を強めたりするからだ。だが、それに対する矯正の歴史も決して終わることはない。自然が適切な防御や回避の手段を繰り出しても、医療科学はそれに対処できるだけの発明の才と持続性を持っている。たとえば、通常は特定の昆虫によって運ばれる危険なウイルスが原因で発症する感染症に関していえば、その昆虫のゲノムを、ウイルスを運べないように変えることが現在では可能である。大胆でまったく新しいこの手法は、ゲノムの改変を可能にするクリスパー・キャス9と呼ばれる技術の発見によって実現の見通しが立った。[1]もちろん、裏をかかれたウイルスが、ゲノムの改変に反応して変異し、悪性を増大させることで新たな障害を打ち破る可能性は当然ある。かくして医療科学と細菌の戦いは続く。ホメオスタシスはその種のイタチごっこのやり方を心得ているが、その点では人間も変わらない。

また、この新たな技術を活用することで、特定の遺伝病の根絶を目的としてヒトゲノムを改変することが可能になるだろう。これも賞賛すべき価値ある試みといえるが、簡単には実現しない。なぜなら、ほとんどの遺伝病は、たった一つの遺伝子によってではなく、いくつかの、場合によっては多数の遺伝子によって引き起こされるからだ。遺伝子は、セットで作用することが多く、問題含みの抵当権が設定されたサブプライムローンに少しばかり似ている。危険で有害な結果を招かない介入方法を実現することは、まさに言うは易しである。

それよりはるかに大きな問題は、たとえば、知性や身体的特徴に秀でた形質を優先する、死を遅らせたり根絶したりするなど、ゲノムの改変には先進医療において常軌を逸した利用の可能性があることだ。ここでも介入の対象は人間の生殖細胞系統であり、前述の大胆な新技術によって実現が可能になる。

この技術の適用にあたっては、考慮すべき重要な問題がある。実践的なレベルでは、遺伝物質の操作にはリスクがつきまとう。現在のところ、この問題に対して適切な処置がとられているとは思えない。より基本的なレベルでは、自然選択を介した進化に干渉することは、厳密に生物学的な意味でも、社会文化的、政治的、経済的な意味でも、人類の未来に予期せぬ結果を招く恐れがある。その目的があくまでも苦しみを生む疾病の根絶にあり、利益の追求に結びつけようとしないのであれば、その実現には十分な意義があろう。医学の古典的な戒律に「何よりも危害をなしてはならない」というものがあり、この戒律が厳密に遵守される限り、介入は奨励されるべきである。だが、疾病以外に関してはどうだろう？　実践や学習ではなく遺伝的な手段を用いて記憶能力や知能を改善することが、いかに正当化され得るのだろうか？　目の色、肌の色、相貌、身長などの身体的特徴については？　男女の比率の操作に関しては？

「これらの変化はうわべだけのものにすぎず、その種の整形手術はほとんど危害を引き起こさずに何十年（入れ墨、ピアス、割礼などを考慮に入れれば数千年）にもわたって顧客を満足させてきた」と主張することもできよう。だがその種の整形手術と、その影響が一個人に限定されないゲノムの操作を比較してよいのだろうか？　より具体的にいえば、両親は、子孫の身体的な特徴や知能を決める権利を持っているのか？　両親はいったい何を求めて何を回避しようとするだろうか？　もって生まれた長所、短所と意志力を組み合わせることで、自己の運命を自分で決めていくことの何が、人間の成長にとって問題なのか？　自分の短所を自己の力で克服することで、あるいはたぐいまれな才能をもって生まれながらも謙虚さを保つことで、人格を築いていくことのどこが問題なのか？　そこには、いかなる問題もないはずだ。ただしこれを読んだある同僚は、私が自分の欠陥をあまりにもお気楽に受け入れていると（他人に指摘されなくても、私は自分の身長がもっと高くあるべきだと思っている）、またその態度が、ストックホルム症候群（人質が誘拐犯に好意を抱くようになる現象）につながると非難したが。いずれにせよ私は反論を歓迎するし、必要なら自分の見解を変える覚悟も持っている。

また、ＡＩ（人工知能）やロボット工学の分野で大きな進歩が見られる。それには、文化的進化を支配するホメオスタシスの規則がはっきりと刻印されているものもある。知覚や知性から運動機能に至る認知機能の補完は、ホメオスタシスに駆り立てられた古くからの実践である。メガネ、双眼鏡、顕微鏡、補聴器、杖、車椅子などを思い出してみればよい。その意味では計算機や辞書も同じだ。人工臓器や義肢、また暗い側面では、オリンピック選手やツール・ド・フランスのチャンピオンをトラブルに巻き込んでいるドーピングも、特に最近のものではない。いずれにせよ、動作を速めたり、知能を改善したりする戦略や装置は、競技という状況のもとでなければほとんど問題にはならない。

医療診断へのＡＩの適用には、非常に大きな期待がもてる。医学の基礎である病気の診断と、診断方法の解釈は、パターン認識に依存する。機械学習プログラムは、当然この分野に適用が可能なツールであり、信頼に足る結果を残している。[2]

現在構想されているいくつかの遺伝的介入方法と比べ、この分野の発展はたいてい無害であり、大きな価値を秘めている。近い将来もっともありそうなシナリオは、単に失われた機能を補うだけでなく、人間の知覚を補強する補助装置の開発である。例として、盲人のための人工網膜の移植や、自ら喚起した心的事象（つまり動かそうとする意図）によってコントロールできる義肢の開発などがあげられる。どちらの技術も現時点で実現が可能であり、近い将来完成を見るはずだ。人間と機械の混成体《ハイブリッド》の世界に通じる門戸を大きく開くだろう。他の有益な技術としては、事故で対麻痺や四肢麻痺に陥った人々のための外骨格型装置（パワードスーツ）があげられる。外骨格型装置は第二の骨格といえる装置で、麻痺した四肢を包み、脊柱に固定して装着する。装置は、患者自身か他のオペレーターが操作するコンピューターが動かす。患者自身が操作する場合、自分の意図によって、すなわち動かそうとする患者の意思に結びついた脳の電気シグナルを拾うことで、装置を動かせるようになるだろう(3)。今や私たちは、ＳＦでおなじみのサイボーグにも似た、生物と人工物の混成体を生むに至る道を着々と歩んでいるのだ。

不死

かつてウディ・アレンは、死なないことで不死を達成したいというジョークを飛ばしたことがある。死なずに済ませるという考えが単なるジョークではなくなることを、当時の彼はまったく知らなかった。人類は今やその可能性がリアルなものであることを発見し、その目標に向かって静かに歩みを進めている。そうすべきではない理由があるのか？　寿命を無限に引き延ばすことが実際に可能になったら、その選択肢を行使せずに済ませるべきなのだろうか？

この問いに対する実際的な答えは明らかである。別の考えを抱いているかもしれない至高の創造主と対立しない限り、また永遠の命によって、寿命が延びることにつきまとうがんや認知症などの問題にわずらわされず、よき人生を送れるのなら、それを試みる価値はあるのかもしれない。このプロジェクトの大胆さは息を飲むほど巨大だが、そこに含意される傲慢さもそれに匹敵するほど大きい。落ち着きを取り戻したあなたは、私がまたストックホルム症候群の陥穽《かんせい》にはまっているのではないかと警戒し、「ご立派な意見だが、いくつか質問させてほしい」と思うかもしれない。そのようなプロジェクトは、いかなる短期的、長期的結果を個人や社会にもたらすのだろうか？　永遠の命の探求は、人間性に関するいかなる考えに基づいているのか？

基本的なホメオスタシスの観点からすると、不死は完全性であり、永遠の命という、自然の見果てぬ夢の実現である。ホメオスタシスの初期の条件は、生命活動を促進し、意図することなく未来につなげることである。未来の生を保証する意図を欠いた装置には、遺伝メカニズムが出現することも含まれていた。私たちが描く未来のシナリオでは、不死は生命の営みの究極の段階と見なされ、人間の創造性を通じて到達可能であるという事実によって、なおさら魅力的で奨励されるべきものとされる。創造性それ自体がホメオスタシスの産物である点を考えれば、この見方は自然に思える。しかしマイナス面についてはどうか？　「自然であること＝よきこと」とは必ずしもいえず、自然を成り行きまかせにすることは望ましくない。

不死は、感情を原動力とする、ホメオスタシスのもっとも強力なエンジンを除去する。そのエンジンとは、死が必然的なものであることの発見と、その事実が生む苦悩である。そのようなエンジンの喪失は憂慮すべきものなのか？　もちろん憂慮すべきだ。それに対し、ホメオスタシスのプロセスを作動させるバックアップエンジンとして、予期される死以外の要因による痛みや苦しみ、そして快を維持することができるはずだと反論することもできよう。だがほんとうにそうなのか？　ひとたび不死の願いがかなえられても、痛みや苦しみが依然としてはびこっているなどということが考えられようか？　快についてはどうだろう？　私たちは、快だけは手元に残して地球をエデンの園に変えることになるのだろうか？　それとも痛みや苦しみとともに快もきれいさっぱり消し去って、ゾンビの世界（思うに不死の擁護者には、そのような世界で暮らすことを厭わない者もいるのではないだろうか）がやって来るのだろうか？

その手の世界の到来を予言する未来主義者や夢想家にはこと欠かないが、近い将来そうなるとはとても考えられない。たとえば、トランスヒューマニズムの背後にある主たる考えは、人間の心をコンピューターに「アップロード」することで、永遠の命を確保できるというものだ。(4)　現時点では、このシナリオの実現はあり得ない。この考えは、「生命とは何か」に関する理解の限界と、いかなる条件のもとで生身の人間が心的経験を構築しているのかをめぐる理解の欠如を露呈している。いったいトランスヒューマニストは、何をアップロードしようとしているのか？　心的経験でないことは確かだ。少なくとも、たいていの人々が自分の意識ある心に関して抱いている考えに合致し、ここまで私が述べてきた装置やメカニズムを必要とするものとして心的経験を見なすのならば。本書の主たる考えの一つは、「心は脳だけではなく、脳と身体の相互作用から生じる」というものだ。トランスヒューマニストは、身体までアップロードしようとしているのだろうか？

私は大胆な未来のシナリオを認めるにやぶさかではないし、科学的想像力の欠如を嘆く者でもある。しかし、トランスヒューマニストの考えにはとてもついていけない。問題の核心はおそらく、コンピューターサイエンスとＡＩの二つの基本的なコンセプトであるコードやアルゴリズムの概念を、生命システムに適用することには明らかな限界が存在する点にあるのだろう。次に、それについて考えてみよう。

アルゴリズムの概念を用いた人間性の説明

二〇世紀科学のハイライトの一つとして、物理的な構造も情報の伝達も、コードを利用したアルゴリズムに基づいて組み立てることができるという発見があげられる。遺伝コードは核酸のアルファベットを用いて、有機的な組織が他の有機的な組織の基盤を組み立て、発達させる支援をする。同様に私たちは、言葉のアルファベットを使って、物体、活動、関係、できごとを指し示す用語を無限に組み立てていくことができる。また言葉は、語の順序を規定する文法を与えてくれ、それを用いてできごとの経緯を叙述したり、自分の考えを説明する文やストーリーを組み立てたりすることができる。進化のこの段階では、有機体やコミュニケーションの構築の多くの側面が、コンピューターやＡＩやロボットと同様アルゴリズムとコード化に依存する。この事実に基づいて、生物はアルゴリズムに還元されるという、大胆な考えが生まれたのである。

ＡＩ、生物学、さらには神経科学の分野でさえ、この考えに酔いしれている。「生物はアルゴリズムである」「身体や脳はアルゴリズムである」という標語が無条件に認められている。これは、人工的にアルゴリズムを書き、それを自然の事象に結びつけたり融合したりすることができるという見解に基づいてひねり出された、いわゆるシンギュラリティの考えの一部をなす。この見方では、シンギュラリティは間近どころかすでに来ている。

シンギュラリティという概念は科学やテクロノジーの分野で広く流布し、文化的なトレンドの一つにもなっているが、科学的に堅実なものでなく、人間的観点からいえば、まったく的がはずれている。

「生物はアルゴリズムである」という主張は、最低でも誤解を招き、厳密には誤りである。アルゴリズムは、特定の結果を得るためのフォーミュラ、レシピ、一連のステップを意味する。生物は人間を含め、アルゴリズムに従って構築され、それを使って遺伝装置を操作する。しかしアルゴリズムそれ自体ではない。生物はアルゴリズムを利用した結果として存在し、それが示す特徴は、その構築を導いたアルゴリズムに規定される場合もあればされない場合もある。さらに重要な点を指摘しておくと、生物は種々の組織、器官、システムの集合であり、それを構成するあらゆる細胞が、タンパク質、脂肪、糖分から構成される脆弱な生体をなしている。生体は一連の命令から成るコードなどではない。手で触れることのできる物体なのだ。

「生物はアルゴリズムである」という考えは、「生身のものであれ人工的なものであれ、生物の構築に用いられる素材を考慮する必要はない」という誤った概念を根づかせた。つまりアルゴリズムが作用する素材も、それが実行される文脈も関係はないというのだ。「アルゴリズム」という言葉の使用の背景には、素材や文脈は無視しても構わないとする考えが透けて見える。この言葉は本来、そのような意味を含んでもいなければ、含むべきではないにもかかわらず。

現在の用法に従えば、同じアルゴリズムを異なる素材に、あるいは新たな文脈で適用しても、類似の結果が得られる。だがそうあるべき理由は何もない。素材は重要だ。生命活動の基盤をなすのは、ある種の組織化された化学作用であり、熱力学の法則やホメオスタシスの規則に従う。人間の本性を説明する際には、素材を考慮に入れなければならない。その理由として以下の三点をあげることができる。

感情の現象学によって、人間の感情が、生命活動と化学的、身体的な構成要素の相互作用に由来する、多次元的なイメージ化の結果として生じることが明らかにされていることが一つ目の理由である。感情とは、この作用の質と未来における生存可能性の反映なのである。それとは異なる素材から感情が生じるということは考えられないのだろうか？　考えられないことはないが、そのような感情が、人間の感情に似たものになる理由は何もない。人工的な素材から生じる感情「もどき」を想像することは可能だが、それはこの感情「もどき」が、それを生む装置内の「ホメオスタシス」の状態を反映し、装置の作用の質と存続可能性を知らせる場合に限られる。しかし、地球の生物の生命活動の状態を示すために感情が用いている素材を欠く感情「もどき」が、人間や他の動物の感情に比べられるものになり得ると考えるべきいかなる根拠もない。

また私たちは、銀河系のどこか別の惑星で生命が誕生したというシナリオを描くこともできる。そしてこの生物が、地球上のものと同じホメオスタシスの規則に従い、生理的側面では相違があったとしても、生命を構成する素材をもとに私たちのものに類似する感情を形成する能力を獲得したと考えるのだ。この神秘の生物が持つ感情の経験は、形式的には私たちのものに似ているだろう。だが素材が同一ではないため、まったく同じものではないはずだ。感情の基盤をなす素材が変われば、相互作用を通じて何がイメージされるかも変わることになり、よって感情も変わる結果になろう。

要するに、素材は無視できないということだ。いわゆる心的プロセスは、まさにこの素材について心が説明するプロセスなのだから。

知的に機能する人工的な組織を設計することは可能であり、のみならず人間の知性を凌駕するものにさえできることを示す証拠はあまたある。しかし、知的であることのみを目的に作られた人工的な組織が、ただ単に知的に振る舞えるという理由で感情を生み出せるようになることを示す証拠はない。自然な感情は進化の過程を経て生じ、幸いにもそれを持つことができた生物の生死の運命に寄与してきたがゆえに存在し続けているのである。

興味深いことに、純粋に知的なプロセスは、アルゴリズムに基づく説明にうまく適合し、素材に依存しているとは思えない。だから、巧妙に設計されたＡＩプログラムが、チェスの世界チャンピオンを負かし、碁ですぐれた成績を残し、車を巧みに運転できるのだ。だが、知的なプロセスだけで、人間の本性の基盤を構築できることを示す証拠は、今のところ得られていない。それどころか、生物、とりわけ人間の持つさまざまな能力に類似する何ものかを生み出すためには、知性と感情のプロセスは、機能的に相互接続されている必要がある。ここで、第2部で論じたアフェクトに基づく行動プログラムである感情表出プロセスと、生体の状態（情動作用の結果生じるものを含めて）の心的表現である感情の重要な違いを思い出そう。

なぜそのことが、それほど重要なのか？　なぜなら、道徳的な価値は、心を備えた生物において、化学的、身体的、神経的プロセスを介して報酬と処罰のメカニズムが作用することで生み出されるからだ。この報酬と処罰のメカニズムは、他でもない快や痛みの感情を喚起する。人間の文化が、芸術、宗教的信念、司法制度、公正な政治的ガバナンスなどの形態で寿いできた価値は、感情を基盤に構築されてきた。苦しみや、その反対の喜びや繁栄の感覚が依拠する化学的な基盤を取り除けば、道徳体系の自然な基盤をも除去する結果になるだろう。

もちろん、「道徳的な価値」に従って機能する人工のシステムを構築することは可能であろう。だがそれは、そのような装置が道徳的な価値の基盤を持つことも、そのような価値を単独で構築する能力を備えていることも意味しない。生物や装置が何らかの「行為」を示したからといって、その行為を「心的に経験」していることの証明にはならない。

そのように述べたからといって、生物の持つ、感情を基盤とする高度な機能が、科学的な探求を受けつけない不可知なものだと主張したいのではない。それは間違いなく科学の対象になってきたし、そうであり続けるだろう。また問題提起のために、アルゴリズムの概念を用いることを否定しているのではない。しかし反証が得られるまでは、生物の研究は、生命の素材とそれに基づくプロセスの複雑性を考慮に入れる必要がある。遺伝子工学や人間と人工物の混成体の創生による寿命の延長が可能になるであろう、医療の未来を念頭に置けば、この考慮は決して些末なものではない。

二つ目の理由は次のとおりである。「アルゴリズム」という用語は予測性や柔軟性のなさを連想させるが、これらの性質は人間の高度な行動や心には適用し得ない。人間における意識的な感情の豊かな存在は、自然なアルゴリズムの実行が、創造的な知性によって覆され得ることを保証する。人間の本性に宿る天使や悪魔が私たちに強要してくる衝動に逆らう自由には、間違いなく限界がある。それでも、多くの状況下では、その種の衝動に逆らうことができるのも事実だ。人間の文化の歴史の大きな部分は、アルゴリズムによっては予測不可能な発明という手段を通じて、この自然なアルゴリズムに対抗する人間の営為をめぐるナラティブとしてとらえられる。言い換えると、慎重さをかなぐり捨てて「人間の脳はアルゴリズムである」と高らかに宣言する次第になったとしても、人間はアルゴリズムに従って行動しているのではなく、自己の運命があらかじめ定められているわけではない。

「自然なアルゴリズムからの逸脱自体、アルゴリズムによって説明できる」と主張する向きもあるだろう。この見方は正しい。しかし、「発端となる」アルゴリズムがあらゆる行動を生むわけではないという点は否定されない。感情や思考も、かなりの程度の自由を行使しつつ貢献しているのである。ならば「アルゴリズム」という言葉を使うことにいかなる利点があるのか？

三つ目の理由は、次の点にある。素材や文脈からの乖離、柔軟性のなさ、予測性という問題を孕むアルゴリズムによる人間性の説明を承認することは、一種の還元主義的な立場に身を置くことを意味する。この立場は、善良な市民をして、科学やテクノロジーを卑しいものと見なすよう仕向けたり、審美的な感性や、苦しみや死に対する人間的な反応に補完された哲学が、人類を祖先の動物には届かない高みへと導いてくれた時代の終焉を概嘆させるよう仕向けたりする。思うに、このように誤った解釈のせいで、科学の利点を否定したり、その発展を阻害したりすべきではなかろう。私の主張はもっと単純で、人間の尊厳を貶めるように見える人間性の解釈を生み出すことは、たとえ意図されたものではなかったとしても、私たちが希求する理念の前進をもたらしはしないということだ。

だが、人類はたった今、ほとんどの個人が社会の役には立たなくなる「ポストヒューマニスト」の時代に突入しつつあると主張する人々にとっては、理念の追求など関心の対象ではない。ユヴァル・ハラリが描く未来像では、戦争をする必要がなくなり（サイバー戦争がその代わりをしてくれる）、自動化された機械に仕事を譲ったあとでは、人間は単に枯れる以外にない。歴史は、不死、あるいは少なくとも途轍もない長寿を獲得することで優位に立ち、そこから利益を得られる人々の占有物と化す。「喜び」ではなく「利益」としたのは、そのような人々の感情の状態は陰惨なものだと予想されるからだ(5)。哲学者のニック・ボストロムは、非常に知的で破壊的なロボットが世界を乗っ取り、悲惨な人間の状況にピリオドを打つという別の未来像を提起している(6)。いずれのシナリオでも、未来の生命や心は、「生化学的なアルゴリズム」が現在実行していることを人工的にシミュレートする「電子的なアルゴリズム」に、少なくとも部分的に依存すると想定されている。さらには、彼らの視点からすると、人類という生命が、その本質において他のあらゆる生物の生命と比較可能であることを示唆する発見は、「人間は他のあらゆる生物種と異なり、例外的な存在である」とする従来のヒューマニズムの考えを揺るがす。それがハラリの結論であるように思われる。もしそうなら、その結論は間違っている。人間は生命活動のプロセスの数々の側面を他のあらゆる生物と共有しているが、いくつかの特徴においてはっきりと異なる。人間の苦しみと喜びの範囲は人間に特有のものであり、この特徴は、過去の記憶と、予期される未来をめぐって構築された記憶に依拠している。(7) とはいえハラリは、おそらく「ホモ・デウス」の寓話で読者を驚かせ、手遅れになる前にそれに対して私たちが何らかの手を打つことを期待しているのかもしれない。それならば、私も同意するし、そうなることを望む。

私がこの手の陰惨な未来像を非難する理由はもう一つある。あまりにも精彩を欠き、退屈だからだ。オルダス・ハクスリーの小説『すばらしい新世界』で描かれていたディストピアと、その悦楽的な生活の礼賛が、ここまで味気ないものになるとは。(8) この新たな未来像は、ルイス・ブニュエル監督の『皆殺しの天使』の登場人物たちが置かれている反復的で退屈な状況にも似ている。私は、アルフレッド・ヒッチコック監督の『北北西に針路を取れ』の危険とウイットをはるかに好む。ケーリー・グラント演じる主人公は、あらゆる危機に巧みに対処し、ジェームズ・メイソン扮する大悪党を出し抜き、最後にエヴァ・マリー・セイント演じる謎の美女の愛を勝ち取るのだ。

人間に奉仕するロボット

幸いにも、ＡＩやロボット工学の拡張を目指している現在の研究の多くは、人間に似せたロボットの製作ではなく、人間が行なう必要のあることを効率的、経済的、そして迅速に実行する装置の開発を目標にしており、賢い行動《スマートアクション》プログラムの開発を重要視している。そのようなプログラムが感情、ましてや意識的な経験を生まないことに何ら問題はない(9)。私は、ロボットの「感性《センシビリティ》」ではなく「感覚能力《センス》」に興味を持っている。

人間に似せたロボットを作り、私たちのアシスタントやコンパニオンにするという考えは、まったく当を得たものである。ＡＩやロボット工学がそれを目指しているのなら、それに文句をつける筋合いはない。製作されたロボットが人間の管理下に置かれ、自律性を獲得して人間に逆らえるようになる手段を持たず、私たちが世界を破壊できるようロボットをプログラムする手段を手にしなければ、それに反対する理由はない。つけ加えておくと、未来のロボットではなくＡＩプログラムが世界を破滅させる可能性があるので、それに対する警戒が必要だと訴える陰惨なシナリオがいくつかある。それでも現時点では、サイバー戦争が起こる危険性と比べ、ロボットが人間に対して叛乱を起こす危険性は小さい。スタンリー・キューブリック監督の『２００１年宇宙の旅』に登場するＨＡＬの子孫がいつの日か出現して、ペンタゴンを乗っ取るとは考えないほうがよいだろう。それよりも、とんでもない極悪人が何人か出現する可能性のほうがよほど高い。

おそらくその手のＳＦに描かれているシナリオの影響力がこれまでになく高まっている理由は、

ＡＩがチェスや碁で人間のチャンピオンを打ち負かしたという明確で瞠目すべき事実に求められるだろう。しかしその手のＳＦ的シナリオは実際には起こりそうにもない。というのも、その種のＡＩプログラムが示す知性は、耳目を集めるとはいえ、まさしく「人工」の名に値し、人間の持つ真の心的プロセスにかろうじて似ている程度にすぎないからだ。ＡＩプログラムは純粋な認知機能を持ってはいても、アフェクトは持たない。つまり、ＡＩプログラムが持つ「賢い心」の知的ステップには、それに先立つ、あるいはともなう、もしくは発生が予測される感情との相互作用の機会がない。感情を欠くために、ＡＩプログラムが人間性を獲得する見込みの大部分は失われる。というのも、脆弱性を生むと同時に、人間が苦しみや喜びを経験し、他者の苦しみや喜びに共感するのに必須の要件になり、さらには道徳性や正義のかなりの部分を基礎づけて人間の尊厳の基盤をなしているのは、まさに人間の感情だからである。

生物や人間に似せたロボットについて論じ、ロボットに感情がないことを見出すとするなら、私たちは、非現実的でばかげた神話に夢中になっているのだ。人間は生命と感情を持つが、人間に似せたロボットは持たないのだから。

とはいえ状況はもっと微妙なものになり得る。生命の特徴であるホメオスタシスの条件をロボットに組み込んで、ロボットの生命プロセスといえるような何ものかを作れるのかもしれない。それによってロボットの効率性が著しく損なわれ得るとしても、実現不可能だと断言することはできない。ちなみに、そのようなロボットを実現するには、ホメオスタシスを模倣する調節パラメーターを組み込み、それを充足しようとする「身体」を組み立てる必要があろう。この考えの起源は、草分け的なロボット工学者グレイ・ウォルターにさかのぼる[10]。

　しかし感情の問題はそう簡単に解決できるものではない。通常ロボットには、感情の代わりに、微笑み、叫び、ふくれ面などに似せたおもちゃのような動きが組み込まれる。その結果、顔文字のような効果が得られる。それでは人形劇と変わらない。ロボットの行動は、内的状態に動機づけられてはいない。そう振る舞うよう設計者によって単にプログラミングされているだけだ。「情動は行動プログラムである」という意味では情動のように見えるかもしれないが、それは動機づけられた情動ではない。それでも私たちは、簡単にその種のロボットのとりこになって、あたかもそれが生身の生物であるかのごとく扱う。私たちは、乳幼児期におもちゃや人形には生命が宿っていると思いながら成長し、その名残りをおとなになってからも抱えている。だから、状況さえ整えばすぐに人形劇の世界に浸ってしまうのだ。正直にいえば私自身も、嫌いなロボットを見たことがない。しかも、どのロボットも私を気に入っている「ように見えた」。

　ロボットを生き生きと見せているものが情動ではないのなら、それは間違いなく、身体の状態の心的な経験たる感情を、つまり主観的な経験を持っていない。ここにおいて、問題はさらに悪化する。心的な経験を持つためには心が必要だが、単なる心ではなく意識ある心が必要とされる。そして意識ある心、さらには主観的な経験を持つためには、第9章で取り上げた二つの要素、すなわち個々の生体自身が持つ独自の視点と感情が絶対的に必要とされる。それらをロボットに組み込めるのだろうか？　部分的には可能であろう。ロボットに視点を組み込むことは、この問題を真剣に考えさえすれば比較的容易であろう。しかし感情の構築という点になると、生体を必要とする。ホメオスタシスの機能を組み込んだロボットは、その方向への第一歩にはなろうが、抜け殻のような身体と、生理機能のシミュレーションが、人間の感情は言うまでもなく、感情「もどき」の素材としてどの程度通用するのかが大きな問題として立ちはだかるだろう。これは未解決の非常に重要な問題であり、その検討は避けてとおれない。

その方向で進歩が見られたら、感情と、それに続いて人間に似た知性の可能性の実現に近づけるかもしれない。その場合、ビッグデータ処理から直感が生じ、リスクの予期、脆弱性に対する感覚、愛着、喜び、落胆、知恵、人間的な判断の失敗と栄光をともなう、人間に似た行動が生まれる可能性はある。

人間に似せたロボットがさまざまな競技をプレイし勝つこと、あるいはHALのようにしゃべること、さらには人間の有用なコンパニオンになること、これらの実現は、感情がなくても困難ではなかろう。人間のコンパニオンとしてロボットを必要とする社会が来ることを想像するのは、少しばかり身震いがするのは確かだが。自動運転の車やトラックが普及すれば、そのために職を失った人々によって、その種の役割を充当できないのだろうか？　人間に似せたロボットが天気予報をする、重機を操作する、そしておそらくは人間に歯向かうところを想像することはできる。しかしそのようなロボットが実際に感じるようになるまでにはしばらく時間がかかるだろう。それまでは、人間性のシミュレーションは、そう、単なるシミュレーションにすぎない。

不死の話に戻る

約束されたシンギュラリティがやって来るのを待つあいだ、私たちは、薬物依存、痛みの管理という、世界中に蔓延している二つの大きな医療問題に真剣に対処しなければならない。これらのさんざん研究されてきた問題に対して、十分に満足できる解決策が確立されていないことから、人間文化に対して感情とホメオスタシスが果たす役割の重要性がはっきりとわかる。麻薬カルテル、巨大な製薬企業、無責任な医師に、薬物依存の蔓延の責任をかぶせることはできよう。確かに責任はあるのだから。合法的な処方箋によって手に入れた、本来は依存性のない化合物を混ぜ合わせて依存性のある薬物を作り出す方法を公開し、一般人がその情報を入手できるようにしているインターネットの責任を問うこともできよう。しかし、もっぱらそれらに責任を求めることは、的はずれだ。薬物依存は、太古の時代からホメオスタシスの基本的なプロセスを支配してきた化学物質と、オピオイド受容体に関係する。快や不快、あるいはそれらの中間の感情は、オピオイド受容体で生じる現象に結びつくが、それらの感情は、薬物摂取の有無にかかわらず、その瞬間の生命活動の状態を反映するものなのだ。感情が依存する化学物質や受容体は古くから存在し、いわば経験を積んでいる。数億年間存在し続け、そのあいだに狡猾で、絶大な効力を持つようになったのだ。その本性にふさわしく、魅惑的で圧倒的な感情を生む。その種の薬物は、使用者の心身の健康に破壊的な影響を及ぼす。これは、ホメオスタシスの目的とはまったく逆である。人々が自分をコンピューターにアップロードできるようになるのかどうか論じているあいだにも、その種の化学物質や受容体は、慢性疼痛や薬物依存を抱える不運な人々の脳や身体を破壊し続けている。

第12章　人間の本性の今

あいまいな状況

晴れた冬の日の朝、ガリラヤ湖のほとり、イエスが信者に語りかけたカペナウムのシナゴーグからほど近い場所に立ち、私ははるか昔に起こったローマ帝国の問題から、現代における人間性の危機へと思いを巡らせていた。この危機は私の好奇心をそそる。というのも、もちろん地域によって差はあるが、世界各地で怒りや対立に満ちた類似の反応を誘い、孤立や独裁に至る道を開いているからだ。またこの危機は、私たちを落胆させる。というのも本来起こってはならないものだからだ。少なくとももっとも先進的な社会は、第二次世界大戦や冷戦の脅威によって免疫を与えられ、複雑な文化が直面しているあらゆる問題を、徐々にそして平和的に解決する協調的な方法を見出していくだろうと期待されていた。あとから考えてみると、この期待は甘かったといわざるを得ない。

現代という時代は、最高の時代でもあり得た。というのも現代では、科学における無数の劇的な発見やテクノロジーの輝かしい発展によって、人々の生活がかつてないほど快適で便利になったかちらだ。また、入手可能な知識の量とそれへのアクセスのしやすさ、さらには旅行、電子コミュニケーション、科学、芸術、貿易などに関するあらゆる種類の国際協力をめぐる協定を通して、地球規模での人々のつながりが過去には想像すらできなかったほどにまで拡大した。さらには疾病を診断、管理、治療する技術が発展し続け、二〇〇〇年以後に生まれた人は、平均して一〇〇歳までは、願わくはよき人生を送れると見込まれるほど寿命が延びた。すぐに私たちは、自動運転車を乗り回し、運転する労苦から解き放たれるようになり、致命的な事故も減るだろう。

しかし人々の困窮に無関心になることは言うまでもなく、それに目を背けない限り、現代という時代をもっとも完璧な時代として評価したりなどできないはずだ。科学や技術に関するリテラシーはかつてないほど高まってはいるが、人々は小説や詩をほとんど読まなくなっている。それらは今でも、人間存在が生み出す喜劇やドラマに親しみ、人間の本性について考察する機会を得るための確実で有益な手段を与えてくれるのだが。どうやら現在では、人間存在に関する考察などという、普段の生活に直接役立たない活動に費やす時間はないらしい。現代の科学やテクノロジーを称揚し、ほとんどの人がそこから利益を享受しているはずの社会は、世俗的な意味でも宗教的な意味でも精神的に破綻しているように思われる。二〇〇〇年のインターネットバブル、二〇〇七年のサブプライムローン危機、二〇〇八年のリーマンショックと、破壊的な金融危機を無関心に受け入れた点に鑑みると、道徳的にも破綻しているらしい。興味深いことに、あるいはそういうべきではないのかもしれないが、目覚ましい進歩から最大の利益を享受している現代社会の幸福度は、調査の結果を信用するなら現状維持か低下している状況にある。[1]

過去四〇～五〇年のあいだ、もっとも先進的な社会で暮らす人々は、テレビやラジオの商業放送の娯楽モデルに合わせて歪曲していくニュースや広報の戦略を、ほとんど抵抗なく受け入れてきた。それほど先進的ではない社会も、そのあとを唯々諾々と追っている。ほぼすべての公共メディアを営利目的のビジネスに変えることで、情報の質はさらに低下した。健全な社会は、政治的、社会的ガバナンスを通じて市民の福祉を促進する方法に配慮する必要があるとしても、私たちの一人ひとりが毎日しばしの時間を確保して、政治や市民生活の難題や成功について学ぶ努力をすべきという考えは、単に古くさく感じられるようになったばかりでなく、ほとんど死に絶えてしまったようだ。敬意を持って真摯にその種のことがらを学ぶべきだとする考えは、今では忘れ去られている。ラジオやテレビの番組は、あらゆる政治的、社会的ガバナンスの問題を「ストーリー」に変え、その内容ではなく、ストーリーの「形態」や娯楽性を重要なものと見なしている。ニール・ポストマンが一九八五年に『愉しみながら死んでいく──思考停止をもたらすテレビの恐怖』を書いたとき〔邦訳は二〇一五年〕、彼の診断は正確だったが、死ぬ前に私たちがいかに苦しむようになるかを予見できなかった。[2] 問題は、公教育の資金援助打ち切りと、公共問題に対する市民の関心の衰退によって複雑化し、アメリカに関していえば、公共放送の免許保持者に公正かつ誠実な広報活動を求める一九四九年の公正の原則が一九八七年に撤回されることでいっそう悪化した。その結果、活字メディアの衰退、さらにはデジタル通信とテレビ放送のほぼ完全な支配とあいまって、公共問題に関する詳細かつ偏りのない知識が著しく不足するようになり、事実をめぐる徹底的な反省や判断が次第になおざりにされるようになっていった。もちろん、ありもしない古き良き時代にノスタルジアを抱くことは慎まねばならない。誰もが情報を十分に手にし、事実に関する反省や判断をしっかりと行なっていた時代などないし、誰もが真実や高貴な精神を追い求め、生きとし生けるものに敬意を抱いていた時代もない。それでも、今日における公共問題に対する関心の衰退は、大きな問題である。人間社会は、リテラシー、教育レベル、民度、精神的な探究、言論の自由、司法制度へのアクセス、経済、健康、環境の安全性などの種々の尺度に関して、予想どおり断片化の様相を呈している。そのような状況のもとでは、譲渡不可能な価値、権利、義務の共有を促進し擁護することは、ますます困難になるだろう。

新たなメディアの目覚ましい発達のおかげで、人々は、経済の背後に潜む真実、自国や他国の政府の状態、自分が暮らす社会の状況についてかつてないほど詳細に知る機会を持てるようになった。疑いもなく、この状況は私たちに利益をもたらす。さらに、インターネットは従来の営利団体や政府機関の枠外で、人々が議論を交わす手段を提供するようになった。その反面、人々は一般に、大量の情報から意味のある実用的な結論を引き出すのに必要な時間や手段を欠いている。さらにいえば、情報の集積や分配をコントロールしている企業は、誠実にユーザーを支援しているようには思えない。情報の流れは、企業独自のアルゴリズムに導かれ、それを通じてさまざまな経済的、政治的、社会的な利害にマッチするよう、そしてもちろん使い続けさせるためにユーザーの嗜好や見解に合うようバイアスのかかった情報が提供されているのだ。

公正を期しておくと、過去から響いてくる知恵の声（新聞、ラジオ、テレビなどの報道業界に所属する経験を積んだ思慮深い編集者の声）もバイアスがかかっており、社会のあり方に関して特定の見方を選好している。とはいえ、その種の偏向した見方は、特定の哲学的、社会政治的視点に関連づけられることが多かったので、そこから引き出された結論を支持したり反駁したりすることができた。しかし今日の一般市民は、その機会を持っていない。現代人は、アプリケーションをフル装備した携帯端末を介して世界にアクセスしており、個人の自律性を最大化するよう奨励されている。そのような状況のもとでは、意見を異にする他者の見方を知ろうとしたり、ましてや取り入れようとしたりする動機はほとんど生まれない。

新たなコミュニケーションの世界は、ものごとを批判的に考えるよう訓練を積み、歴史に関する知識が豊富な市民に恩恵を与える。しかし、娯楽や商業の世界に絡め取られた市民についてはどうだろう？　そのような人々は、ネガティブな情動の発露が例外ではなく常態であり、おもに短期的な自己利益の追求が、問題に対する最善のソリューションだと見なす世界で教育を受けてきた。彼らは責められるべきなのか？

多くの人々が、公共的なものであれ私的なものであれ情報を瞬時に、そして大量に手にできるようになった今日、逆説的なことに、その恩恵によって、得られた情報を吟味するのに必要な時間がとれなくなっている。氾濫する知識の管理には、情報を良し悪しや、好ましさに基づいて迅速に分類することが求められる。この傾向は、社会的、政治的なできごとに関して見解の二極化を助長し得る。情報の洪水を前にして疲労困憊した人々は、決まりきった信念や見解、しかもたいていは自分が属する集団が持つ見方に閉じこもるようになる。いくら賢明で知識のある人でも、反証があっても自分の意見を変えることにごく自然に抵抗を覚えるのが普通であるという事実によって、この状況はさらに悪化する。わが研究所は政治的信念に関してその点を実証する研究を行なってきたが、同じことは、宗教から正義や美的観念に至るさまざまな信念に適用できるのではないかと私は考えている。われわれの研究によれば、変化に対する抵抗は、感情表出と理性の行使に関与する脳システムの対立的な関係に関連する。そこには、たとえば怒りを生む脳のシステムが関与している[3]。要するに私たちは、対立する情報から自分を守るために、ある種の自然な避難所を作ろうとするのだ。世界の至るところで、関心を失った有権者が、投票所に姿を見せなくなっている。そのような風潮のもとでは、誤報やポスト真実（事実より感情に訴える情報）がいとも簡単に広まりやすい。ソビエト連邦を念頭に置いて書かれたジョージ・オーウェルの小説に描かれているディストピアは、それとは異なる現代の社会政治的な状況にも当てはまる。またコミュニケーションの加速とそれによって生じる日常生活の慌しさは、性急な世論や、ぶしつけな都市生活に見受けられる民度の低下をもたらしていると考えられる[4]。

無視され続けているそれとは別の重要な問題として、単純なEメールのやりとりからソーシャルネットワークに至る電子メディアの持つ依存性をあげることができる。この依存性は、人々が過ごす時間と払う注意を、環境の直接的な経験から、あらゆる種類の電子デバイスに媒介された経験へと逸らせ、情報量とそれを処理するのにかかる時間のあいだの齟齬《そご》を拡大する。

ウェブやソーシャルメディアの広範な利用にともなうプライバシーの侵害は、あらゆる個人の活動や言論の監視につながる。さらには治安目的のものから覗き見的なもの、あるいはまったくの侵害的なものに至る、政府や民間の手による、あらゆる種類のやりたい放題の監視が今や現実にならんとしている。監視は、数千年間続いてきた、聞こえはよいが子どもじみたスパイ活動、とりわけ超大国のスパイ活動を促進する。また、テクノロジー企業の儲けの対象にさえなり得る。個人情報への自由なアクセスは、たとえ犯罪的なものではなかったとしても、スキャンダルを巻き起こすために悪用されるだろう。その結果、スキャンダルのせいで落選するのを怖れた政治家たちは、黙して語らなくなる。今やそれが、公共的なガバナンスの重要な考慮事項になりつつあるのだ。テクノロジーが発達した国々では、大小さまざまなスキャンダルが選挙結果に影響を及ぼし、政治やエリートに対する一般市民の不信を助長している。経済格差や、戦争や失業による混乱に起因する重大な問題にすでに直面している社会は、統治が困難になりつつある。方向性を見失った有権者は、ノスタルジアや怒りを込めて、古き良き時代という神話を持ち出す。しかしノスタルジアはそもそも見当違いであり、怒りの矛先はたいがいあらぬ方向に向けられている。この傾向は、さまざまなメディアが、おもに特定の社会的、政治的、商業的利益を追求し、その過程で巨大な経済的報酬を得ることを企図して提供しているあふれんばかりの情報を、人々が理解し切れていないことを如実に示している。

かつてないほど大量の情報を手にしていながら、それを評価し解釈するための時間と手段を持たない大多数の一般市民の力と、情報をコントロールし、そのような一般市民の動向に関して知るべきことをすべて知っている企業や政府の力のあいだに生じた緊張が、今日ますます高まりつつある。それによって生じる対立がいかなる結果を生むのかは、今のところわからない。

リスクは他にもある。核兵器や生物兵器を用いた壊滅的な戦争の勃発は、兵器が超大国によってコントロールされていた冷戦時に比べ、より現実的で、おそらくは起こる可能性の高いリスクと化している。テロや、最近新たに登場したサイバー戦争が発生するリスク、さらには抗生物質に対する耐性を獲得した細菌による感染症の突発も現実的な問題になっている。それらのリスクを現代性、グローバリゼーション、経済格差、失業、教育の欠如、過剰なエンターテインメント、多様性、思考を麻痺させるような高速デジタル通信が非常に広範に流布したことのせいにすることもできよう。いずれにせよ原因は何であれ、コントロール不可能な社会が到来する見込みは高い。

通信テクノロジーの世界的権威の一人で社会学者のマニュエル・カステルの見方は、このような陰惨な展望を和らげてくれる。ちなみに二一世紀の文化における権力闘争を理解するにあたり、彼の業績は大いに参考になる。たとえば彼は、おもだった民主主義国家における社会的ガバナンスの不備や堕落を明らかにしたうえで、デジタルメディアがガバナンスの大幅かつ健全な再構築への道を開いてくれると論じている。現在のところそのような糸口は見出せていないが、彼は民主主義と整合する市民の力の再構築が依然として可能であると考える。そもそも彼は、メディア、教育、民度、ガバナンスに関して、現在より問題が少なかった時代があったという考え自体を一種の神話と見なしている。リベラルな民主主義は、その正当性が問われ始めており、この問題は一刻も早く解決されねばならない。インターネット、より一般的にいえばデジタル通信は、呪いではなく恩恵として、ポジティブな役割を果たせるはずである[5]。

人権に対する認識が広まり、その侵害に多大な注意が向けられるようになってきたことは賞賛に値する。人間の核心的な特質は、世界のどこに行っても同じであり、人類の共通の祖先にその起源を持つという考えは、すでにその種《たね》を蒔かれている。人は皆、幸福を追求し、自己の尊厳が重んじられる権利を等しく有しているという考えは、広く受け入れられている。第二次世界大戦後、国連は世界人権宣言を採択した。すべての人に同一の権利を与えるこの宣言は、人類が切望する考えにもっとも近づきながら成文化されてはいない国際法（慣習国際法）としての地位を獲得している。世界のどの国であろうと、この権利の侵害は、人道に対する罪として国際法廷に持ち込むことができる。人間は他者を尊重する義務を有し、いつの日か他の生物や、私たちが生まれてきたこの惑星に対しても同じ義務を担うようになるだろう。それは真の進歩だといえよう。アマルティア・セン、オノラ・オニール、マーサ・ヌスバウム、ピーター・シンガー、スティーヴン・ピンカーらが指摘するように、人間の営為に対する関心の輪は、間違いなく拡大している。(6) だがなぜ、これらの概念の発達を促してきた、まさにその秩序が弱体化し瓦解せんとしているのか？　人間性の発展という点において、気味が悪くなるほど過去に似た様態で、状況が再び悪化し始めているのはなぜか？　生物学によってその理由を説明できるのだろうか？

文化的な危機の背後には生物学的根拠があるのか？

生物学的な観点から、このような現状について何がいえるのか？　人間はなぜ、自分たちが作ってきた文化的な利点を、部分的にせよおりに触れて破壊しようとするのか？　人間の持つ文化的な心の生物学的基盤を理解することは、それに対する完全な答えを与えてくれるわけではないが、この問題に対処するうえで役に立つだろう。

実のところ、ここまで概観してきた生物学的な視点から見ると、文化的な営為のたび重なる失敗は、特に驚くべきものではない。それは次のような理由による。基本的なホメオスタシスの生理学的な根拠と第一の目標は、個体内の生命活動の維持にある。そのような条件のもとでは、基本的なホメオスタシスは、人間の主観性が設計し築いてきた寺院、すなわち自己に焦点を置くことで、ある程度は視野が狭くならざるを得ない。その範囲は、努力することで家族や小集団に拡張することができる。さらに、獲得が見込まれる一般的な恩恵や権力が努力に見合ったものになる状況や条件のもとでは大集団にも拡張される場合がある。しかし各個体に見出されるホメオスタシスは、大集団、とりわけ均質ではない集団に対して、ましてや文化や文明の全体に対して自発的な関心を持つわけではない。したがって、大規模かつ均質的ではない人間の集団に自発的なホメオスタシスの調和を期待するのは、そもそも起こりそうにもないことを期待するに等しい。

残念ながら、「社会」「文化」「文明」は、単一の巨大な生物であるかのごとく見なされることが多い。つまり多くの点で、個の生存と繁栄を目的として活動する個人の、巨大化したバージョンと見なされているのだ。たとえとしてはそのとおりだが、現実にはそうであることはめったにない。社会、文化、文明は、並行する別個の「組織」によって構成され、各組織はほつれた境界によって仕切られ断片化されているのが普通である。自然なホメオスタシスは、それら個々の文化的組織を対象に作用する傾向を持つ。有利な状況をとらえてある程度の統合を図ろうとする文明側の決然とした努力と有利な状況による恩恵なくして、事態をなすがままにまかせておけば、文化的な組織はばらばらのままであろう。

　このことは、生物学の例を検討することでよりはっきりするだろう。通常の状況下では、体内の循環系は、神経系と争って支配権を得ようとしたりはしない。あるいは、心臓と肺が争って、どちらが重要かを決定しようとしたりなどしない。しかしその種の平和的な関係は、国内の社会的なグループ間の関係や、地理的、政治的統一体内部での各国間の関係には当てはまらない。それどころか、そのような集団は互いに争い合うことが多い。社会集団のあいだに見られる権力を求めての対立や闘争は、不可欠な要素として文化に組み込まれている。この対立は、既存の問題に対するアフェクトに動機づけられた解決策によって引き起こされることもある。

　自然界の個々の生体のホメオスタシスを支配する規則に対する明らかな例外は、悪性のがんや、自己免疫疾患などによって引き起こされる深刻な状況に関するものだ。それらは放置すれば、他の生体組織と争うばかりでなく、生体自体を破壊しかねない。

　人間の集団は、おのおのの歴史を通じて、またさまざまな地理的環境のもとで、生命活動を調節する高度な文化的手段を発見してきた。人間性の基本的な特徴である、民族性や文化的アイデンティティの多様さは、そのような変化の自然な結果として得られたものであり、あらゆる参加者を豊かにする。とはいえ多様性は、対立の萌芽も宿している。とりわけグローバリゼーションの時代に突入し、異文化間の接触が頻繁になった現代においては、多様性は集団内や集団間の亀裂を深め、敵意を助長し、政治的ガバナンスによる解決策の考案や実施を困難にする。

文化の均質化を強制的に推し進めても、この問題の解決策にはなりそうにない。そもそも実現不可能であり、望ましくもない。均質化だけで社会をより治めやすくすることができるという考えは、生物学的な事実を無視している。同じ民族集団に属していても、アフェクトや気質の点で各人異なるのだから。ジョナサン・ハイトが指摘するように、その種の差異は、特定の政治的ガバナンスや道徳的価値に対する各人の志向に沿って顕現することが多い。[7] この問題に対する唯一妥当で実現可能と思われる解決策は、大小さまざまな差異を抱えながらも、教育という手段を通じて、政治的ガバナンスの根本的な要件をめぐって協調し合える社会を築こうとする、文明的な一大努力を重ねることであろう。

それには、アフェクトと理性の調和を図る大規模で啓蒙化された試みが不可欠である。しかし、そのような尋常ならざる努力が実を結ぶ保証はあるのか？　それに対する私の答えは、「そんな保証はない」である。個人の利益と集団の利益を調整することの困難さに由来する対立の他にも、不調和の源泉は存在する。それは、愛情に動機づけられたポジティブな衝動と、ネガティブで自己破壊的な衝動の内的な衝突という形で、個々人の内部に端を発する葛藤である。ジークムント・フロイトは晩年、私たちの心のなかに潜んでいると彼が考える邪悪な死の願望を文化の力で手なずけられるという考えに対する疑念を確証するものとして、ナチズムの残虐さをとらえていた。彼はそれ以前から、『文化への不満』（一九三〇年に刊行されたが一九三一年に改訂されている）として知られる著作で、自分の考えをはっきりと表明し始めていたが、[8] アルベルト・アインシュタインと交わした書簡にそれをもっとも明瞭に読み取れる。一九三二年、アインシュタインはフロイト宛に、第一次世界大戦が終わってからそれほど長くは経っていなかった当時、今まさに到来せんとしている大災厄を回避するにはどうすればよいかに関して助言を乞う手紙を書いた。それに対しフロイトは、人間の本性について冷徹な分析を提示し、そこに働いている力に鑑みれば、残念ながら提言すべきよき助言も解決策もないと嘆息する返事をよこした。[9] つけ加えておくと、このフロイトの悲観主義はおもに、彼が人間の本性の欠陥を見通していたことに由来する。つまり彼は、文化や特定の集団ではなく人類そのものを非難の対象にしていたのである。

当時も今も、人間の社会的な問題の背後には、フロイトが「死の願望」と呼ぶもの（私ならそれほど神秘的でない、詩的な色合いを抑えた言葉を用いるだろう）が重要な要因として潜んでいる。私の目には、この要因は人間の文化的な心を構成する一つの要素であるように思われる。現代の神経生物学的用語では、フロイトの「死の願望」は、一連のネガティブな情動の抑制されざる発露、それによるホメオスタシスの崩壊、そしてそれが個人的、集団的行動に引き起こす圧倒的な混乱に対応する。このネガティブな情動は、第7章と第8章で論じたアフェクトの装置の一部をなす。「ネガティブな」情動には、ホメオスタシスの重要な守護者として作用するものも確かにある。たとえば、悲しみ、嘆き、パニック、怖れ、嫌悪などだ。怒りは特別で、それが人間の情動の道具箱に収められているのは、特定の状況のもとでは、敵をたじろがせることで、怒りを表わす人に優位性を与えるからである。しかし優位性を与えたとしても、怒りは、とりわけ憤怒や暴力的な激昂にエスカレートすると、高いコストをともなう。怒りは、ねたみ、嫉妬、屈辱に駆り立てられた侮蔑、あらゆる種類の恨みなどとともに、進化の過程でその恩恵が減退してきたネガティブな情動の好例でもある。その種のネガティブな情動に身を任せるのは、動物的な情動性への回帰だとよくいわれるが、そのような言い方は動物に対する不必要な侮辱であろう。また部分的には正しかったとしても、この問題のより暗い側面をとらえそこなう結果につながる。たとえばむき出しの貪欲、怒り、侮蔑の持つ破壊性は、前史時代から人間が人間に対して行なってきた想像を超える残虐行為の原因になってきた。人間の残虐行為は多くの点で、ライバルの身体を引き裂くことで知られる類人猿の残虐性にも似ているが、洗練度を増してさらに悪化している。チンパンジーは他の個体を十字架にかけたりはしないが、古代ローマ人ははりつけを発明して十字架に人間をかけた。拷問や殺害の新たな方法を考案するには、人間の発明の才が必要とされる。また人間の怒りや悪意は、豊富な知識、ねじれた理性、そして自由に利用できる科学やテクノロジーから得られる抑えのきかない力に支援されている。悪意をもって他者を破壊しようとする人は現在ではめったにおらず、それを進歩の徴候と見なすこともできようが、ごくわずかな人々が手にしている大量破壊の能力は、かつてないレベルに達している。おそらくフロイトは、『文化への不満』の第7章の冒頭で、「動物が文化的な闘争に走らないのはなぜか?」と自問したとき、この事実と格闘していたのだろう。彼は答えを出していないが、それを可能にする知的能力が動物には備わっていないことは明らかだ。ところが、私たちには備わっている。

邪悪な衝動の発露の程度や、それが人々に与える影響の度合いは、あらゆる人間社会において同等であるわけではない。それには、そもそも性差がある。[10] 狩猟や、領土をめぐる争いへの参加など、太古の時代に与えられていた社会的役割を反映して、今でも男性は女性より身体的な暴力を振るうことが多い。また女性も暴力を振るうことはある。いずれにせよ、大多数の男性には思いやりがあり、あらゆる女性に思いやりがあるわけではないことは明らかで、男女どちらの側にも、健全なアフェクトを十二分に見出すことができる。

ポジティブなものであれ、ネガティブなものであれ、衝動に駆り立てられた行動には他にも制約がある。たとえばそれは、個人の気質にも依存するが、個人の気質は、遺伝、幼少期の成長や経験の如何、歴史的、社会的環境（そこでは家族構造や教育が際立つ）などの数々の要因が作用した結果として形成される。気質の発現は、その時の社会的環境や気候によっても影響される。[11] 協調的な戦略は、ホメオスタシスに依拠して構築された、人間の生物学的構成の一部をなしてきた。これは、人間集団には争いを起こす傾向とともに、争いを解決する能力の萌芽が組み込まれていることを意味する。しかし、健全な協力関係と破壊的な闘争のバランスは、文明による抑制や、市民を代理する公正で民主的な政治的ガバナンスに実質的に依存すると見るべきだろう。また文明による抑制は、知識、判断力、そしてわずかであっても、教育や、科学やテクノロジーの発達、さらには宗教的なものであろうが世俗的なものであろうが人文主義の伝統に基づく節制から得られる知恵に依存する。

強い意思に基づく文明社会の努力を阻害すれば、独自の文化的アイデンティティとそれに由来する心理的、身体的、社会政治的特質を持つ個人の集団は、自分たちが必要としているものや、望んでいるものを何としてでも手に入れようとするだろう。これこそ、集団があいまいな境界を持つ実体としてひとたび合一すると、ホメオスタシスに依拠して築かれた生物学的構成によって自然に促進されることなのである。特定の集団による他の集団の専制的な支配を除けば、破壊的な闘争を防いだり解決したりするための方法は、協調しかない。それは、争いの知的な調停者として機能し、最善の市民社会を特徴づけるものである。

人々のあいだの協調を促すためには、その試みを実践し結果を監視することのできる十分な教育を受けた市民とともに、恩恵が期待される市民に対して説明責任を負うリーダーが必要になる。政治的ガバナンスについて考える際には、生物学は無関係であるかのように思われるかもしれない。しかし、その見方は正しくない。政治的ガバナンスに必要とされる長期にわたる調停プロセスは、アフェクト、知識、理性、意思決定に関わる生物学的作用に必然的に埋め込まれている。つまり人間は、アフェクト、ならびにそれと理性を調整する装置の内部に必然的にとらわれているのである。この人間の条件から逃れるすべはない。

過去の成功は別として、文明的な努力が今日成功する見込みはどれくらいあるのだろうか？　考えられるシナリオの一つでは、個人、家族、独自の文化的アイデンティティを持つ集団、大規模な社会組織など、次元を異にする集団の構成単位のあいだでホメオスタシスの目的が異なるせいで、感情と理性の複雑な相互作用という、文化的なソリューションの発明を可能にしたまさにその道具の基盤がなし崩しにされ、文明的な努力は結局失敗に終わる。このケースでは、おりに触れて生じる文化の崩壊は、私たちの行動や心的特徴には人類以前の生物学的起源にさかのぼるものがあるがゆえに、言い換えると人間同士の争いを解決するための方法やその適用を阻害する、拭い去ることのできない原罪のようなものが人類には刻印されているがゆえに引き起こされる。

現代の私たちが手にしている文化的なソリューションやその適用は、生物学的な起源から切り離されてはいないがために、私たちが抱く高貴な最善の意図も挫折せざるを得ない。いくら教育を充実させても、この問題を解決することはできないだろう。私たちは、傲岸さのゆえに罰せられ、大きな岩を丘の頂に押し上げては、再び転がり落ちる岩をもう一度押し上げねばならないという苦行を永遠に続けなければならなくなったシーシュポスの運命に繰り返し足を引っ張られているのだ。

ＡＩやロボット工学に精通した歴史家や哲学者によって、この失敗のシナリオの補足説明が提起されている。[12]前章で見たように、彼らは、科学やテクノロジーの発達が人間の地位や人間性を低下させると見なし、超生命体の出現を予測する。さらには未来の生命体には、感情や意識の出る幕はないと予測する。ディストピアの到来を予言するその種の未来像の背景にある科学は疑わしく、おそらくその予測は不正確であろう。しかもたとえ予測が正確であったとしても、黙ってこの未来像を受け入れるべき理由はどこにもない。

別のシナリオでは、数世代にわたる文明社会による努力のおかげで、やがて協力関係が世界を覆うようになる。二〇世紀に起こった数々の悲惨なできごとにもかかわらず、人類の歴史は、多くの面でポジティブな発展を見てきた。私たちは、数千年間至るところで続いてきた文化的慣行である奴隷制を廃止し、今日ではまっとうな人間が奴隷制度を擁護するとはまず考えられない。プラトン、アリストテレス、エピキュロスらが活躍し、先進文化を誇ったアテネを私たちは当然のことのように賞賛するが、そこでは、およそ一五万の人口のうち、三万のみが市民であり、残りは奴隷であった。[13] 紆余曲折はあったものの、人類はその状況に目を向け、進歩してきたのだ。

教育は、広く解釈すると前進するための明確な手段である。健全で生産性の高い社会を築くことを目標とする、長期的な視野に立つ教育プロジェクトは、市民としてふさわしい倫理的な行動を促し、誠実さ、思いやり、共感、感謝、節度などの古典的な道徳的美徳を奨励する必要がある。また、ただ日常生活のニーズを満たすだけでなく、人間性の価値に関わる問題を解決していかねばならない。

他者や、より最近では他の生物や地球に対する関心の輪の広がりは、人類が直面している苦境に対する認識が高まっていることや、さらには、生命や環境をめぐる危機的な状況に、私たちが気づき始めたことをも意味している。統計データによれば、特定の形態の暴力は減少傾向にある。ただし、この傾向が今後も続くかどうかはわからない。このシナリオによれば、野蛮な人間の本性の最悪の部分はすでに飼い慣らされており、時間さえあれば、やがて文化は蛮行や争いを効果的にコントロールできるようになる。実にすばらしい見通しだが、文化的にいって、あまりにも多くの仕事がやりかけの状態にある。現代の社会文化的空間は、進化が基本的な生物学的レベルで数十億年をかけて完成させてきたホメオスタシスのニーズに適合するにはほど遠い状況にある。ホメオスタシスの作用を最適化するために進化は莫大な時間をかけてきた点に鑑みれば、人類が人間の本性を互いに共有するようになったたかだか数千年で、無数の多様な文化的集団のホメオスタティックなニーズを調和させることができるようになったとは考えにくい。このシナリオは、現代の問題を認めつつ、リベラルな民主主義の現状の危機を超えて、将来における前進に期待する。

人間の本性の暗い側面と明るい側面が対比されるのは、これが初めてではない。一七世紀の中盤に提起された、一般にはトマス・ホッブスに結びつけられている見方は、人間を孤独で意地が悪く野蛮な存在と見なしている。その一世紀後に登場した、ジャン・ジャック・ルソーによるものとされている人間性の見方は、それに対して人間を親切で高貴かつ無垢な存在と見なしている。やがてルソーは社会が天使のごとく純粋な人間を堕落させたと考えるようになるが、いずれの考えも部分的な真実にすぎない[14]。たいていの人間は、粗野、野蛮、狡猾、自己中心的、高貴、愚鈍、無垢、魅力的のいずれでもあり得る。これらすべてであろうとする人はいたとしても、それに成功する人はいない。人間性の明るい側面を強調する見方も暗い側面を強調する見方も、現在でも学問の世界に残存している。人間の尊厳に対する気づきが増し、進歩が可能だとする前述の理念は、おりに触れて挫折するという現実によって反駁される。哲学者で、まごうかたなき悲観論者のジョン・グレイはこの立場をとっており、彼の信じるところでは、進歩は幻想であり、啓蒙という神話を信じる人々によって発明された、人をあざむく歌なのである[15]。啓蒙には照明が当てられることのない暗い部分があり、二〇世紀の中盤にマックス・ホルクハイマーとテオドール・アドルノが論じたのも、それについてであった[16]。

とはいえ、現代という危機の時代にあっても、確かな理由から希望を見出することができる。というのも、いかなる教育的プロジェクトも、「教育は、私たちが切望するよりよい人間的状況をもたらすことがない」と言い切れるほど長期にわたって、広範に、そして十分に一貫して実施されてきたことなどないからだ。

未解決の問題

問題はあっても希望を見出せるのか、それとも問題含みで希望がまったくないのか、これら二つのシナリオのいずれが実現しそうなのかを決めることは不可能である。単純に、知られていないことが多すぎるのだ。とりわけデジタル通信やAIやロボット工学の発展、あるいはサイバー戦争の行き着く先は見通しがつけがたい。巨大な可能性を宿す科学やテクノロジーは、人類の未来の発展に大きく貢献するかもしれないが、凋落をもたらすかもしれない。いずれにせよどちらのシナリオをありそうに思うかは、かなりの程度本人の性格にもよるだろう。問題は、困難や不確実性の程度が著しく高いと、人々の気分や態度も、明るい側面と暗い側面のあいだで激しく揺れ動いてしまうことだ。それでも私たちは冷静に判断する能力を持っている。そしてその能力に従えば、次のように結論づけることができる。

人間の本性は二つの世界にまたがる。一つは、自然によって与えられた生命活動の調節の規則で構成され、その糸は痛みや快の見えざる手によって操られている。私たちは、規則やその基盤には気づかない。結果として生じる痛みや快に気づくだけである。規則の構成を変えることはできず、その意味では痛みや快という強い力が存在することをいかんともすることができない。また、星辰の運動を変えたり、地震を防いだりすることができないのと同様、その事実を変更することはできない。さらにいえば、自然選択が悠久の時間を費やしてアフェクトの装置を築き上げてきたという事実は変えようがない。そしてこのアフェクトの装置は、自集団に属するメンバーをも含め他者には部分的な配慮しかせず、おもに個人のレベルで痛みを軽減したり快を増大したりすることで、社会や個人の生活の大きな部分を支配してきたのである。

だが、もう一つ世界が存在する。私たちは、基本的な装置を補完する、文化的な形態による生命活動の管理方式を発明することで、生物学的に課された条件を迂回することができるし、実際にそうしてきた。その結果、自分たちの内部や周囲の世界を発見し、記憶や記録によって知識を保管し蓄積する瞠目すべき能力を獲得してきた。それによって状況は変わったのだ。私たちは蓄積した知識を思い起こし、それについて考え、知的な操作を加え、自然の規則に対するあらゆる種類の対応方法を発明してきた。皮肉なことに自分たちの力では変えることのできない生命活動の規則にまつわるものを含めて、獲得した知識は、私たちに配られた手札に対して、おりに触れて何らかの細工を加えることを可能にした。文化や文明とは、これらの営為を通じて蓄積されてきた成果に与えられた名称なのである。

自然によって課された生命活動の調節の規則と、私たちが発明してきた、それに対処する手段の懸隔を埋めることは非常にむずかしく、人間の状況は、しばしば悲劇的なものになったり、ときに喜劇的なものになったりする。ソリューションを考案する能力は、人間に多大な特権を与えるが、失敗したり高くついたりすることも多い。これは自由の重荷、あるいはより正確には意識の重荷といえるだろう。[17] そのような状況について知らなければ、つまりそれを主観的に感じることがなければ、まったく無関心でいられたことだろう。だが、ひとたび主観性に基礎を置く注意が、その状況に反応する役割を担うようになると、私たちはこのプロセスを、理解可能な個人的利害に基づいて歪曲させる。この関心の対象は、放っておけば自分に近しい人々の範囲に留まり、自分が属する文化的集団にかろうじて拡張される程度でしかない。この特質は私たちの営為を少なくとも部分的に挫折させ、実のところグローバルな文化システムのさまざまな局面でホメオスタシスを分断する。とはいえ、ホメオスタシスに関する努力を大々的に行なえるよう、自己利益のあくなき追求をコントロールするという救済策をここで提起できるかもしれない。東洋の哲学者たちは長く、この目標について考察してきた。またアブラハムの宗教〔ユダヤ教、キリスト教、イスラム教〕は利己的な関心を抑制することを目標にし、キリスト教は赦しと罪のあがないを促進して、その過程で思いやりや感謝の念を強調してきた。社会はやがて、世俗的あるいは宗教的な手段によって、得られる報酬の多い知的な利他主義を導入し、現代人の心を支配している自己中心的な考え方を置き換えることができるのだろうか？　また、その試みを成功させるためには、何が必要なのか？[18]

人間の本性の特異性は、次のような奇妙な組み合わせに由来する。一方では、私たちの手では変えようのない生命現象（たとえばニーズ、リスク、さらには痛み、快、欲望、性欲などの激しい衝動）は、知性を欠き、自らが置かれた状況を十分に把握する能力を持たない先祖の動物に由来する。それらの動物の個体や種《しゅ》の運命は、天賦の生物学的能力、とりわけそれをコードし行動を支配する遺伝子にゆだねられていた。そして種の運命は、次代に受け渡されるか、さもなければそこで種そのものが絶滅した。他方では、人間は次第に拡大していった認知能力のおかげで、自分が経験した快い感情や不快な感情を引き起こした状況を評価する能力を高め、遺伝子には記述されていない、前代未聞の多様かつ創造的な方法で目下の状況に対応できるようになった。それらの多様かつ創造的な方法は、文化的、歴史的、非遺伝的な媒体によって、直接的な伝達が可能であり、遺伝子に適用されるものにも匹敵するほど強力な選択の力に服する。ここには人間文化の強力な進化的斬新性、すなわち少なくとも一時的に、自己の運命に対する遺伝の絶対的な支配を否定する可能性を見て取ることができる。私たちは、食物や性に対する嗜好に身を任せることを拒否したり、他者を罰しようとする衝動に逆らったり、自然な性向（子どもを生もうとする、酔っ払いの水夫のごとくどんちゃん騒ぎをしようとするなど）に流されないよう命じる訓戒に従ったりするとき、遺伝的な命令に意図して直接的にそむいているのである。また、それと等しく斬新な事実として、口頭もしくは文書による文化的な発明の伝承を通じて、歴史の推移に関する記録を残し、反省や理論化を行なうことが可能になった点をあげられる。その効果は絶大であった。今日では、生命活動、遺伝子、文化の背後にある物理的な力と化学的な力は、選択のプロセスに服しながら、頻繁に相互作用し合っている。

しかし、輝かしき斬新性、科学やテクノロジーの発達、情報に基づいて反省する手段を得たにもかかわらず、世界における自己の位置を把握する能力のみならず、自然をコントロールする能力も依然として不完全であるばかりか不十分でもある。苦しみを減らし健康を増進する私たちの能力は限られていると同時に、安定していない。私たちは、よき人生を送るために、道徳規範、宗教、政治的ガバナンス、経済、科学、テクノロジー、哲学、芸術などのさまざまな装置を考案するよう動機づけられてきたが、これらの装置は、間違いなく私たちの福祉の向上をもたらしてきた。しかしそれと同時に、それらの装置のなかには、単純なものであれ複雑なものであれ、自発的なホメオスタシスの調節作用と対立するがゆえに、計り知れない苦しみ、破壊、死をもたらしてきたものもある。人類は、不正義や暴力が永久に追放された、理性と安定の時代に突入したと宣言しておきながら、ひどい不平等や戦争の悲惨が、さらに激しさを増して戻ってくるのを繰り返し目撃する破目《はめ》になった。

ここに見られる悲劇は、二五〇〇年ほど前の古代ギリシアの演劇によって、みごとにとらえられている。そこでは、登場人物に降りかかってくる困難は、自らの意思決定ではなく、人間にはコントロールが不可能な気まぐれな神々の力によって必然的に引き起こされる。オイディプスは、自分の父親をそうとは知らずに殺し、自分の妻が実は母親であることを予見するすべを持たなかった。彼はそれらの行為を、のちに盲人になるという自分の運命を予兆するかのごとく盲目的に実行させられたのである。

その状況は、シェイクスピアがよりいっそうの深みを増して、それと同じ悲劇の精神に回帰した一六世紀になってもほとんど変わらなかった。たとえば、『マクベス』『オセロー』『コリオレイナス』『ハムレット』『リア王』における、機械仕掛け《エクス・マキナ》の邪悪な情動の扱いにそれを見て取ることができる。これらの悲劇の色調が少しでも緩和されるとすれば、それは『ヘンリー四世』や『ウィンザーの陽気な女房たち』に登場するファルスタッフの持つ哀愁を帯びたほろ苦さによってのみである。ジョン・ファルスタッフは、後悔とノスタルジアをもって、わが身に降りかかった災厄と陽気な騒ぎを振り返る。悲劇と喜劇が渾然一体となった彼の姿は、彼が生きる状況のみならず、現代に生きる私たちが置かれている状況をも映し出している。

演劇と音楽を結びつけることでギリシア悲劇の設定を復刻する一九世紀のグランドオペラが、悲劇と、それと対置される喜劇という構図に回帰したことは実に興味深い。ヴェルディは、『マクベス』や『オセロー』をもとにしたオペラの傑作を生み、明るく啓発的なオペラ作品、すなわちシェイクスピアが造形した人物ファルスタッフを主人公に取り上げながら、みじめな零落の描写を省き、その代わりに歓喜に満ちたコーダで幕を閉じる作品を残してオペラ作家としての経歴を終えている。人類が同じ環境のもとで暮らし、誰もが似たような生涯を送るようになってからでさえ、人間の本性に関してたった一つの見方が支配したことはない。つねに差異が人間を支配しているのだ。[19]

演劇の用語を借りると、人類の全体的な状況は、悲劇から喜劇の幕間劇をはさんで平凡なドラマへと少しばかり移行した。自己決定と運命のあいだのバランスは、明らかに私たちに有利な方向へ傾いてきた。それでも私たちはいつのときにも、自分たちが作り出したわけではない疾病に苛まれ、犯したくない間違いを犯している。

昔と大きく違って現在では、人間の本性に関する知識は莫大な量にのぼり、また私たちは、かつてより人間性にあふれた知的戦略を立てられる。そこに、一筋の光明を見出すことができる。このアプローチは、「理性がすべてを支配すべきである」とする概念を、まったくの愚かな考え、行き過ぎた最悪の合理主義の残滓にすぎないと見なすが、それと同時に、知識や理性のフィルターがかかっていない親切心、思いやり、怒り、嫌悪などの情動を、無条件に推奨する見方をも否定する[20]。また、感情と理性の生産的な関係を育み、有益な情動を強調し、有害な情動を抑制する。最後にもう一点つけ加えておくと、それは人間の心をＡＩと同等のものと見なす考えを否定する。

生命を救済する万能の手段など存在しないかもしれず、それに向けた人間文明の努力の結果はまだわからないとしても、短期的な救済手段ならあるかもしれない。たとえば幸福を追求する熟慮された手段をあみ出し、人間全体に降りかかってくる痛みを回避することならできるかもしれない。それには、人間の尊厳や人の命の尊重を神聖にして侵すべからざるものとして擁護する必要がある。また、直接的なホメオスタシスのニーズを超越し、未来を志向する心の啓発や改善を目指す一連の目標を設定することが求められる。もちろん、人間社会の多様さや、その変化の速さを考えると、そのような救済手段を実現するための社会構造を構築することは、容易ではないが。

戦略的な幸福の追求は、自発的に生じるものと同様、感情に基礎を置く。幸福の追求の背後にある動機、すなわち生きることで生じる快や苦は、感情抜きにはあり得ない。痛みとの格闘や欲望の認識のおかげで、快いものであろうが不快なものであろうが、感情は知性に焦点を置き、それに目的を与え、生命活動を調節する新たな手段の創造を導くことができるようになった。感情と、拡張された知性は、強力な錬金術を生んだ。生物学的な装置から人間を解放し、文化的な手段を介して、ホメオスタシスの調節を行なえるようにした。思うに人類は、簡素な洞窟のなかで歌をうたったり、フルートを発明したりして、状況に応じて他者を誘惑したり慰めたりするようになったとき、この新たな試みに一歩を踏み出したのだ。同様に、感情と拡張された知性が、モーゼという人物になって山上で神の戒めを拝受したとき、仏陀の名のもとで涅槃の境地を開いたとき、孔子の姿をとって倫理的な訓示を示したとき、あるいはプラトンやアリストテレスやエピキュロスとなって、よく生きることについてアテネの市民に向けて語り始めたときに、この新たな歩みが開始されたのである。そしてこの仕事は、決して終わることがない。

感じられることのない生命は、救済を必要としないだろう。感じられながら知性によって吟味されることのない生命は、救済し得ないだろう。感情は、無数の知性の船を出帆させ、その舵取りをしてきたのである。

第13章　進化の意外な順序

本書のタイトル『進化の意外な順序』〔原題は *The Strange Order of Things*〕は、次の二つの事実に基づく。一つは、早くも一億年前には、数種の昆虫が、人間の社会と比べても文化的と呼べるような行動、実践、道具を発達させていたという事実である。もう一つは、さらに時をさかのぼった数十億年前には、単細胞生物でさえ、人間の社会文化的な行動に概略が一致するような社会的行動を見せていたという事実である。

もちろん以上の事実は、「生命活動を改善できるほど高度な社会的行動などといった複雑な現象は、それに必要とされる洗練性を享受できるほど、複雑さにおいて十分に人間に近づいた、高度に進化した生物の持つ心のみから生じ得る」とする従来の見方とは矛盾する。本書で取り上げた社会的特徴は、生命の歴史の初期の頃にすでに出現し、生物圏《バイオスフィア》において豊かに存在していたのであり、そのために人類の登場を待つ必要はなかった。この順序が奇妙なもの、少なくとも意外なものであることに間違いはなかろう。

詳細に眺めてみると、これらの興味深い事実の背後には、たとえば一般に人間の知恵や成熟度に結びつけて考えられている効果的な協調行動を見出せることがわかる。しかし協調的な戦略は、賢明で成熟した心の出現を待つ必要はなかった。そのような戦略はおそらく、生命の誕生と同じくらい古くから存在していたのかもしれず、それをみごとに示しているのが、大きな既存の細菌と、それに取って代わろうとする押しの強い新興の細菌という、二種の細菌のあいだで取り交わされた便宜的な盟約である。二種の細菌の戦いは引き分けに終わり、新興の細菌は既存の細菌の協力的な手下の役割を果たすようになったのだ。細胞核を持つ真核生物や、ミトコンドリアのような複雑な細胞小器官は、このような方法で取り引きしながら誕生したと考えられる。

これらの細菌は、心、ましてや賢い心など持たない。押しの強い新興の細菌は、「やつらに勝てないのなら、仲間になればよい」と結論したかのように、また、既存の細菌は、「役に立つものを提供してくれるのなら、この侵略者を受け入れてもよかろう」とでも考えたかのように振る舞った。もちろんいずれの細菌も、思考する能力など持ってはいない。心のなかで反省が行なわれたわけではなく、既存の知識をもとにした考察、狡知、親切心、公正さ、外交的懐柔などとはまったく縁がなかった。この問題の方程式は、プロセス自体の内部から盲目的にボトムアップで解かれ、結果的に両陣営に恩恵がもたらされる選択肢となったのだ。そしてこの選択肢は、ホメオスタシスの規則に則って得られた。これは魔術でも何でもなく、環境との物理化学的な関係という文脈で細胞内の生命活動のプロセスに適用される、具体的な物理化学的制約に基づいていた。つけ加えておくと、この状況にはアルゴリズムの概念が適用できる。繁栄を謳歌している生物の遺伝装置は、その生物の戦略が未来世代にも利用できることを保証する。うまく機能しない選択肢は進化の巨大な墓場に埋もれてしまうので、私たちがその事実を知ることはない。

協調という興味深いプロセスは、もちろん他個体の補助なしに単独で成立したりはしない。細菌は細胞膜に設けられた、化学物質を検知する探針《プローブ》のおかげで他個体の存在を感知できる。さらには、プローブの分子構造を介して近縁個体をそうでない個体から識別することさえできる。この働きは、私たちが持つ感覚知覚の簡素な先駆けと見なすことができ、イメージに依拠する聴覚や視覚より味覚や嗅覚に近い。

この意外な出現順序は、ホメオスタシスの底知れぬ力を明らかにする。ホメオスタシスの絶対的な規則は、生命活動の管理をめぐって生じる数々の問題に対する、利用可能な最善の行動ソリューションを試行錯誤で選択する。生物は意図せずして、環境における物理作用や体内で生じる化学作用を探索してふるいにかけ、生命を維持し繁栄するための、少なくとも妥当な、たいていはすぐれたソリューションを手に入れる。しかも驚くべきことに、生命の乱雑な進化の別の時点で、同様な問題に逢着《ほうちゃく》した場合、再び同一のソリューションが見出されてきた。特定のソリューションや図式、言い換えると一定の必然性に向かう傾向は、生物の構造や環境との関係に由来し、ホメオスタシスに大きく依存する。これらはすべて、ダーシー・ウェントワース・トムソンが著した、成長と形態（たとえば細胞、組織、卵、殻などの形態や構造）を論じた書物を思い起こさせる。[1]

協調は競争と対になって進化し、もっとも生産的な戦略を用いる生物を選択するよう導いた。その結果、今日私たちが、自己の利益をある程度犠牲にして協調的に振る舞い、その行為を利他的と呼んだとしても、人類自身が、親切心からその種の協調的な戦略を発明したのではない。この戦略は古くから存在し、進化の歴史のなかで意外なほど早く生じた。しかし、間違いなくそれとは異なり「現代的」なのは、人間には、利他的な反応によるかよらないかは別として、解決が可能な問題に遭遇すると、心のなかでそのプロセスを考えたり、感じたりし、とるべき手段をある程度熟慮して選択する能力が備わっているという事実である。ひとことでいえば、私たちは選択肢を手にしている。利他主義を是認してそれによる損失を耐え忍ぶこともあれば、拒絶して、少なくともしばらくのあいだは何も失わないか、何らかの利益を得ることさえある。

利他主義の問題は、初期の「文化」と、成熟した文化の違いを明確に示してくれる。利他主義は盲目的な協力関係に由来するが、換骨奪胎し理性的な戦略として家族や学校で教えることができる。思いやり、賞賛、畏怖、感謝の念などの有益な結果をもたらす情動と同様、利他的な行動は、社会という文脈のもとで奨励、実施、訓練、実践することができる。が、できないケースもあり、つねに機能するという保証はどこにもない。それでも、教育を介して利用可能な理性的資源としてつねに存在している。

初期の文化と成熟した文化の相違のもう一つの例は、利益という概念にも見出すことができる。細胞は、はるか昔から文字どおり利益を追求してきた。つまり、正のエネルギーバランスを得るべく、代謝を管理してきた。生命活動において真に成功した細胞は、正のエネルギーバランス、言い換えると「利益」を生むのに長けている。しかし利益は自然であり一般に有益であるという事実は、それが文化的にもよいものであることを必ずしも意味するわけではない。文化は、自然の事物の良し悪し、ならびにその程度を決定することができる。貪欲は利益と同様に自然なものであるが、ゴードン・ゲッコー〔映画『ウォール街』に登場する貪欲で腹黒い投資家〕が断言するところとは異なり、文化的によいものではない[2]。

高度な能力が意外な順序で出現したもっとも典型的な例は、感情や意識の誕生に見出すことができる。感情と呼ばれる洗練された心的現象が、人間に限られるとはいわないとしても、もっとも大きな進化を遂げた生物にのみ出現するという見方は、ばかげてはいないが、単純に正しくない。同じことは意識にも当てはまる。意識を特徴づける主観性は、自己の心的経験を所有し、それに個人的な視点を与える能力を指す。現在でも、主観性は高度な発達を遂げた人間以外の生物には生じ得ないとする考えが流布している。さらには、感情や意識のような洗練されたプロセスは、最高度の進化を遂げた中枢神経系の構造、すなわち輝かしき大脳皮質の作用のみから生じると、間違って想定されている。脳に興味を抱く一般読者のみならず、著名な神経科学者や心を論じる哲学者も、問答無用で大脳皮質を最重要なものと見なす傾向にある。現代の科学者による「意識に相関した脳活動」の熱心な探求は、もっぱら大脳皮質を対象にしているだけでなく、視覚プロセスに焦点を絞っている。視覚プロセスはまた、心を探究する哲学者が、心的経験、主観性、クオリアについて議論する際の拠りどころにされている。

しかしこのような広く流布した見方は、あらゆる点で間違っている。感情や主観性が生じるかどうかは、それに先立って、中央処理装置を持つ神経系が出現するかどうかに依存すると考えられるが、その仕事をするのが大脳皮質でなければならないといういかなる理由もない。それどころか、大脳皮質の下に位置する脳幹や終脳の神経核は、感情、さらには意識を理解するうえで欠かせないクオリアを支える重要な構造として機能する。意識という点になると、ここまで取り上げてきた重要なプロセスのうちの二つ、すなわち仮想身体《ファントム》による視点の構築と経験の統合のプロセスのみが、おもに大脳皮質に依存すると考えられる。さらにいえば、感情と主観性の出現は最近のできごとなどではなく、ましてや人間だけに見られるのでもない。カンブリア紀以前の、はるか太古の時代に起こった可能性もある。あらゆる脊椎動物が、種々の感情の意識的な経験者である可能性があるばかりでなく、脊髄と脳幹に話を限れば、中枢神経系の設計が人間のものに類似するいくつかの無脊椎動物にも、それは当てはまる。社会性昆虫や、私たちのものとは大きく異なる脳の設計を持つタコも、その資格を持っているのではないかと考えられる。

感情と主観性は太古の時代から存在する能力であり、その出現は、脊椎動物や、まして人間が備える高度な大脳皮質には依存していなかった。この結論は否定すべくもない。これは意外に思われるかもしれないが、現実はさらに意外だ。カンブリア紀よりはるか以前の時代に、単細胞生物は自身の統合性を損なう損傷に対して、安定を回復させるための化学的、物理的な防御反応を示すことができた。たとえば物理的な反応としては、ひるむ、たじろぐなどといった行動に似た反応を見せていた。そのような反応は、実際には感情表出反応ともいえるもので、のちの進化の過程で、感情として心的に表象されるようになる、一種の行動プログラムと見なすことができる。奇しくも、視点取得のプロセスでさえ、その起源は非常に古い可能性がある。単細胞生物が行なう感知や反応は、その「個体」に固有の暗黙の視点が備わっていることを前提とする。ただし、この視点は別のマップ上に二次的に表象されるわけではない。この能力は主観性の祖先、すなわちやがて心を備えた生物にはっきりと出現する主観性の萌芽と見なすことができよう。とはいえ、これらの初期のプロセスは確かに輝かしきものではあるが、徹頭徹尾行動であること、すなわち賢明で有用な動作に関するものである点を強調しておく。私の見る限り、そこに心的な要素や経験的な要素は認められない。心もなければ感情もなく、もちろん意識もない。私は、ミクロの生物の世界をめぐる新たな発見に対してオープンな姿勢を保っているつもりだが、近々、ミクロの生物の現象学を論じた記事を読む日が来ることはないと考えている(3)。

要するに、私たちにとっての感情や意識になるものは、徐々に、ただし進化の歴史のさまざまな系統に沿って不規則に形成されてきたのである。単細胞生物、海綿、ヒドラ、頭足類、哺乳類に、社会的行動やアフェクトに基づく行動が共通して見られるという事実は、生命活動の調節をめぐる問題には共通の起源があり、ホメオスタシスの規則に従う同一のソリューションが共有されてきたことを示唆する。

ホメオスタシスの規則を充足する機能が付加されてきた背景には、神経系の出現という重大なできごとが存在する。神経系は、ものごとの構造に関する「類似した」表象を立てるためのイメージングとマッピングに至る道を開いた。神経系は過去も現在も単独で機能しているのではなく、複雑な生物の生産的な生命活動を、ホメオスタシスの規則に従って維持するという、より大きな仕事を手伝う召使であったにせよ、神経系の誕生は、深い意味で革新的なできごとだったのだ。

以上の考察は、心、感情、意識の出現の意外な順序に関して、重要だが微妙で見逃しやすいもう一つの点へと私たちを導く。それは、神経系の個々の部位も、脳全体も、心的現象の唯一の製造者でも供給者でもないという考えだ。神経的な現象だけが、心のさまざまな側面を構築するのに必要な機能的背景をなすとは考えにくい。また、感情に関していえば確実にそうではあり得ない。生物では、神経系とそれ以外の身体構造の双方向の密接な相互作用が必要とされ、神経系と非神経系の構造やプロセスは、単に隣接し合っているばかりでなく、相互作用する連続的なパートナーなのだ。携帯端末に埋め込まれたチップのように、互いに信号を送り合うだけのよそよそしい装置とはまったく異なる。とどのつまり脳と身体はともに、心の存在を可能にしている同じスープに浸されているのである。

ひとたび「身体と脳の関係」が新たな光のもとで眺められるようになると、哲学や心理学における無数の問題に生産的にアプローチすることができるようになった。古代ギリシアのアテネに始まり、デカルトによって擁護され、スピノザの痛烈な批判を跳ね返し、コンピューターサイエンスに貪欲に利用されてきた二元論は、過去のものにならんとしている。たった今必要とされているのは、生物学的に統合された視点である。

私が自分の経歴を開始するにあたってテーマとして選んだ、心と脳の関係ほど、大きく変化してきた考えはない。私は二〇歳の頃、ウォーレン・マカロック、ノーバート・ウィーナー、クロード・シャノンの著作を読み始め、運命のいたずらでノーマン・ゲシュヴィントとともにマカロックが、アメリカにおける私の最初の師になった。神経科学、コンピューターサイエンス、AIの大きな成功への道が開けた当時は、科学にとって革新的で熱気にあふれた時代であった。しかしあとから振り返ってみると、人間の心とはどのようなものなのかという問いに関しては、いかなる現実的な見方も提起されなかったことがわかる。関連する理論が、ニューロンの活動を生命プロセスの熱力学から切り離して、無味乾燥な数学的記述に終始していた当時にあっては、それも当然であろう。心の形成という点になると、ブール代数に基づく説明には限界がある。(4)

人間においてであれ、人間以外の動物においてであれ、生体内のさまざまなシステムの作用を監視し、過去の実績と現状に基づいてそれらの作用の今後の有用性に関する予測を立てる際に、大脳皮質が利用された（大脳皮質の出現を待つ必要は必ずしもなかったが）。いわば「監視」役を与えられたのだ。

末梢神経系の構造や機能について触れた際、私は、神経系と生体の驚くべき連続性と相互作用に依拠して、神経線維が身体のあらゆる部位を「訪れ」、末梢における局所的な作用の状態を、脊髄神経節、三叉神経節、さらには中枢神経系の神経核に報告していると述べた。つまり、神経線維はある意味で生体という広大な敷地の「調査官」なのである。その点では、身体全体をパトロールして、生体から遠ざけておかねばならない細菌やウイルスの侵入者を見つけ出す役割を担う免疫系のリンパ球も同じだ。脊髄、脳幹、視床下部のいくつかの神経核は、かくして集められた情報に反応し、必要ならそれに基づいて防御手段を講じるために必要とされるノウハウを蓄えている。また大脳皮質は、すでに蓄積されている一連の関連データを精査し、次に何が起こるかを予測する。その際、内的機能の悪化も予期することができる。こうして得られた有益な予測は、ここまで見てきたように、感情という形態で示される。もう一度明確にしておくと、感情とは、特定の身体領域に由来する生のデータや、身体全体との関連で得られた包括的なデータを融合することで生じる、複雑な心的経験である。(5)

最近、コンピューターサイエンスやAI研究の分野では、最先端のテクノロジーを用いた発明として、ビッグデータとその予測能力について語ることがトレンドになっている。だが前述のとおり、人間のみならず他の動物のものも含め脳は、これまで長く高度な神経レベルでホメオスタシスを操作する「ビッグデータ」処理装置であり続けてきた。たとえば議論の成り行きを直感するとき、私たちは「ビッグデータ」支援システムをフルに活用している。そこでは、監視の働きを通じて記憶に刻まれた過去のデータと、予測アルゴリズムが用いられている。

監視と諜報に関して現代の政府機関、ソーシャルメディア、企業が手にしている計り知れない能力は、もともと自然が持っていた力の現代版にすぎない。自然がホメオスタシスに資する監視システムを発達させたからといって、それを非難することはできない。しかし、自己の権力や利益のために監視システムを再現する政府や企業は、批判の対象になってしかるべきだ。まさしく問題を指摘し判断することこそが、文化のきわめて重要な営為の一つなのだから。

これら文化関連の事象の出現順序は、直感に合致せず実に意外なものだ。それでもいくつかの例外がある。哲学的探究、宗教的信念、道徳体系、芸術は、進化の歴史の遅い時期に登場し、人類のあいだで広がったと誰もが予想するだろう。この予想ははずれていない。

ものごとの意外な出現順序を考えたときに目に入って来る全体像は、今やはっきりしてきたはずだ。生命の歴史のほとんどの期間、具体的にいえばおよそ三五億年以上のあいだ、さまざまな生物種が周囲の世界を感知してそれに反応する能力を獲得し、知的な社会的行動を示してきた。また、より効率的に生きたり、寿命を延ばしたりする装置や、子孫に繁栄の秘訣を受け渡すことを可能にする生物学的装置が蓄えられてきた。しかしこれらの能力や装置は、心や感情や思考の先駆けにすぎず、そのものではない。

そこに欠けていたのは、生体の内外に現実に存在する事象の類似性を表象する能力である。イメージや心の世界が出現する条件は、およそ五億年前に現われ始めたが、人間の心はごく最近、おそらくはたった数十万年前に出現したにすぎない。

初期のアナログ形態の表象作用の誕生は、種々の感覚モードに基づくイメージの出現を可能にし、感情や意識へと至る道を開いた。のちに、シンボルを用いた表象によって記号《コード》や文法が生まれ、言葉や数学に至る道が開けた。それに続いて、イメージに基礎を置く記憶、想像、反省、探究、識別、創造の能力が生まれた。文化は、それらの主たる顕現なのである。

現代の生命や、それが持つ文化的な道具や実践は、感情や主観性、ましてや言葉や意思決定能力など存在していなかった太古の時代の生命に、(簡単ではないとしても)結びつけられる。これら二種類の現象は、すぐに袋小路に迷い込みそうな複雑な迷路を通って結びつけられるようになった。それを導くアリアドネの糸は、あちこちに見出すことができる。生物学、心理学、哲学の役割は、この糸が切れないようにすることだ。

生物学の知識の増大にともなって、心と意図に導かれた複雑な文化生活が、心を欠く自動的な生活に堕してしまうのではないかと怖れられるようになってきた。私は、そうは思わない。そもそも生物学の知識の増大は、文化と生命活動のプロセスの結びつきの強化という、それとはまったく異なる結果をもたらすだろう。また、それによって文化の豊かさや独自性が失われることはない。さらにいえば、生命に関する知識や、私たちが他の生物と共有する生物学的な素材やプロセスに関する知識が増えたからといって、人間の生物学的特異性が損なわれたりはしない。繰り返すと、他の生物と共有するあらゆる能力を超えて人間が例外的な地位を占めていることに疑いはなく、その地位は、苦しみや喜びが、個人的、集合的な過去の記憶と未来に向けられた想像力によって増幅されるという、独自の存在様式に由来する。分子からシステムに至る生物学の知識の増大は、人間主義的な営為を強化するはずだ。

もう一点繰り返しておくと、人間の行動に関して自律的な文化の影響を強調する見方と、遺伝によって伝達される自然選択の影響を強調する見方のあいだに矛盾はない。どちらの影響も、異なる比率と順序で独自の役割を果たしているのである。

本章は、人間性の理解を深めるために、さまざまな能力の出現の順序を再考してきたが、その意外さを示し、従来とは異なった視点から心、感情、意識などの現象を説明するために、従来の生物学と進化論的思考を適用してきた。それに関して、最後に二点ほど指摘しておこう。

第一に、科学の強力な新発見の影響のもとでは、やがて容赦なく切り捨てられるはずの未熟な見解や解釈に魅力を感じるのはごく自然なことだ。私には、感情や意識の生物学や、文化的な心の起源に関する自分の見解を擁護する準備がある。とはいえ、それらの見解を訂正する必要が近い将来出てくる可能性があることも自覚している。二点目は、次のとおりである。私たちは今や、生物の持つ特徴や機能、そしてその進化についてある程度の確信を持って語ることができる。また、宇宙の起源をおよそ一三〇億年前に位置づけることができる。しかし、宇宙の起源や意味を満足に説明する科学的理論、すなわち私たちに関係するあらゆるものごとを説明する科学的理論は存在しない。この事実は、私たちの知的営為がいかにささやかで一時的なものであるかを、また未知の事象に対処するにあたり、もっと心を開く必要があることを思い出させてくれる拠りどころになるだろう。

謝辞

本の執筆には、計画と省察の長い構想期間が必要とされる。だが、机の前にすわって書き始める日はいつか来る。私は、これまでに書いた本すべてに関して、それがいつどのような状況のもとで書き始められたのかを鮮明に思い出すことができる。それぞれの本が書かれるきっかけになった要因を思い出すべく、そのような記憶に立ち返ってみることもしばしばある。本書の場合それは、フランスはプロヴァンス地方で起こった。私たちの友人であるローラ&エマニュエル・ウンガロの自宅を訪問したときのことだ。そこで私は、ある種の傷が創造性を高めることが多いのはなぜかに関して、エマニュエルと語り合っていた。そのときジャン・ジュネの興味深い著書『アルベルト・ジャコメッティのアトリエ』に話が及んだ。ピカソが、芸術的な創造について書かれた史上最高の書物だと見なしていた本だ。「美の起源は、各人各様の特異な傷以外に存在しない。隠されたものであれ、あらわなものであれ」というジュネの言葉は、「文化的なプロセスのカギを握るのは感情である」という考えにみごとに符合する。それから私は本格的に本書を書き始め、一年後にまったく同じ場所で、別の友人ジャン＝バティスト・フィンに最初の草稿を見せて、それについて説明したことを覚えている。

私は本書の前半部を、フランスの別の場所、バーバラ・グッゲンハイムとバート・フィールズの自宅で書いた。快適な環境とインスピレーションを与えてくれた友人たちに感謝したい。

ここでタイトルに関して一点明確にしておきたい。友人の何人かは、最初に本書のタイトルを耳にしたとき、それがミシェル・フーコーへの言及なのかと尋ねてきた。彼らがそう尋ねてきた理由はわかるが（フーコーは『*Les Mots et les Choses*（言葉と物）』という本を執筆しているが、英訳には『*The Order of Things*』というタイトルがつけられている）、本書のタイトルはフーコーとは何ら関係がない。

学問上のわが家は、南カリフォルニア大学（ドーンサイフ・カレッジ・オブ・レターズ・アーツ＆サイエンス）にある。脳・創造性研究所の何人かの同僚は、丹念に草稿全体を読んでいくつかの箇所について細かくコメントしてくれた。彼らのコメントから私は多くを学ぶことができた。同僚全員に深く感謝したいが、キングソン・マン、マックス・ヘニング、ジル・カルバルホ、ジョナサン・カプランにはとりわけお世話になった。重要なコメントや激励を与えてくれた他の同僚には、モルテザ・デガニ、アサル・ハビビ、メアリー・ヘレン・イモアディーノ＝ヤン、ジョン・モンテロッソ、ラエル・カーン、ヘルダー・アラウジョ、マシュー・サックスらがいる。

さまざまな分野を代表する他の寛大な同僚たちにも、多くの貴重なコメントをいただいた。数年にわたり私の考えの発展を支えてくれたたぐいまれな研究者マニュエル・カステルを始めとして、スティーヴ・フィンケル、マルコ・フェルヴァイ、マーク・ジョンソン、ラルフ・アドルフス、カメロ・カステロ、ジェイコブ・ソル、チャールズ・マッケンナらをあげることができる。彼らが提供してくれたすばらしい学問的支援と、知的な助言に感謝したい。

次の方々も、草稿の一部を読んだり、さまざまな問いに答えてくれたりした。キース・バヴァーストック、フリーマン・ダイソン、マーガレット・レヴィ、ローズ・マクダーモット、ハワード・ガードナー、ジェーン・イセイ、マリア・デ・ソーザの諸氏である。

次の友人たちは、本書を辛抱強く読んでコメントをし、また毎度悩ましい作業と化すエピグラフの選択に関する私の考えに聞き入ってくれた。ジョリー・グラハム、ピーター・サックス、ピーター・ブルック、ヨーヨー・マ、ベネット・ミラーの諸氏である。

本書が大きく依拠する研究は、二つの財団の支援のおかげで可能になった。数十年にわたり生物学の研究を支えてきた模範的な支援団体メイザーズ財団と、バーグルエン財団である。後者の代表ニコラス・バーグルエンは、人間の本性に関して尽きぬ関心を抱いている。私を信頼し支援してくれた両財団に、お礼の言葉を述べたい。

パンテオン社のダン・フランクは、教養と賢明さを感じさせる、とても落ち着いた声で話す。分岐点に差し掛かって、どちらか一方の道を選ばなければならなくなったとき、そばにいてほしくなるような人物だ。心から感謝の言葉を述べたい。また彼のオフィスに勤めるベッツィー・サリーの気配りの行き届いた助力にも感謝したい。

三〇年以上にわたる親友で、およそ二五年にわたって私のエージェントを務めてくれたマイケル・カーライルは、真のプロフェッショナルであり、暖かい心の持ち主だ。彼とインクウェル社のチーム、とりわけアレクシス・ハーレイに感謝の言葉を述べる。

私は、デニス・ナカムラに多くを負っている。彼女の細部への目配り、信頼度、忍耐力は模範的なものだ。脳・創造性研究所の事務所を円滑に運営しているシンシア・ヌニェスにも感謝したい。彼女はつねに、何か問題が起こるとただちに対処してくれた。彼女たちの貢献のおかげで、私は草稿を完成させることができた。また草稿の一部をタイプし、参考文献の準備を手伝ってくれたライアン・ヴェイガにもお礼の言葉を述べる。

最後にハンナに感謝しなければならない。彼女は、私が書いたものすべてを読み、私の最善の、つまりもっとも手厳しい批評家になってくれた。すべてのステップにおいて、ありとあらゆる方法で貢献してくれた。私はいつも彼女を共著者にしようと説得しているのだが、私のこの願いを聞き入れようとはしない。もちろん、彼女には最大の感謝の言葉を捧げたい。

訳者あとがき

『進化の意外な順序』は、*The Strange Order of Things: Life, Feeling, and the Making of Cultures* (Pantheon Books, 2018) の全訳である。著者のアントニオ・ダマシオは著名な神経科学者で、南カリフォルニア大学で教鞭をとっている。邦訳にはすでに、『デカルトの誤り――情動、理性、人間の脳』田中三彦訳、ちくま学芸文庫、二〇一〇年)、『自己が心にやってくる――意識ある脳の構築』山形浩生訳、早川書房、二〇一三年)など多数あり、脳科学に関心を持つ読者なら、実際に著書を読んだことがあるか否かは別として、その名をよくご存知のことだろう。とはいえ本書は、著者の専門領域である神経科学を大きく超えて、細胞生物学から脳科学を経て文化、社会に至るまできわめて広範なトピックを扱っており、著者がこれまで行なってきた研究の応用集大成ともいえるような内容になっている。大雑把にいえば、第1部では細胞生物学的なミクロの事象から神経系の誕生までが、第2部では高度な神経系の発達にともなって生じた心、感情、意識などの生物学的現象が、そして最後の第3部では文化や社会などのマクロの社会学的事象が取り上げられている。

本書の主題をひとことでいえば、「生物学的観点から見たとき、細菌のような単細胞生物から高度な文化を持つ人類に至る進化は、どのような作用、機能、メカニズムが、いかなる順序で出現することによって可能になったのか」を検討することにある。図式的に表わすと、この順序とはおおむね、ホメオスタシス（単細胞生物でも作用している）→全身体システム（多細胞生物の登場以後）→全身体システムの内分泌系、免疫系、循環系、神経系への分化→神経系によるイメージ（表象）形成能力の獲得→感情→主観性→意識→文化（言語を含む）になる。訳者の印象では、これらの概念のなかでもキーワードになるのは「ホメオスタシス」「身体」「感情」であるように思われる。神経系も重要な要素ではあるが、ソマティック・マーカー仮説で知られる著者は、神経系を特権的な地位に据えることはせず、神経系が既存の身体と連携することで感情、主観性、意識、文化の進化がもたらされたとしている。ちなみにこの順序は歴史的、継時的なものではあるが、同時におおむね構造的なものとしてもとらえられるだろう。したがってたとえば、ホメオスタシスは全身体システムの登場とともにそれに置き換えられたということではなく、現在の私たちの体内においても他のすべての作用の基盤をなしている。だからそれなくしては感情も意識も、それどころか生存に必要な身体の機能も失われる。つまりその人は死ぬだろう。次にこれら三つのキーワードについて簡単に説明しておこう。

まずホメオスタシスから説明すると、著者は、人類文化の登場に至る進化の過程の根源には「ホメオスタシス」が横たわっていると見なしており、この「ホメオスタシス」の概念が、本書全体を通じて一種の通奏低音として流れている。著者はこの用語を、従来の定義を超えて「何があっても生存し未来に向かおうとする、思考や意思を欠いた欲求を実現するために必要な、連携しながら作用するもろもろのプロセスの集合（48―49頁）」という意味で用い、このプロセスは原初の細菌の細胞レベルですでに作用していると主張する。先にあげた進化の順序からもわかるとおり、ホメオスタシスがまず存在していなければ、以後の進化はなかったことになる。

身体（body proper）は、本書の定義では神経系を含まない。著者はこの神経系を除外した身体に、次に説明する感情の形成をめぐって独自の意義を与えている。それについて簡単に説明しておくと、著者は身体の領域を、①外界からの情報を収集する任務を担い、外界の様相の特定の側面をサンプリングし記述することに特化した器官である感覚プローブ（五感の入力を司る各器官）、②古い内界（心臓、肺、腸などの内臓、平滑筋、皮膚）、③古い内界を堅牢に包み込むより新しい内界（骨格、骨格筋）に分類したうえで次のように論じる。②、③の内界に属するあらゆる事象の質が、ホメオスタシスの観点から評価され、その結果として健全と評価されれば快の感情が、また不健全と評価されれば不快の感情が自発的に生じる。明確には述べられていないが、体性感覚や内受容感覚がそれに該当するのだろう。それに対し①の感覚プローブから入力された刺激は、自発的な感情ではなく喚起された感情を生み、著者はこの作用を感情表出反応（emotive response）と呼んでいる。これは、一般にいう情動作用（それによって引き起こされた感情は情動的感情）に相当するものと考えられる。

感情については、著者自身の言葉を引用しておく。著者は以下のように述べる。「感情とはホメオスタシスの心的な表現であり、感情の庇護のもとで作用するホメオスタシスは、初期の生物を、身体と神経系の並外れた協調関係へと導く機能的な糸と見なすことができる。この協調関係は意識の出現をもたらし、かくして生まれた感じる心は、人間性のもっとも顕著な現われである文化や文明をもたらした。このように感情は本書の中心的なテーマをなすが、その力はホメオスタシスに由来するのである（15頁）」。感情はホメオスタシスの心的な表現であると述べられている点に特に留意されたい。

本書は以上の枠組みに沿って、細菌から高度な文化を発達させた人類に至る進化の歴史を検討していく。ここまでの説明からも予想されるはずだが、本書は気軽に読めるたぐいの本ではない。そもそも英文そのものが読みやすいとはとてもいえず、また、生物学的な知見をベースにしているとはいえ、ときに観念的かつ晦渋な記述に陥る傾向が見られることは否定できない。訳者は翻訳の過程を含め七、八回本書を通読しているが、何度も読み直して初めて意味が理解できた箇所も少なくない。しかしだからといって本書は、観念的な思索に終始する、現実的、実践的な意義を欠いた本として過小評価されるべきではない。次にそれについて、ＡＩと政治という互いにまったく異なる二つの分野の例をあげて検討しよう。それによって本書の実践面での射程の広さがわかるはずである。

私たちはよく、脳を論理的なアルゴリズムの実行に基づいて作動するコンピューターにたとえる。確かに私たち人間は、論理的に思考する能力を持つ。しかしだからといって、人間の思考の基盤をなす脳が、論理的なアルゴリズムに従って、いわゆるノイマン型コンピューターのごとく作動していると言い切れるわけではない。脳科学の知見からすれば、むしろそうではないように思われる。ではなぜ、それにもかかわらず私たちは脳をコンピューターにたとえたがるのか？　思うにその理由は、進化の過程のなかで最近になって出現したにすぎない思考能力を用い、かつその働きのあり方に参照しながら遡及的に脳の誕生という過去の事象を解釈しようとしているからではないだろうか。本書に結びつけていえば、進化の順序を正しく理解し、その知見に基づいて考察していないからではないかということだ。

たとえば著者は第11章で、いずれは人間の心をコンピューターにアップロードできるようになるとするトランスヒューマニストの主張を批判して次のように述べる。「この考えは、〈生命とは何か〉に関する理解の限界と、いかなる条件のもとで生身の人間が心的経験を構築しているのかをめぐる理解の欠如を露呈している。（……）本書の主たる考えの一つは〈心は脳だけではなく、脳と身体の相互作用から生じる〉というものだ。トランスヒューマニストは、身体までアップロードしようとしているのだろうか？（２４３―２４４頁）」。ソマティック・マーカー仮説を提唱する著者の面目躍如といったところだが、トランスヒューマニストの主張の問題は、身体のみならず、人間の心が登場する以前に生じ、その前提条件をなすはずのホメオスタシス、身体、感情などの必須の要件をすべて無視して意識をアップロードできると主張しているところにある。トランスヒューマニストの見方は、まさに進化の順序を無視した極論だといえよう。

とはいえＡＩ分野には、程度は別としてトランスヒューマニストのような考えを持つ人々もいれば、いわばリアリストとでも呼べるような人々もいる。個人的にＡＩに詳しいわけではないが、特に最近は、意図的であるかどうかは別として、本書に示される進化の順序に少なくとも逆行しないニューラルネットワークモデルに基づく仕組みが広範に用いられるようになってきたようにも思われる。昨今では機械翻訳がかなり精度を増したといわれるようになってきたが、その要因の一つはＡＩにおける基本的な考え方のシフトにあることがよく指摘される。最近読んだ本 *The Deep Learning Revolution*（The MIT Press, 2018）をもとに、一例をあげよう。このシフトを可能にしている技術の一つに、ディープラーニングがあるが、計算論的神経科学の開拓者の一人である著者のテレンス・Ｊ・セイノウスキーは、「進化は私たちより賢い」という生化学者レスリー・オーゲルの言葉をとり上げ（つまり私たちは進化に学ぶべきであるということだろう）、ＡＩでも、論理的に思考する一般的知性より学習が重要である点を強調する。本書の視点から言い換えると、ＡＩは進化の最近の成果である一般的な知性（それには論理的な思考力も含まれる）を遡及的に適用して脳を論理的にシミュレートするより、進化が生んだ脳の学習メカニズムにできるだけ忠実に実装されるべきだという主張としてとらえられるだろう。それに関してセイノウスキーは以下のように述べているが、この見解は本書のダマシオの主張に非常に近いものがある。

私たちの脳は、ただじっと頭部に座して抽象的な思考を生み出しているのではない。脳は身体のあらゆる部位と密接に結合しており、また、その身体は感覚器官や運動器官を介して外界と密接に結びついている。つまり生物的知性は身体化（embodied）されているのだ。さらに重要なことに、私たちの脳は、外界と相互作用しながら長い成熟のプロセスを経て発達する。学習とは、発達に即したプロセスであり、成人になっても長く続けられる。したがって学習は、一般的な知性の発達に中心的な役割を果たす。（……）またＡＩでは無視されることの多い情動や共感も、知性の重要な側面をなす。情動とは、脳の局所的な状態によっては決定し得ない活動を行なえるよう脳に準備を促すグローバルな信号なのである。

学習が一般的な知性の発達に中心的な役割を果たしているという主張に特に着目されたい。これは単に観念をもてあそんでいるのではなく、たとえば強化学習（reward learning）などのメカニズムを組み込むことで、進化が脳に組み込んだ学習メカニズムを具体的に実装する試みが最近のＡＩでは行なわれているらしい（詳細はセイノウスキーの著書や他のＡＩ関連の本を参照されたい）。俗な言い方をすれば近年ではフルボッコにされることが多くなった行動主義心理学の巨頭の一人Ｂ・Ｆ・スキナーをとりあげて、認知を理解するにあたり強化学習に着目していた点で彼は正しい道を歩んでいたのだと指摘するセイノウスキーの見解には、良い意味で非常に考えさせられるところがあった。

また『進化の意外な順序』は、文化、政治、経済、社会、道徳のさまざまな側面で、感情が理性や論理的な思考に多大な影響を及ぼしている、あるいはそれらを動機づけているとする、近年支配的になりつつある見方の裏づけにもなるだろう。それに関してもっともよく知られている分野は行動経済学であろうが、訳者が翻訳を担当したという点では、本書でも言及されているジョナサン・ハイト著『社会はなぜ左と右にわかれるのか――対立を超えるための道徳心理学』（紀伊國屋書店）やポール・ブルーム著『反共感論――社会はいかに判断を誤るか』（白揚社）で提起されている考えもあげておきたい。ハイトは同書で「象（情動、直感、感情）」と「乗り手（理性）」のたとえを用いているが、このたとえは、理性が情動や感情の背にまたがって機能していることを示唆している。彼は次のように述べる。「数百万年前にヒトが言語と思考能力を発達させ始めたとき、脳は、既存の配線を変えて、新たに出現した未経験な〈乗り手〉に手綱を委ねたわけではない。むしろ〈象〉の役に立つからこそ、〈乗り手〉（言語に基づく思考）は進化したのだ」。ハイトは同書でダマシオの理論に何度か言及しており、生理学的な側面でダマシオの理論に強く依拠している。

ダマシオは「第12章　人間の本性の今」でリベラリズムの危機について述べているが、同様にハイトも理性と感情に対する独自の見方を応用して政治的な側面に触れ、なぜ現代において、保守主義がリベラリズムに対して優位に立てるのかを論じている（ちなみにこの本を手にとる読者にはリベラルも多いであろうと予想されるので付記しておくと、ハイトのこの問題の立て方は奇を衒ったものではなく、たとえば最近読んだ本ではリアリスト系政治学者ジョン・J・ミアシャイマーが*The Great Delusion: Liberal Dreams and International Realities*（Yale University Press, 2018）で、なぜリベラリズムが国内政策ではナショナリズムに、外交政策ではリアリズムに屈せざるを得ないのかをハイトとは別の観点から論じていた）。それに関して『進化の意外な順序』に即しながら訳者なりの解釈を加えると（したがってダマシオやハイトが明示的にそう主張しているわけではないので留意されたい)、少し大げさに聞こえるかもしれないが、「リベラリズムが保守主義に勝つためには、進化の意外な順序を正しく把握し、それに即した戦略を立てなければならない。現実的な政治においては、進化の前段階で起こった他のすべての事象を軽視もしくは無視して特定の理想や理念に固執するなら、リベラリズムは負け続けざるを得ない。なぜなら政治の対象であり参加者でもある多くの人々、つまり意外な順序で生じた進化のプロセスを経て誕生した人類の一員たる一般国民は、良し悪しは別として、リベラリストが想定しているような理想や理念に従うことで自らの生を営んでいるわけではないからである」というようなところになろう。長くなってきたのでポール・ブルームについてはひとことだけ述べておく。彼のいう情動的共感が人々の思考や行動にきわめて強い影響を及ぼしてそれらを偏向させ得るのは、理性や思考能力が進化する以前に、その前提条件として感情が進化する必要があったからだと見なせる。なお、誤解のないようつけ加えておくと、ハイトもブルームもましてやダマシオも、だから理性より感情を優先すべきだと主張しているのではなく、理性と感情の関係を正しく把握したうえでその対策を講じるべきだと論じているのである。たとえばブルームは、情動的共感に関する問題のソリューションを提供するのはやはり理性であると結論づけている。

そろそろまとめに入ろう。本書は、確かに難解な部分が多く、十全に理解するには何度か読み直す必要があるだろう。しかし、上に例としてあげたＡＩや政治のみならず経済、倫理、教育、医療など他のさまざまな社会文化的側面にも応用できる長い射程を持っている。現代世界では、それらのすべての領域にわたって、大なり小なり問題が噴出している状況にあるが、その根本原因を考えるにあたり本書は一つのヒントを提示してくれるというのが訳者の見立てである。最後になったが、白揚社の担当編集者、阿部明子氏に「アントニオ・ダマシオという著名な著者の本を翻訳する機会を与えていただいてありがとうございました」と、感謝の言葉を述べておきたい。

二〇一八年一二月

高橋洋

ない．その一方，太古の生物がさまざまな知的行動を示していたことを認めつつも，私は，環境にみごとに適応した知性を持つことが，意識の存在を意味するとは見なしていない．その点でアーサー・レバーと私の見解は異なる．スティーヴン・ハーナッドの編集する *Animal Sentience* 誌は，この問題に関する新たなすぐれた学問的フォーラムとして機能している．

4. 心と身体の問題を扱った最近の著作で，シリ・ハストヴェットは同様な見解を示している．Siri Hustvedt, *A Woman Looking at Men Looking at Women: Essays on Art, Sex, and the Mind*（New York: Simon & Schuster, 2016）.
5. Seth, "Interoceptive Inference, Emotion, and the Embodied Self."

社，1999年]; John Gray, *The Silence of Animals: On Progress and Other Modern Myths* (New York: Farrar, Straus and Giroux, 2013).

16. Max Horkheimer and Theodor W. Adorno, *Dialectic of Enlightenment: Philosophical Fragments* (Stanford, Calif.: Stanford University Press, 2002) [『啓蒙の弁証法―哲学的断想』徳永恂訳，岩波文庫，2007年].
17. 「重荷」という言葉は，とりわけ意識の効果に関して当てはまる．次の文献を参照されたい．George Soros, *The Age of Fallibility: Consequences of the War on Terror* (New York: Public Affairs, 2006) [『世界秩序の崩壊―「自分さえよければ社会」への警鐘』越智道雄訳，ランダムハウス講談社，2009年].
18. この問題については次の文献を参照されたい．David Sloan Wilson, *Does Altruism Exist? Culture, Genes, and the Welfare of Others* (New Haven, Conn.: Yale University Press, 2015).
19. ヴェルディは1893年に『ファルスタッフ』を作曲している．その10年ほど前には，愛と死を決して区別しなかったリヒャルト・ワーグナーが，依然として神話の神々の騒乱にとりつかれていた．彼が人間の本性の明るい側面にもっとも接近したのは，贖罪的な『パルジファル』においてであった．
20. 共感をめぐるポール・ブルームの見方は，この点で参考になる．Paul Bloom, *Against Empathy: The Case for Rational Compassion* (New York: HarperCollins, 2016) [『反共感論―社会はいかに判断を誤るか』高橋洋訳，白揚社，2018年].

第13章　進化の意外な順序

1. D'Arcy Thompson, "On Growth and Form," in *On Growth and Form* (Cambridge, U.K.: Cambridge University Press, 1942) [『生物のかたち』柳田友道ほか訳，東京大学出版会，1986年].
2. Howard Gardner, *Truth, Beauty, and Goodness Reframed: Educating for the Virtues in the Twenty-First Century* (New York: Basic Books, 2011); Mary Helen Immordino-Yang, *Emotions, Learning, and the Brain: Exploring the Educational Implications of Affective Neuroscience* (New York: W. W. Norton, 2015); Wilson, *Does Altruism Exist?*; Mark Johnson, *Morality for Humans*.
3. Colin Klein and Andrew B. Barron, "Insects Have the Capacity for Subjective Experience," *Animal Sentience* (2016): 100; Peter Godfrey-Smith, *Other Minds: The Octopus, the Sea, and the Deep Origins of Consciousness* (New York: Farrar, Straus and Giroux, 2016) [『タコの心身問題―頭足類から考える意識の起源』夏目大訳，みすず書房，2018年]．人間以外の動物の持つ行動や認知の能力に関しては，フランス・ドゥ・ヴァールやヤーク・パンクセップの立場に強く同意する．また多数の生物学者や認知科学者が，同様の見方をとるようになってきた．別の箇所でも述べたが，人間の例外的な位置を示すために，他の動物が持つ能力を矮小化する必要は

2009); Manuel Castells, *Networks of Outrage and Hope: Social Movements in the Internet Age* (New York: John Wiley & Sons, 2015).

6. Amartya Sen, "The Economics of Happiness and Capability"; Onora O'Neill, *Justice Across Boundaries: Whose Obligations?* (Cambridge: Cambridge University Press, 2016); Nussbaum, *Political Emotions*; Peter Singer, *The Expanding Circle: Ethics, Evolution, and Moral Progress* (Princeton, N.J.: Princeton University Press, 2011); Steven Pinker, *The Better Angels of Our Nature: Why Violence Has Declined* (New York: Penguin Books, 2011) [『暴力の人類史』幾島幸子・塩原通緒訳，青土社，2015年].
7. 前出ジョナサン・ハイト著『社会はなぜ左と右にわかれるのか』を参照されたい．
8. Sigmund Freud, *Civilization and Its Discontents: The Standard Edition* (New York: W. W. Norton, 2010)[『幻想の未来／文化への不満』中山元訳，光文社古典新訳文庫，2007年ほかに収録].
9. Albert Einstein and Sigmund Freud, *Why War? The Correspondence Between Albert Einstein and Sigmund Freud*, trans. Fritz Moellenhoff and Anna Moellenhoff (Chicago: Chicago Institute for Psychoanalysis, 1933) [『ひとはなぜ戦争をするのか』浅見昇吾訳，講談社学術文庫，2016年].
10. Janet L. Lauritsen, Karen Heimer, and James P. Lynch, "Trends in the Gender Gap in Violent Offending: New Evidence from the National Crime Victimization Survey," *Criminology* 47, no. 2 (2009): 361–99; Richard Wrangham and Dale Peterson, *Demonic Males: Apes and the Origins of Human Violence* (Boston and New York: Houghton Mifflin Company, 1996) [『男の凶暴性はどこからきたか』山下篤子訳，三田出版会，1998年]; Sell, Tooby, and Cosmides, "Formidability and the Logic of Human Anger."
11. Zivin, Hsiang, and Neidell, "Temperature and Human Capital in the Short- and Long-Run"; Butke and Sheridan, "Analysis of the Relationship Between Weather and Aggressive Crime in Cleveland,Ohio."
12. Harari, *Homo Deus*; Bostrom, *Superintelligence.*
13. Parsons, "Evolutionary Universals in Society."
14. Thomas Hobbes, *Leviathan* (New York: A&C Black, 2006) [『リヴァイアサン』角田安正訳，光文社古典新訳文庫，2014年ほか]; Jean-Jacques Rousseau, *A Discourse on Inequality* (New York: Penguin, 1984) [『人間不平等起源論』中山元訳，光文社古典新訳文庫，2008年ほか].
15. John Gray, *Straw Dogs: Thoughts on Humans and Other Animals* (New York: Farrar, Straus and Giroux, 2002) [『わらの犬―地球に君臨する人間』池央耿訳，みすず書房，2009年]; John Gray, *False Dawn: The Delusions of Global Capitalism* (London: Granta, 2009) [『グローバリズムという妄想』石塚雅彦訳，日本経済新聞

versity Press, 2014)［『スーパーインテリジェンス—超絶ＡＩと人類の命運』倉骨彰訳，日本経済新聞出版社，2017年］.

7. Margalit, *Ethics of Memory*.
8. Aldous Huxley, *Brave New World* (1932; London: Vintage, 1998)［『すばらしい新世界』大森望訳，ハヤカワepi文庫，2017年ほか］.
9. George Zarkadakis, *In Our Own Image: Savior or Destroyer? The History and Future of Artificial Intelligence* (New York: Pegasus Books, 2015)［『ＡＩは「心」を持てるのか—脳に近いアーキテクチャ』長尾高広訳，日経ＢＰ社，2015年］.
10. W. Grey Walter, "An Imitation of Life," *Scientific American* 182, no. 5 (1950): 42-45.

第12章　人間の本性の今

1. エピクロスやバートランド・ラッセルなら，人間の幸福に対する彼らの哲学的な懸念が忘れ去られていないことを喜ぶだろう．Epicurus, *The Epicurus Reader*, eds. B. Inwood and L. P. Gerson (Indianapolis: Hackett, 1994); Bertrand Russell, *The Conquest of Happiness* (New York: Liveright, 1930)［『ラッセル幸福論』安藤貞雄訳，岩波文庫，1991年ほか］; Daniel Kahneman, "Objective Happiness," in *Well-Being: Foundations of Hedonic Psychology*, eds. Daniel Kahneman, Edward Diener, and Norbert Schwarz (New York: Russell Sage Foundation, 1999); Amartya Sen, "The Economics of Happiness and Capability," in *Capabilities and Happiness*, eds. Luigino Bruni, Flavio Comim, and Maurizio Pugno (New York: Oxford University Press, 2008); Richard Davidson and Brianna S. Shuyler, "Neuroscience of Happiness," in *World Happiness Report* 2015, eds. John F. Helliwell, Richard Layard, and Jeffrey Sachs (New York: Sustainable Development Solutions Network, 2015).
2. Neil Postman, *Amusing Ourselves to Death: Public Discourse in the Age of Show Business* (New York: Penguin, 2006)［『愉しみながら死んでいく—思考停止をもたらすテレビの恐怖』今井幹晴訳，三一書房，2015年］; Robert D. Putnam, *Our Kids* (New York: Simon & Schuster, 2015)［『われらの子ども—米国における機会格差の拡大』柴内康文訳，創元社，2017年］.
3. Jonas T. Kaplan, Sarah I. Gimbel, and Sam Harris, "Neural Correlates of Maintaining One's Political Beliefs in the Face of Counterevidence," *Nature Scientific Reports* 6 (2016).
4. Sherry Turkle, *Alone Together: Why We Expect More from Technology and Less from Each Other* (New York: Basic Books, 2011)［『つながっているのに孤独—人生を豊かにするはずのインターネットの正体』渡会圭子訳，ダイヤモンド社，2018年］; Alain Touraine, *Pourrons-nous vivre ensemble?* (Paris: Fayard, 1997).
5. Manuel Castells, *Communication Power* (New York: Cambridge University Press,

plications for Cognitive Evolution and the Transition to *Homo*," *Philosophical Transactions of the Royal Society B* 371, no. 1698 (2016): 20150233.

20. Robin I. M. Dunbar and John A. J. Gowlett, "Fireside Chat: The Impact of Fire on Hominin Socioecology," *Lucy to Language: The Benchmark Papers*, ed. Robin I. M. Dunbar, Clive Gamble, and John A. J. Gowlett (New York: Oxford University Press, 2014), 277–96.
21. Polly W. Wiessner, "Embers of Society: Firelight Talk Among the Ju/'hoansi Bushmen," *Proceedings of the National Academy of Sciences* 111, no. 39 (2014): 14027–35.

第11章　医学，不死，そしてアルゴリズム

1. Jennifer A. Doudna and Emmanuelle Charpentier, "The New Frontier of Genome Engineering with CRISPR-Cas9," *Science* 346, no. 6213 (2014): 1258096.
2. Pedro Domingos, *The Master Algorithm: How the Quest for the Ultimate Learning Machine Will Remake Our World* (New York: Basic Books, 2015).
3. Krishna V. Shenoy and Jose M. Carmena, "Combining Decoder Design and Neural Adaptation in Brain-Machine Interfaces," *Neuron* 84, no. 4 (2014): 665–80, doi:10.1016/j.neuron.2014.08.038; Johan Wessberg, Christopher R. Stambaugh, Jerald D. Kralik, Pamela D. Beck, Mark Laubach, John K. Chapin, Jung Kim, S. James Biggs, Mandayam A. Srinivasan, and Miguel A. Nicolelis, "Real-Time Prediction of Hand Trajectory by Ensembles of Cortical Neurons in Primates," *Nature* 408, no. 6810 (2000): 361–65; Ujwal Chaudhary et al., "Brain-Computer Interface-Based Communication in the Completely Locked-In State," *PLoS Biology* 15, no. 1 (2017): e1002593, doi:10.1371/journal.pbio.1002593; Jennifer Collinger, Brian Wodlinger, John E. Downey, Wei Wang, Elizabeth C. Tyler-Kabara, Douglas J. Weber, Angus J. McMorland, Meel Velliste, Michael L. Boninger, and Andrew B. Schwartz, "High-Performance Neuroprosthetic Control by an Individual with Tetraplegia," *Lancet* 381, no. 9866 (2013): 557–64, doi:10.1016/S0140-6736(12)61816-9.
4. Ray Kurzweil, *The Singularity Is Near: When Humans Transcend Biology* (New York: Penguin, 2005)［『ポスト・ヒューマン誕生―コンピュータが人類の知性を超えるとき』井上健監訳，小野木明恵・野中香方子・福田実訳，ＮＨＫ出版，2007年］; Luc Ferry, *La révolution transhumaniste: Comment la technomédecine et l'uberisation du monde vont bouleverser nos vies* (Paris: Plon, 2016).
5. Yuval Noah Harari, *Homo Deus: A Brief History of Tomorrow* (Oxford: Signal Books, 2016)［『ホモ・デウス―テクノロジーとサピエンスの未来』柴田裕之訳，河出書房新社，2018年］.
6. Nick Bostrom, *Superintelligence: Paths, Dangers, Strategies* (Oxford: Oxford Uni-

ーヌ，フーコーらの社会学者の考えは，生物学用語に容易に翻訳できる．

12. Assal Habibi and Antonio Damasio, "Music, Feelings, and the Human Brain," *Psychomusicology: Music, Mind, and Brain* 24, no. 1 (2014): 92; Matthew Sachs, Antonio Damasio, and Assal Habibi, "The Pleasures of Sad Music: A Systematic Review," *Frontiers in Human Neuroscience* 9, no. 404 (2015): 1–12, doi:10.3389/fnhum.2015.00404.
13. Antonio Damasio, "Suoni, significati affettivi e esperienze musicali," *Musica Domani*, 5–8, no. 176 (2017).
14. Sebastian Kirschner and Michael Tomasello, "Joint Music Making Promotes Prosocial Behavior in 4-Year-Old Children," *Evolution and Human Behavior* 31, no. 5 (2010): 354–64.
15. Panksepp, "Cross-Species Affective Neuroscience Decoding of the Primal Affective Experiences of Humans and Related Animals"; Henning et al., "A Role for mu-Opioids in Mediating the Positive Effects of Gratitude."
16. 自傷，拒食症，過度の肥満によって提起される矛盾は，単純に説明することができる．自分で自分の皮膚を傷つけることに人々が熱をあげるのは事実だ．そのような実践が文化的なものと見なされるのは，模倣によって拡散し，見かけはランダムな分布を示すからである．この現象の最善の説明は，「個人の病理的な状況が，等しく病理的な社会の文脈のもとでさらに悪化した」というようなところなのかもしれない．同じことは，いわゆるゲイナーのオンラインコミュニティー，すなわち太ることを目的として過食するよう奨励し合い，互いの成果を確認しつつ，セックスに打ち興じる人々にも当てはまるだろう．これら二つの例には，古めかしい診断をある程度適用できよう．マゾヒズムだ．マゾヒズムの実践は快感情，つまりホメオスタシスの上向き調節に相応する状況を生む．この上向き調節の最終的なコストは，それによる恩恵を上回る．生理的観点から見ると，この状況は薬物依存とそれほど変わらない．快が，最終的に依存と苦しみに席を譲るのだ．その種の異常な実践が生物の進化に組み込まれたり，小集団を超えて文化的に選択されたりする可能性はまずない．その種の実践やそれを実行するグループが今日存在する事実は，辺縁のインターネットコミュニティーが持つリスクを示唆する．
17. Talita Prado Simão, Sílvia Caldeira, and Emilia Campos de Carvalho, "The Effect of Prayer on Patients' Health: Systematic Literature Review," *Religions* 7, no. 1 (2016): 11; Samuel R. Weber and Kenneth I. Pargament, "The Role of Religion and Spirituality in Mental Health," *Current Opinion in Psychiatry* 27, no. 5 (2014): 358–63; Neal Krause, "Gratitude Toward God, Stress, and Health in Late Life," *Research on Aging* 28, no. 2 (2006): 163–83.
18. Kirschner and Tomasello, "Joint Music Making Promotes Prosocial Behavior."
19. Jason E. Lewis and Sonia Harmand, "An Earlier Origin for Stone Tool Making: Im-

2009年]; David Hume, *Dialogues Concerning Natural Religion and the Natural History of Religion* (New York: Oxford University Press, 2008); John R. Bowen, *Religions in Practice: An Approach to the Anthropology of Religion* (Boston: Pearson, 2014); Walter Burkert, *Creation of the Sacred: Tracks of Biology in Early Religions* (Cambridge, Mass.: Harvard University Press, 1996) [『人はなぜ神を創りだすのか』 松浦俊輔訳, 青土社, 1998年]; Durkheim, *Elementary Forms of Religious Life*; John R. Hinnells, ed., *The Penguin Handbook of the World's Living Religions* (London: Penguin Books, 2010); Claude Lévi-Strauss, *L'anthropologie face aux problèmes du monde moderne* (Paris: Seuil, 2011) [『レヴィ＝ストロース講義—現代世界と人類学』 川田順造・渡辺公三訳, 平凡社ライブラリー, 2005年]; Scott Atran, *In Gods We Trust: The Evolutionary Landscape of Religion* (New York: Oxford University Press, 2002).

9. Martha C. Nussbaum, *Political Emotions: Why Love Matters for Justice* (Cambridge, Mass.: Belknap Press of Harvard University Press, 2013); Jonathan Haidt, *The Righteous Mind: Why Good People Are Divided by Politics and Religion* (New York: Pantheon Books, 2012) [『社会はなぜ左と右にわかれるのか—対立を超えるための道徳心理学』 高橋洋訳, 紀伊國屋書店, 2014年]; Steven W. Anderson, Antoine Bechara, Hanna Damasio, Daniel Tranel, and Antonio Damasio, "Impairment of Social and Moral Behavior Related to Early Damage in Human Prefrontal Cortex," *Nature Neuroscience* 2 (1999): 1032–37; Joshua D. Greene, R. Brian Sommerville, Leigh E. Nystrom, John M. Darley, and Jonathan D. Cohen, "An fMRI Investigation of Emotional Engagement in Moral Judgment," *Science* 293, no. 5537 (2001): 2105–8; Mark Johnson, *Morality for Humans: Ethical Understanding from the Perspective of Cognitive Science* (University of Chicago Press, 2014); L. Young, Antoine Bechara, Daniel Tranel, Hanna Damasio, M. Hauser, and Antonio Damasio, "Damage to Ventromedial Prefrontal Cortex Impairs Judgment of Harmful Intent," *Neuron* 65, no. 6 (2010): 845–51.
10. Cyprian Broodbank, *The Making of the Middle Sea: A History of the Mediterranean from the Beginning to the Emergence of the Classical World* (London: Thames & Hudson, 2015); Malcolm Wiener, "The Interaction of Climate Change and Agency in the Collapse of Civilizations ca. 2300–2000 BC," *Radiocarbon* 56, no. 4 (2014): S1–S16; Malcolm Wiener, "Causes of Complex Systems Collapse at the End of the Bronze Age," in "*Sea Peoples*" *Up-to-Date*, 43–74, Austrian Academyof Sciences (2014).
11. Karl Marx, *Critique of Hegel's "Philosophy of Right"* (New York: Cambridge University Press, 1970) [『ユダヤ人問題に寄せて／ヘーゲル法哲学批判序説』 中山元訳, 光文社古典新訳文庫, 2014年ほかに収録]. 前述のとおり, ブルデュー, トゥーレ

態を招いている．そもそも，心や社会に関する現象をまるごと生物学に還元し，科学至上主義に屈することには，無理のない嫌悪感がつきまとう．この問題は，Ｃ・Ｐ・スノーが言及した二つの文化の分裂の一部をなす．つまりすでに半世紀前に取り上げられた問題が，遺憾ながら現在でも続いているのである．

3. Edward O. Wilson, *Sociobiology*（Cambridge, Mass.: Harvard University Press, 1975）［『社会生物学』伊藤嘉昭監修，坂上昭一ほか訳，新思索社，1999 年］．社会生物学と提唱者のＥ・Ｏ・ウィルソンは快く受け入れられなかった．社会生物学に対する批判は，次の文献を参照されたい．Richard C. Lewontin, *Biology as Ideology: The Doctrine of DNA*（New York: HarperPerennial, 1991）［『遺伝子という神話』川口啓明・菊地昌子訳，大月書店，1998 年］．興味深くも，アフェクトに関してウィルソンがとる立場は，私のものと整合する．その後の業績でも，彼はこの立場を取り続けている．E. O. Wilson, *Consilience*（New York: Knopf, 1998）［『知の挑戦―科学的知性と文化的知性の統合』山下篤子訳，角川書店，2002 年］を参照されたい．また，生物学と文化的プロセスの整合性を示す例としては，次の文献を参照されたい．William H. Durham, *Coevolution: Genes, Culture and Human Diversity*（Palo Alto, Calif.: Stanford University Press, 1991）．
4. Parsons, "Social Systems and the Evolution of Action Theory"; Parsons, "Evolutionary Universals in Society."
5. 化学的な安定性を維持するプロセス（つまり不安定な状態が消えてもっとも安定した状態を維持しようとする，あらゆる物質の自然な傾向）を超越して，化学物質の自己複製に至る道を開く新たなプロセスが生じたと考えるのは，道理にかなっている．
6. 男性による暴力の程度は，ある種の身体的特徴に相関する．これらの特徴は，「恐怖を引き起こす能力（formidability）」という言葉のもとにまとめられるだろう．次の文献を参照されたい．Aaron Sell, John Tooby, and Leda Cosmides, "Formidability and the Logic of Human Anger," *Proceedings of the National Academy of Sciences* 106, no. 35（2009）: 15073–78.
7. Richard L. Velkley, *Being After Rousseau: Philosophy and Culture in Question*（Chicago: University of Chicago Press, 2002）．もとは次の文献に掲載されていた．Samuel Pufendorf and Friedrich Knoch, *Samuelis Pufendorfii Eris Scandica: Qua adversus libros De jure naturali et gentium objecta diluuntur*（Frankfurt-am-Main: Sumptibus Friderici Knochii, 1686）．
8. 本節の執筆に関連して参照した文献は次のとおりである．William James, *The Varieties of Religious Experience*（New York: Penguin Classics, 1983）［『宗教的経験の諸相』桝田啓三郎訳，岩波文庫，1969 年ほか］; Charles Taylor, *Varieties of Religion Today: William James Revisited*（Cambridge, Mass.: Harvard University Press, 2002）［『今日の宗教の諸相』伊藤邦武・佐々木崇・三宅岳史訳，岩波書店，

7. Eric D. Brenner, Rainer Stahlberg, Stefano Mancuso, Jorge Vivanco, František Baluška, and Elizabeth Van Volkenburgh, "Plant Neurobiology: An Integrated View of Plant Signaling," *Trends in Plant Science* 11, no. 8 (2006): 413–19; Lauren A. E. Erland, Christina E. Turi, and Praveen K. Saxena, "Serotonin: An Ancient Molecule and an Important Regulator of Plant Processes," *Biotechnology Advances* (2016); Jin Cao, Ian B. Cole, and Susan J. Murch, "Neurotransmitters, Neuroregulators, and Neurotoxins in the Life of Plants," *Canadian Journal of Plant Science* 86, no. 4 (2006): 1183–88; Nicolas Bouché and Hillel Fromm, "GABA in Plants: Just a Metabolite?," *Trends in Plant Science* 9, no. 3 (2004): 110–15.

   これは，私の見解が次の文献の結論と異なる理由である．Arthur S. Reber, "Caterpillars, Consciousness, and the Origins of Mind," *Animal Sentience* 1, no. 11 (2016). 単細胞生物は感知し反応する．これらの能力は，のちの心，感情，主観性の発達の基盤になるが，単細胞生物がすでにそれらの能力を備えていると見なすべきではない．

8. 意識の概念に感情を含める著者はほどんどいない．ましてアフェクトの観点から意識を検討する著者もまずいない．ヤーク・パンクセップとA・クレイグの他には，マイケル・カバナックの研究が思い浮かぶくらいである．次の文献を参照されたい．Michel Cabanac, "On the Origin of Consciousness, a Postulate and Its Corollary," *Neuroscience and Biobehavioral Reviews* 20, no. 1 (1996): 33–40.

9. David J. Chalmers, "How Can We Construct a Science of Consciousness?," in *The Cognitive Neurosciences III*, ed. Michael S. Gazzaniga (Cambridge, Mass.: MIT Press, 2004), 1111–19; David J. Chalmers, *The Conscious Mind: In Search of a Fundamental Theory* (Oxford: Oxford University Press, 1996)［『意識する心—脳と精神の根本理論を求めて』林一訳，白揚社，2001年］; David J. Chalmers, "Facing Up to the Problem of Consciousness," *Journal of Consciousness Studies* 2, no. 3 (1995): 200–219.

第10章　文化について

1. Charles Darwin, *On the Origin of Species* (New York: Penguin Classics, 2009)［『種の起源』渡辺政隆訳，光文社古典新訳文庫，2009年ほか］; William James, *Principles of Psychology* (Hardpress, 2013); Sigmund Freud, *The Basic Writings of Sigmund Freud* (New York: Modern Library, 1995); Émile Durkheim, *The Elementary Forms of Religious Life* (New York: Free Press, 1995)［『宗教生活の基本形態』山﨑亮訳，ちくま学芸文庫，2014年ほか］.

2. 文化のいくつかの側面には，生物学的な起源があるとする考えは，現在でも論争の的《まと》になっている．社会政治的な事象への生物学の誤った持ち込みの歴史は，人文科学や社会科学において，生物学的な色合いを持つ発見が容易に受け入れられない事いわば外から内を覗くようにして，行動の観点から意識をとらえる見方も長きにわたって提示されてきた．救急救命室，手術室，集中治療室で働く臨床医は，この外的な観点をとるよう訓練され，意識があるかないかを，冷静な観察，もしくは患者が話をすることができる場合には患者との会話を通じて判断する態度を身につけている．私も神経学者として，そのように訓練された．

彼ら臨床医は何を探索しているのか？ 覚醒，注意，情動の喚起，意図的な動作は，意識を示す徴候と見なせる．コーマ（昏睡）など意識のない状態に置かれた患者は，覚醒，注意，情動の喚起には縁がなく，彼らが示すいかなる動作も環境に対して意味のあるものではない．とはいえそこから導き出される結論は，持続的植物状態など，意識が阻害されているはずにもかかわらず，睡眠と覚醒の周期を保っている患者がいるという事実によって複雑化する．外的な徴候から意識があるかないかを判断することの問題は，閉じ込め症候群と呼ばれる症状によってとりわけ複雑になる．閉じ込め症候群では意識は保たれているが，患者はほぼ完全に動きを示さない．瞬きをしたり目をわずかに動かしたりすることはあるが，そのような細かな動きは見逃されやすい．臨床的な技術は洗練されてきてはいるが，依然として意識があるかないかを評価する唯一の確実な方法は，正常な心的状態にあることを示す証拠を本人に提示させることである．臨床医は，（ａ）本人のアイデンティティ，（ｂ）本人がいる場所，（ｃ）おおよその日時に関する質問をしたあとで，意識があるかないかを判断するのが普通である．これは，その人が正常に機能する意識ある心を持っているかどうかを直接はっきりと知ることには及ぶべくもない．

意識の阻害を引き起こす神経学的条件や，意識の阻害を引き起こしているかのように見えながら実際にはそうではない，閉じ込め症候群のような症状の神経学的条件に関する研究はあまたある．麻酔や，化学物質による心的経験の可逆的な阻害に関する研究も多数存在する．いずれの研究も，意識の神経的な基礎に関して重要な手がかりを与えてくれる．しかし，コーマを引き起こす脳の損傷や，麻酔状態を引き起こす化学物質は，心的経験を形成する神経的なプロセスについて何も教えてくれないなまくらな資料にしかならないと断言しても大きな間違いではない．麻酔薬には，細菌やさらに言えば植物にも見出される原始的な感知や反応のプロセスを中断させる力を持つものがある．麻酔は，いくつかの生物系統の全体にわたって感知や反応を凍結することができるのだ．その際，意識を直接停止させるのではなく，心的状態，感情，視点措定が依拠するプロセスを阻害する．次の文献を参照されたい．Parvizi and Damasio, “Consciousness and the Brainstem”; Josef Parvizi and Antonio Damasio, “Neuroanatomical Correlates of Brainstem Coma,” *Brain* 126, no. 7 (2003): 1524–36; Antonio Damasio and Kaspar Meyer, “Consciousness: An Overview of the Phenomenon and of Its Possible Neural Basis,” in *The Neurology of Consciousness*, eds. Steven Laureys and Giulio Tononi (Burlington, Mass.: Elsevier, 2009), 3–14.

で用いているのであって，「個人的な見解」という一般に流布している意味においてではない．また，私は何年にもわたり意識の問題を探究してきた．そしてそれについて，『意識と自己』『自己が心にやってくる』という二冊の本に書いた．さらには，それを拡張して論じた次のような文献を発表している．Antonio Damasio, Hanna Damasio, and Daniel Tranel, "Persistence of Feelings and Sentience After Bilateral Damage of the Insula," *Cerebral Cortex* 23 (2012): 833–46; Damasio and Carvalho, "Nature of Feelings"; Antonio Damasio and Hanna Damasio, "Pain and Other Feelings in Humans and Animals," *Animal Sentience* 1, no. 3 (2016): 33. 以後も私の考えは，感情や意識の障害に関する理論的考察，ならびに実験結果の影響を受けて発展し続けているが，一冊の本を要するこの最新の発展についてここでこれ以上取り上げることはしない．

2. 「デカルト劇場」という言いまわしは，意識に関するダニエル・デネットの才気あふれる議論に基づく．それには，「小人」の神話のはっきりとした否定や，無限後退の危険に対する警告が含まれる．無限後退とは，小人が脳のなかで心を観察していると主張することで，それを観察する別の小人の存在を措定しなければならなくなり，またその小人を観察する別の小人の存在を措定しなければならない，という事態が無限に続くことを指す．
3. かつて私は，「自己」という用語に訴えることで主観性の問題に対処していたが，現在ではその用語を使わないようにしている．というのも，「自己とは，単純なレベルから複雑なレベルに至るまで，固定されはっきりと境界が画された何らかの実体，あるいはコントロール中枢である」とする間違った印象を与える可能性があるからだ．小人としての自己という誤った概念の力を軽視してはならない．それに続く混乱は，たとえ自己という現象の神経解剖学的な相関についてひとことも述べられていなかったとしても，骨相学の亡霊を呼び戻しかねない．
4. 何人かの同僚は，私の提案と矛盾しない心的統合の説明を提起している．もっとも著名な研究者として，バーナード・バース，スタニスラス・ドゥアンヌ，ジャン＝ピエール・シャンジューらがあげられる．彼らの考えは，次の文献のなかで明快に論じられている．Stanislas Dehaene, *Consciousness and Brain: Deciphering How the Brain Codes Our Thoughts* (New York: Viking, 2014)［『意識と脳―思考はいかにコード化されるか』高橋洋訳，紀伊國屋書店，2015 年］．
5. これは，フランシス・クリックとクリストフ・コッホによって支持された，前障と呼ばれる脳領域にも当てはまる．Francis Crick and Christof Koch, "A Framework for Consciousness," *Nature Neuroscience* 6, no. 2 (2003): 119–26; また島皮質にも当てはまる．これについては次の文献を参照されたい．A. D. Craig. A. D. Craig, *How Do You Feel? An Interoceptive Moment with Your Neurobiological Self* (Princeton, N.J.: Princeton University Press, 2015).
6. 意識の本質は心的なものであり，それゆえ意識ある主体にのみアクセスが可能だが，

Connection," *American Journal of Gastroenterology* 95, no. 10 (2000): 2698.

28. Timothy R. Sampson, Justine W. Debelius, Taren Thron, Stefan Janssen, Gauri G. Shastri, Zehra Esra Ilhan, Collin Challis et al., "Gut Microbiota Regulate Motor Deficits and Neuroinflammation in a Model of Parkinson's Disease," *Cell* 167, no. 6 (2016): 1469–80.
29. 悲しみは確かに健康を蝕むが，感謝の念のようなポジティブな感情は，それとは反対の効果をもたらす．感謝の念は，思いやりに動機づけられた意義のある支援を受けたときに生じ，健康や日常生活の質にポジティブな効果を及ぼす．私の同僚グレン・フォックスがfMRIを用いて行なった最近の研究は，意義のある感謝の念を経験したという被験者の報告が，ストレスの調節，社会的認知，道徳的推論に中心的な役割を果たすと一般に考えられている脳領域の活動と相関することを明らかにし，感謝の念の神経相関を報告している．この発見は，感謝の念を心的習慣として発達させることが健康を改善することを示した既存の研究を支持し，心と身体の連続性を強調する考えを裏づけた．次の文献を参照されたい．Glenn R. Fox, Jonas Kaplan, Hanna Damasio, and Antonio Damasio, "Neural Correlates of Gratitude," *Frontiers in Psychology* 6 (2015); Alex M. Wood, Stephen Joseph, and John Maltby, "Gratitude Uniquely Predicts Satisfaction with Life: Incremental Validity Above the Domains and Facets of the Five Factor Model," *Personality and Individual Differences* 45, no. 1 (2008): 49–54; Max Henning, Glenn R. Fox, Jonas Kaplan, Hanna Damasio, and Antonio Damasio, "The Positive Effects of Gratitude Are Mediated by Physiological Mechanisms," *Frontiers in Psychology* (2017).
30. Sarah J. Barber, Philipp C. Opitz, Bruna Martins, Michiko Sakaki, and Mara Mather, "Thinking About a Limited Future Enhances the Positivity of Younger and Older Adults' Recall: Support for Socioemotional Selectivity Theory," *Memory and Cognition* 44, no. 6 (2016): 869–82; Mara Mather, "The Affective Neuroscience of Aging," *Annual Review of Psychology* 67 (2016): 213–38.
31. Daniel Kahneman, "Experienced Utility and Objective Happiness: A Moment-Based Approach," in *Choices, Values, and Frames*, eds. Daniel Kahneman and Amos Tversky (New York: Russell Sage Foundation, 2000); Daniel Kahneman, "Evaluation by Moments: Past and Future," in ibid.; Bruna Martins, Gal Sheppes, James J. Gross, and Mara Mather, "Age Differences in Emotion Regulation Choice: Older Adults Use Distraction Less Than Younger Adults in High-Intensity Positive Contexts," *Journals of Gerontology Series B: Psychological Sciences and Social Sciences* (2016): gbw028.

第９章　意識

1. 二点簡単に補足しておこう．私は「主観性」という用語を，認知的，哲学的な意味

24. われわれのグループが現在行なっている研究は，末梢神経系の神経節における非シナプス性伝達が，シナプス間伝達，痛み，感覚知覚，平滑筋の収縮などの数々の身体機能においても重要な役割を果たす神経伝達物質にコントロールされていることを見出している．興味深いことに，この多目的化学物質は，無差別にニューロンに影響を及ぼすわけではない．もっとも劇的な効果は，内受容経路のほとんどを形成し，感情の生成に一役買っていると考えられる，ミエリン化されていない古いC線維に対するものであるように思われる．次の文献を参照されたい．Damasio and Carvalho, "Nature of Feelings"; Björnsdotter, Morrison, and Olausson, "Feeling Good"; Gang Wu, Matthias Ringkamp, Timothy V. Hartke, Beth B. Murinson, James N. Campbell, John W. Griffin, and Richard A. Meyer, "Early Onset of Spontaneous Activity in Uninjured C-Fiber Nociceptors After Injury to Neighboring Nerve Fibers," *Journal of Neuroscience* 21, no. 8 (2001): RC140; R. Douglas Fields, "White Matter in Learning, Cognition, and Psychiatric Disorders," *Trends in Neurosciences* 31, no. 7 (2008): 361–70; McKenzie et al., "Motor Skill Learning Requires Active Central Myelination"; Julia J. Harris and David Attwell, "The Energetics of CNS White Matter," *Journal of Neuroscience* 32, no. 1 (2012): 356–71; Richard A. Meyer, Srinivasa N. Raja, and James N. Campbell, "Coupling of Action Potential Activity Between Unmyelinated Fibers in the Peripheral Nerve of Monkey," *Science* 227 (1985): 184–88; Hemant Bokil, Nora Laaris, Karen Blinder, Mathew Ennis, and Asaf Keller, "Ephaptic Interactions in the Mammalian Olfactory System," *Journal of Neuroscience* 21 (2001): 1–5; Henry Harland Hoffman and Harold Norman Schnitzlein, "The Numbers of Nerve Fibers in the Vagus Nerve of Man," *Anatomical Record* 139, no. 3 (1961): 429–35; Marshall Devor and Patrick D. Wall, "Cross-Excitation in Dorsal Root Ganglia of Nerve-Injured and Intact Rats," *Journal of Neurophysiology* 64, no. 6 (1990): 1733–46; Eva Sykova, "Glia and Volume Transmission During Physiological and Pathological States," *Journal of Neural Transmission* 112, no. 1 (2005): 137–47.

25. Emeran Mayer, *The Mind-Gut Connection: How the Hidden Conversation Within Our Bodies Impacts Our Mood, Our Choices, and Our Overall Health* (New York: HarperCollins, 2016)［『腸と脳─体内の会話はいかにあなたの気分や選択や健康を左右するか』高橋洋訳，紀伊國屋書店，2018年］.

26. Jane A. Foster and Karen-Anne McVey Neufeld, "Gut-Brain Axis: How the Microbiome Influences Anxiety and Depression," *Trends in Neurosciences* 36, no. 5 (2013): 305–12; Mark Lyte and John F. Cryan, eds., *Microbial Endocrinology: The Microbiota-Gut-Brain Axis in Health and Disease* (New York: Springer, 2014); Mayer, *Mind-Gut Connection*.

27. Doe-Young Kim and Michael Camilleri, "Serotonin: A Mediator of the Brain-Gut

15. これらの神経核の重要性は，ホメオスタシスの状態の変化に関してそれらが受け取る神経投射の規模からもわかる．Esther-Marije Klop, Leonora J. Mouton, Rogier Hulsebosch, José Boers, and Gert Holstege, “In Cat Four Times as Many Lamina I Neurons Project to the Parabrachial Nuclei and Twice as Many to the Periaqueductal Gray as to the Thalamus,” *Neuroscience* 134, no. 1 (2005): 189–97.
16. Michael M. Behbehani, “Functional Characteristics of the Midbrain Periaqueductal Gray,” *Progress in Neurobiology* 46, no. 6 (1995): 575–605.
17. Craig, “How Do You Feel?”; Craig, “Interoception”; Craig, “How Do You Feel — Now?”; Critchley et al., “Neural Systems Supporting Interoceptive Awareness”; Richard P. Dum, David J. Levinthal, and Peter L. Strick, “The Spinothalamic System Targets Motor and Sensory Areas in the Cerebral Cortex of Monkeys,” *Journal of Neuroscience* 29, no. 45 (2009): 14223–35; Antoine Louveau, Igor Smirnov, Timothy J. Keyes, Jacob D. Eccles, Sherin J. Rouhani, J. David Peske, Noel C. Derecki, “Structural and Functional Features of Central Nervous System Lymphatic Vessels,” *Nature* 523, no. 7560 (2015): 337–41.
18. Michael J. McKinley, *The Sensory Circumventricular Organs of the Mammalian Brain: Subfornical Organ, OVLT, and Area Postrema* (New York: Springer, 2003); Robert E. Shapiro and Richard R. Miselis, “The Central Neural Connections of the Area Postrema of the Rat,” *Journal of Comparative Neurology* 234, no. 3 (1985): 344–64.
19. Marshall Devor, “Unexplained Peculiarities of the Dorsal Root Ganglion,” *Pain* 82 (1999): S27–S35.
20. He-Bin Tang, Yu-Sang Li, Koji Arihiro, and Yoshihiro Nakata, “Activation of the Neurokinin-1 Receptor by Substance P Triggers the Release of Substance P from Cultured Adult Rat Dorsal Root Ganglion Neurons,” *Molecular Pain* 3, no. 1 (2007): 42.
21. J. A. Kiernan, “Vascular Permeability in the Peripheral Autonomic and Somatic Nervous Systems: Controversial Aspects and Comparisons with the Blood-Brain Barrier,” *Microscopy Research and Technique* 35, no. 2 (1996): 122–36.
22. Malin Björnsdotter, India Morrison, and Håkan Olausson, “Feeling Good: On the Role of C Fiber Mediated Touch in Interoception,” *Experimental Brain Research* 207, no. 3–4 (2010): 149–55; A. Harper and S. N. Lawson, “Conduction Velocity Is Related to Morphological Cell Type in Rat Dorsal Root Ganglion Neurones,” *Journal of Physiology* 359 (1985): 31.
23. Damasio and Carvalho, “Nature of Feelings”; Ian A. McKenzie, David Ohayon, Huiliang Li, Joana Paes De Faria, Ben Emery, Koujiro Tohyama, and William D. Richardson, “Motor Skill Learning Requires Active Central Myelination,” *Science* 346, no. 6207 (2014): 318–22.

9. Yasuko Hashiguchi, Masao Tasaka, and Miyo T. Morita, “Mechanism of Higher Plant Gravity Sensing,” *American Journal of Botany* 100, no. 1 (2013): 91–100; Alberto P. Macho and Cyril Zipfel, “Plant PRRs and the Activation of Innate Immune Signaling,” *Molecular Cell* 54, no. 2 (2014): 263–72.
10. 私の同僚キングソン・マンは，神経と身体の相互作用が生じる条件を表現するために「連続性」という用語を提案した．
11. 東洋の伝統的な思考体系では，二元性は正常な人間の知覚に固有なものではあれ，私たちが知覚する，種々の個別的な物体や現象に満ちた世界は，より根本的な「非二元性の」リアリティの基体をおおい隠す知覚的な覆い《スクリーン》であると主張する．「非二元性」の考えは，心と身体とあらゆる現象が密接に結びついた，絶対的な相互依存の世界を描く．この見方は西洋の支配的な文化的パラダイムとは対立するが，スピノザら一部の西洋の哲学者は類似の見解に達している．東洋の伝統的な思想と現代の自然科学のこのような類似性は，徐々に明らかにされつつある．たとえば，支配的な見方に挑戦する量子力学の注目すべき発見を考えてみればよい．それによれば，私たちが知覚する離散化し客観化されたリアリティの基盤には，さまざまな力のあいだの，より関係的で動的な相互作用が存在する．David Loy, *Nonduality: A Study in Comparative Philosophy* (Amherst, N.Y.: Humanity Books, 1997); Vlatko Vedral, *Decoding Reality: The Universe as Quantum Information* (New York: Oxford University Press, 2012).
12. Arthur D. Craig, “How Do You Feel? Interoception: The Sense of the Physiological Condition of the Body,” *Nature Reviews Neuroscience* 3, no. 8 (2002): 655–66; Arthur D. Craig, “Interoception: The Sense of the Physiological Condition of the Body,” *Current Opinion in Neurobiology* 13, no. 4 (2003): 500–505; Arthur D. Craig, “How Do You Feel—Now? The Anterior Insula and Human Awareness,” *Nature Reviews Neuroscience* 10, no. 1 (2009); Hugo D. Critchley, Stefan Wiens, Pia Rotshtein, Arne Öhman, and Raymond J. Dolan, “Neural Systems Supporting Interoceptive Awareness,” *Nature Neuroscience* 7, no. 2 (2004): 189–95.
13. Alexander J. Shackman, Tim V. Salomons, Heleen A. Slagter, Andrew S. Fox, Jameel J. Winter, and Richard J. Davidson, “The Integration of Negative Affect, Pain, and Cognitive Control in the Cingulate Cortex,” *Nature Reviews Neuroscience* 12, no. 3 (2011): 154–67.
14. 誰もが注意を払っていなかった頃に，皮質下の神経核に着目していた科学者の筆頭にあげられるのは，ヤーク・パンクセップである．この考えは，われわれが行なったものを含め (Damasio et al., “Subcortical and Cortical Brain Activity During the Feeling of Self-Generated Emotions”)，さまざまな研究によって支持されている．霊長類の脳幹の構造については，Parvizi and Damasio, “Consciousness and the Brainstem” を参照されたい．

Bosch, "MyD88-Deficient Hydra Reveal an Ancient Function of TLR Signaling in Sensing Bacterial Colonizers," *Proceedings of the National Academy of Sciences* 109, no. 47 (2012): 19374–79; Bosch et al., "Uncovering the Evolutionary History of Innate Immunity."

6. 感情は生死を分かつことがある．いかなる生物も，検知された環境状態に応じて反応しなければならないが，環境状態がホメオスタシスに適合しているか否かを評価するのにかかる時間が，生死を分かつケースが多々ある．環境内に見出された既知の手がかりをもとに捕食者の存在を予見する能力を持つ動物は，生存の可能性が高い．感情は，まさにそれを可能にするのである．

 場所嫌悪／選好の条件づけに関する研究は，この問題を扱う．この研究では，実験動物は，ホメオスタシスに影響を及ぼす刺激を欠いても，環境内の中立的な手がかりによって妥当な反応が引き起こされるよう条件づけられる．この種の柔軟な学習が，感情を持たない生物に生じるとは考えにくい．それが生じるには，環境内の手がかりに対応する心的な表象と生理的な苦痛の表象がまず存在し，これら二つのモデルを結びつけることができなければならない．条件づけされたあとは，環境内に該当する手がかりが見出されると，結びつけられた生理的状態が喚起される．

 感情を経験する能力は，知覚された環境条件に対し，過去の経験に基づいて予測的に反応することを可能にする．このように，ホメオスタシスの主観的な評価を外来の中立的な刺激に投影することで，その生物の生存と繁栄の可能性は大幅に向上する．次の文献を参照されたい．Cindee F. Robles, Marissa Z. McMackin, Katharine L. Campi, Ian E. Doig, Elizabeth Y. Takahashi, Michael C. Pride, and Brian C. Trainor, "Effects of Kappa Opioid Receptors on Conditioned Place Aversion and Social Interaction in Males and Females," *Behavioural Brain Research* 262 (2014): 84–93; M. T. Bardo, J. K. Rowlett, and M. J. Harris, "Conditioned Place Preference Using Opiate and Stimulant Drugs: A Meta-analysis," *Neuroscience and Biobehavioral Reviews* 19, no. 1 (1995): 39–51.

7. 先天性免疫系の活性化があらゆる形態の組織の損傷や感染に対して全般的な保護反応を喚起するのに対し，それよりあとの4億5000万年前に有顎脊椎動物において進化した適応免疫系は，特定の病原体を狙って直接的な攻撃を仕掛ける．ひとたび病原体が特定されると，もっぱらその病原体をターゲットにする化学物質が産生される．病原体がこの化学物質に検知されると，一群の免疫細胞がただちに生成され，身体を駆け巡って侵入者であることを示す分子的なしるしを持つ細胞を捜し求める．この分子的なしるしは生涯記憶され，特定の病原体に対する繰り返しの暴露は，適応免疫系の反応を次第に強化していく．Martin F. Flajnik and Masanori Kasahara, "Origin and Evolution of the Adaptive Immune System: Genetic Events and Selective Pressures," *Nature Reviews Genetics* 11, no. 1 (2010): 47–59.

8. Klein and Barron, "Insects Have the Capacity for Subjective Experience."

免疫反応が引き起こされ，局所的な侵害受容器のTRPチャネルの感度が上がり，負傷や感染に対する痛みの感度が増す．すると痛みは運動皮質を抑制し，拮抗筋を活性化することで運動の始動そのものを抑制しさえする．負傷によって痛みが引き起こされた場合，かくしてさらなる損傷を防ぐことができる．

求心性痛覚神経が痛みや損傷に対処するあいだ，それ以外の求心性感覚神経は，生体内外の状況をめぐる関連情報を収集する．そして両者に関して，イメージが同時に形成される．神経系は，感覚刺激の発生箇所を正確に特定し，ホメオスタティックな生命活動調節システムを統合する多様で複雑な生理プロセスの調整を行なうことを可能にする．Giorgio Santoni, Claudio Cardinali, Maria Beatrice Morelli, Matteo Santoni, Massimo Nabissi, and Consuelo Amantini, “Danger- and Pathogen-Associated Molecular Patterns Recognition by Pattern-Recognition Receptors and Ion Channels of the Transient Receptor Potential Family Triggers the Inflammasome Activation in Immune Cells and Sensory Neurons,” *Journal of Neuroinflammation* 12, no. 1 (2015): 21; McMahon, La Russa, and Bennett, “Crosstalk Between the Nociceptive and Immune Systems in Host Defense and Disease”; Ardem Patapoutian, Simon Tate, and Clifford J. Woolf, “Transient Receptor Potential Channels: Targeting Pain at the Source,” *Nature Reviews Drug Discovery* 8, no. 1 (2009): 55–68; Takaaki Sokabe and Makoto Tominaga, “A Temperature-Sensitive TRP Ion Channel, Painless, Functions as a Noxious Heat Sensor in Fruit Flies,” *Communicative and Integrative Biology* 2, no. 2 (2009): 170–73; Farina et al., “Pain-Related Modulation of the Human Motor Cortex.”

4. Santoni et al., “Danger- and Pathogen-Associated Molecular Patterns Recognition by Pattern-Recognition Receptors and Ion Channels of the Transient Receptor Potential Family Triggers the Inflammasome Activation in Immune Cells and Sensory Neurons”; Sokabe and Tominaga, “Temperature-Sensitive TRP Ion Channel, Painless, Functions as a Noxious Heat Sensor in Fruit Flies.”

5. Colin Klein and Andrew B. Barron, “Insects Have the Capacity for Subjective Experience,” *Animal Sentience* 1, no. 9 (2016): 1.

ヒドラの神経網は，イメージや表象を構築する能力をおそらく持っていなかったのだろうが，中間のステップは出現しつつあった．活性化されることで病原体の侵入，あるいは急激な温度変化や有害物質による組織の損傷を告知するToll様受容体（TLR）は，ヒドラにも見出され，神経系に依存するマッピングに先行する．損傷や病原体に結びついた分子パターンに対して感受性を持つTLRが活性化されると，所定の感情表出反応や免疫反応が喚起され得る．この検知／反応の特定性は，単細胞生物が備える一過性受容器電位チャネルによって提供される一般化された感覚刺激が，一段階高度化したものと見なせる．Sören Franzenburg, Sebastian Fraune, Sven Künzel, John F. Baines, Tomislav Domazet-Lošo, and Thomas C. G.

ピオイド受容体（δ，μ，κ，NOP受容体）は，有顎脊椎動物が，カンブリア爆発のあとの，およそ4億5000万年前に初めて出現したときから保たれている．ヴェイレンスや感情さえも，従来考えられてきた以上に広範に動物界に浸透している可能性を考えると，とても興味深い．Susanne Dreborg, Görel Sundström, Tomas A. Larsson, and Dan Larhammar, "Evolution of Vertebrate Opioid Receptors," *Proceedings of the National Academy of Sciences* 105, no. 40 (2008): 15487–92.

第8章　感情の構築

1. Pierre Beaulieu et al., *Pharmacology of Pain* (Philadelphia: Lippincott Williams & Wilkins, 2015).
2. George B. Stefano, Beatrice Salzet, and Gregory L. Fricchione, "Enkelytin and Opioid Peptide Association in Invertebrates and Vertebrates: Immune Activation and Pain," *Immunology Today* 19, no. 6 (1998): 265–68; Michel Salzet and Aurélie Tasiemski, "Involvement of Pro-enkephalin-derived Peptides in Immunity," *Developmental and Comparative Immunology* 25, no. 3 (2001): 177–85; Halina Machelska and Christoph Stein, "Leukocyte-Derived Opioid Peptides and Inhibition of Pain," *Journal of Neuroimmune Pharmacology* 1, no. 1 (2006): 90–97; Simona Farina, Michele Tinazzi, Domenica Le Pera, and Massimiliano Valeriani, "Pain-Related Modulation of the Human Motor Cortex," *Neurological Research* 25, no. 2 (2003): 130–42; Stephen B. McMahon, Federica La Russa, and David L. H. Bennett, "Crosstalk Between the Nociceptive and Immune Systems in Host Defense and Disease," *Nature Reviews Neuroscience* 16, no. 7 (2015): 389–402.
3. Brunet and Arendt, "From Damage Response to Action Potentials"; Hoffman et al., "Aminoglycoside Antibiotics Induce Bacterial Biofilm Formation"; Naviaux, "Metabolic Features of the Cell Danger Response"; Icard-Arcizet et al., "Cell Stiffening in Response to External Stress Is Correlated to Actin Recruitment"; Kearns, "Field Guide to Bacterial Swarming Motility"; Erill, Campoy, and Barbé, "Aeons of Distress."

　一過性受容器電位（TRP）チャネルは，単細胞生物ではセンサーの役割を果たし，系統発生の歴史を通じて保存されてきた．たとえば無脊椎動物では，このセンサーは，高熱などの有害な環境条件を検知し，生存に重要な役割を果たしている．有害な環境条件を検知する装置と神経系の組み合わせは，やがて侵害受容器と呼ばれる感覚ニューロンの体系を生む．

　侵害受容器は身体組織全体に分布し，通常は無害な感覚刺激が有害な強度に達したときに反応する高閾値TRP電位チャネルを備える．また，身体全体に分布する免疫系の見張り役たるToll様受容体（TLR）も備えている．TLRが活性化されると，免疫反応が引き起こされる．また侵害受容器のTLRが活性化されると強い局所的同盟関係を強める役割を果たす適応的な行動である毛繕いによって緩和される．毛繕いが社会的な階層，互恵性，資源／サービスの交換から成る複雑なシステムの核をなす霊長類もある．毛繕いのパートナーシップに関連して形成された社会的関係は，個体の健康や福祉にとって不可欠のものであり，また，集団の結束を強化する．次の文献を参照されたい．Cyril C. Greuter, Annie Bissonnette, Karin Isler, and Carel P. van Schaik, "Grooming and Group Cohesion in Primates: Implications for the Evolution of Language," *Evolution and Human Behavior* 34, no. 1 (2013): 61–68; Karen McComb and Stuart Semple, "Coevolution of Vocal Communication and Sociality in Primates," *Biology Letters* 1, no. 4 (2005): 381–85; Max Henning, Glenn R. Fox, Jonas Kaplan, Hanna Damasio, and Antonio Damasio, "A Role for mu-Opioids in Mediating the Positive Effects of Gratitude," in *Focused Review: Frontiers in Psychology* (forthcoming).

11. 社会的な遊びの行動は，皮質下の神経回路に媒介される．研究によれば，幼獣のあいだの無鉄砲な遊びは，社会的行動の学習に重要な役割を果たす．家庭で飼われ社会的な遊びをする機会がない子ネコは，攻撃的な成獣になる．社会的な遊びの行動は，オピオイドμ受容体やオピオイドκ受容体の活性化によって促進されたり抑制されたりするオピオイド作動性のメカニズムによって調整される．このメカニズムは，より一般的にはホメオスタティックな衝動や感情ヴェイレンスに結びついている．このメカニズムの社会性への関与は，向社会的な行動がホメオスタシスに動機づけられていることを示唆する．Siviy and Panksepp, "In Search of the Neurobiological Substrates for Social Playfulness in Mammalian Brains"; Panksepp, "Cross-Species Affective Neuroscience Decoding of the Primal Affective Experiences of Humans and Related Animals"; Gary W. Guyot, Thomas L. Bennett, and Henry A. Cross, "The Effects of Social Isolation on the Behavior of Juvenile Domestic Cats," *Developmental Psychobiology* 13, no. 3 (1980): 317–29; Louk J. M. J. Vanderschuren, Raymond J. M. Niesink, Berry M. Spruijt, and Jan M. Van Ree, " μ -and κ -Opioid Receptor-Mediated Opioid Effects on Social Play in Juvenile Rats," *European Journal of Pharmacology* 276, no. 3 (1995): 257–66; Hugo A. Tejeda, Danielle S. Counotte, Eric Oh, Sammanda Ramamoorthy, Kristin N. Schultz-Kuszak, Cristina M. Bäckman, Vladmir Chefer, Patricio O'Donnell, and Toni S. Shippenberg, "Prefrontal Cortical Kappa- Opioid Receptor Modulation of Local Neurotransmission and Conditioned Place Aversion," *Neuropsychopharmacology* 38, no. 9 (2013): 1770–79; Stephen W. Porges, *The Polyvagal Theory* (New York and London: W. W. Norton, 2011).

イメージ形成に必要な神経系を備える生物種を対象にした最近の研究では，ポジティブなヴェイレンスはオピオイドμ受容体に，ネガティブなヴェイレンスはオピオイドκ受容体に，一貫して相関することが見出されている．人間の身体にあるオ

sepp, "In Search of the Neurobiological Substrates for Social Playfulness in Mammalian Brains," *Neuroscience and Biobehavioral Reviews* 35, no. 9 (2011): 1821–30; Jaak Panksepp, "Cross-Species Affective Neuroscience Decoding of the Primal Affective Experiences of Humans and Related Animals," *PLoS One* 6, no. 9 (2011): e21236.

9. 悲鳴を耳にし，怖れを感じるときなどに示される情動的感情の背後をなすメカニズムは，悲鳴が持つ音響的な性質によって喚起される感情表出反応に基礎を置く．悲鳴のかん高さも反応に寄与しているのかもしれないが，音声の粗さが重要な要因をなしているように思われる．悲鳴を耳にした状況も関係する．私はオーソン・ウェルズが監督した『黒い罠』（米・1959年）や，アルフレッド・ヒッチコックが監督した『サイコ』（米・1960年）を何度も観ているが，これらの映画におけるジャネット・リーの悲鳴は，十全に予測できる悲鳴である．それでもネガティブな感情表出作用は生じるが，抑制されている．それどころか，オーソン・ウェルズがそれらのシーンをいかに編集したかに着目すると，ポジティブな感情がネガティブな感情を上回ることさえある〔『黒い罠』は，一般には『サイコ』ほど知られていないが，映画ファンのあいだではフィルムノワールの名作として有名であり，悲鳴のシーンのみならず，ポジティブな感情を喚起する冒頭の開闊的なシーンや，ネガティブな感情を喚起するラストの閉鎖的なシーンの提示の巧妙さに関して言及されることが多い．なおジャネット・リーは両作品に出演している〕．仮にそれと同じ悲鳴を，他に誰もいない真夜中の路地で車を駐車しようとしていたときに聞いたとすると，話は違ってくるはずだ．私は恐怖を感じるだろう．ある種の「慣習的な」怖れの情動が喚起され，それに続いて怖れの感情を覚えるはずである．感情表出プログラムが始動すると，必然的にその瞬間におけるホメオスタシスの状態の何らかの側面が変更を受ける．この変更プロセスの心的表象（イメージ化）と，その持続する，あるいはつかの間の高まりは，喚起された感情の典型である情動的感情をなす．Luc H. Arnal, Adeen Flinker, Andreas Kleinschmidt, Anne-Lise Giraud, and David Poeppel, "Human Screams Occupy a Privileged Niche in the Communication Soundscape," *Current Biology* 25, no. 15 (2015): 2051–56; Ralph Adolphs, Hanna Damasio, Daniel Tranel, Greg Cooper, and Antonio Damasio, "A Role for Somatosensory Cortices in the Visual Recognition of Emotion as Revealed by Three-Dimensional Lesion Mapping," *Journal of Neuroscience* 20, no. 7 (2000): 2683–90.

10. 特に意外ではないが，社会的な関係に対する「欲求」は古く，ホメオスタシスに動機づけられている．単細胞生物は，この現象の先駆けとなる振る舞いを示す．また鳥類や哺乳類にも例を見出せる．

野生の環境下では，社会性動物のあいだにおける寄生虫の伝播の増大や，資源をめぐる争いによって，繁殖成功度の低下や寿命の短縮がもたらされ得る．これは，身体にとりついた寄生虫の数を削減するばかりでなく，パートナー間の社会的絆と

logical and Biochemical Zoology 76, no. 5 (2003): 744–52; Firdaus S. Dhabhar and Bruce S. McEwen, "Acute Stress Enhances While Chronic Stress Suppresses Cell-Mediated Immunity in Vivo: A Potential Role for Leukocyte Trafficking," *Brain, Behavior, and Immunity* 11, no. 4 (1997): 286–306; Suzanne C. Segerstrom and Gregory E. Miller, "Psychological Stress and the Human Immune System: A Meta-analytic Study of 30 Years of Inquiry," *Psychological Bulletin* 130, no. 4 (2004): 601.

ストレスは視床下部・脳下垂体軸を活性化し，副腎皮質刺激ホルモン放出ホルモン（CRH）の分泌を誘導する．CRH は CRH1 受容体に結合し，別のクラスの内因性オピオイドペプチドであるダイノルフィンの分泌を促す．ダイノルフィンはオピオイド κ 受容体（KOR）に働きかける．MOR が満足感の持つ快い性質に結びついているのに対し，扁桃体基底外側部における KOR の活動は，不快な経験の，嫌悪を催す性質の調整に結びついている．次の文献を参照されたい．Benjamin B. Land et al., "The Dysphoric Component of Stress Is Encoded by Activation of the Dynorphin K-Opioid System," *Journal of Neuroscience* 28, no. 2 (2008): 407–14; Michael R. Bruchas, Benjamin B. Land, Julia C. Lemos, and Charles Chavkin, "CRF1-R Activation of the Dynorphin/Kappa Opioid System in the Mouse Basolateral Amygdala Mediates Anxiety-Like Behavior," *PLoS One* 4, no. 12 (2009): e8528.

8. ヤーク・パンクセップは，アフェクトにおける脳幹と前脳基底部の役割の理解に草分け的な貢献をした．パンクセップの『アフェクトの神経科学（*Affective Neuroscience*）』を参照されたい．関連する文献には次のものがある．Antonio Damasio, Thomas J. Grabowski, Antoine Bechara, Hanna Damasio, Laura L.B. Ponto, Josef Parvizi, and Richard Hichwa, "Subcortical and Cortical Brain Activity During the Feeling of Self-Generated Emotions," *Nature Neuroscience* 3, no. 10 (2000): 1049–56, doi:10.1038/79871; Antonio Damasio and Joseph LeDoux, "Emotion," in Kandel et al., *Principles of Neural Science*; Berridge and Kringelbach, *Pleasures of the Brain* (Oxford: Oxford University Press, 2009); Damasio and Carvalho, "Nature of Feelings"; Josef Parvizi and Antonio Damasio, "Consciousness and the Brainstem," *Cognition* 79, no. 1 (2001): 135–60, doi:10.1016/S0010-0277(00)00127-X. 最近の文献には，次のものがある．Anand Venkatraman, Brian L. Edlow, and Mary Helen Immordino-Yang, "The Brainstem in Emotion: A Review," *Frontiers in Neuroanatomy* 11, no. 15 (2017): 1–12; Jaak Panksepp, "The Basic Emotional Circuits of Mammalian Brains: Do Animals Have Affective Lives?," *Neuroscience and Biobehavioral Reviews* 35, no. 9 (2011): 1791–804; Antonio Alcaro and Jaak Panksepp, "The SEEKING Mind: Primal Neuro-affective Substrates for Appetitive Incentive States and Their Pathological Dynamics in Addictions and Depression," *Neuroscience and Biobehavioral Reviews* 35, no. 9 (2011): 1805–20; Stephen M. Siviy and Jaak Pank-

(Cambridge, Mass.: Harvard University Press, 2002).

第７章　アフェクト

1. 「あたかも身体ループ」については，『デカルトの誤り』を参照されたい．リサ・フェルドマン・バレットの感情に関する記述は，知性化された感情に関する私の考えをうまくとらえている．彼女の記述は，記憶と理性的推論に依拠する基本的な感情プロセスの働きに読者の注意を促している．Lisa Feldman Barrett, Batja Mesquita, Kevin N. Ochsner, and James J. Gross, "The Experience of Emotion," *Annual Review of Psychology* 58 (2007): 373.
2. ここで私は，たとえばヴェイレンスなど，基本的な感情プロセスに属する心的コンテンツと，記憶，推論，記述など，このプロセスの知性化に属する心的コンテンツを原則的に区別している．「カエサルのものはカエサルに」と言いたいだけである．
3. Lauri Nummenmaa, Enrico Glerean, Riitta Hari, and Jari K. Hietanen, "Bodily Maps of Emotions," *Proceedings of the National Academy of Sciences* 111, no. 2 (2014): 646–51.
4. William Wordsworth, "Lines Composed a Few Miles Above Tintern Abbey, on Revisiting the Banks of the Wye During a Tour, July 13, 1798," in *Lyrical Ballads* (Monmouthshire, U.K.: Old Stile Press, 2002), 111–17.
5. メアリー・ヘレン・イモアディーノ＝ヤンとの私信による．
6. 満足感をもたらす生理的状態は，オピオイドμ受容体（MOR）に作用する内因性のエンドルフィン分子の分泌と関係する．MORは鎮痛や薬物依存との関係でよく知られているが，最近になって満足感の持つ快い性質を調整することが知られるようになった．Morten L. Kringelbach and Kent C. Berridge, "Motivation and Pleasure in the Brain," in *The Psychology of Desire*, ed. Wilhelm Hofmann and Loran F. Nordgren (New York: Guilford Press, 2015), 129–45.
7. ストレスは定義上，代謝集中的である．最近の研究によって，急性ストレスは免疫反応を強化し得るが，慢性ストレスはその逆に，免疫に関する生体の能力を抑制する効果を持つことがわかっている．免疫反応は，免疫細胞を作り出す細胞装置を動員するが，このプロセスは代謝面でコストがかかり，効果的な免疫反応を実行するためには，とりわけすでにストレス状態に置かれている場合，ときに生体が供給できる以上の資源が必要とされる．この状態に陥ると，生体の健康は損なわれる．また防御を支援するために，他の用途に割けるホメオスタシスの予算が削られて疲労や倦怠が生じ，完治の可能性がさらに低下する．その点に鑑みれば，効果的な免疫反応，そしてそれゆえ自己の繁栄の維持をもっとも期待できるのは，ストレスを受けていない生体であることは明らかである．次の文献を参照されたい．Terry L. Derting and Stephen Compton, "Immune Response, Not Immune Maintenance, Is Energetically Costly in Wild White-Footed Mice (*Peromyscus leucopus*)," *Physio-*

ようにシグナルを受け取り，必要に応じて反応する独立した組織として脳をとらえる従来の概念を侵犯する．現実は次のようなものだ．そもそもシグナルは，純粋に神経的なものでは決してなく，中枢神経系に至る途中で徐々に変化する．さらにいえば，中枢神経系は，入って来るシグナルにさまざまなレベルで反応することで，シグナルの受け渡しを発生させた初期の条件を変えることができる．

4. コンセプトや言葉を処理する神経基盤の研究は，認知神経科学のおもな領域の一つである．われわれのグループも，この分野に貢献してきた．次の文献を参照されたい．Antonio Damasio and Patricia Kuhl, “Language,” in Kandel et al., *Principles of Neural Science*; Hanna Damasio, Daniel Tranel, Thomas J. Grabowski, Ralph Adolphs, and Antonio Damasio, “Neural Systems Behind Word and Concept Retrieval,” *Cognition* 92, no. 1 (2004): 179–229; Antonio Damasio and Daniel Tranel, “Nouns and Verbs Are Retrieved with Differently Distributed Neural Systems,” *Proceedings of the National Academy of Sciences* 90, no. 11 (1993): 4957–60; Antonio Damasio, “Concepts in the Brain,” *Mind and Language* 4, nos. 1–2 (1989): 24–28, doi:10.1111/j.1468-0017.tb00236.x; Antonio Damasio and Hanna Damasio, “Brain and Language,” *Scientific American* 267 (1992): 89–95.
5. 現在では，研究室でナラティブ構築のプロセスの神経相関を調査することが可能である．例として次の文献を参照されたい．Jonas Kaplan, Sarah I. Gimbel, Morteza Dehghani, Mary Helen Immordino-Yang, Kenji Sagae, Jennifer D. Wong, Christine Tipper, Hanna Damasio, Andrew S. Gordon, and Antonio Damasio, “Processing Narratives Concerning Protected Values: A Cross-Cultural Investigation of Neural Correlates,” *Cerebral Cortex* (2016): 1–11, doi:10.1093/cercor/bhv325.
6. 「デフォルトモードネットワーク」は，休息時やマインドワンダリングなどの特定の行動的，心的状態において特に活性化される両半球にわたる一連の脳領域を指す．心が特定のコンテンツに焦点を絞ると，一般には活性の度合いが低下するが，注意の処理の状況によっては高まる場合もある．このネットワークのノードは，一般に連合皮質として知られる脳領域内の，皮質間の結合の収斂性や拡散性が高い部位に対応する．おそらくこのネットワークは，記憶の検索やナラティブの構築における心的コンテンツの組織化に寄与していると考えられる．このネットワーク（とそれに関連する他のネットワーク）の特徴の多くには，まだ謎が多い．Marcus Raichle’s careful observations led to its discovery. Marcus E. Raichle, “The Brain’s Default Mode Network,” *Annual Review of Neuroscience* 38 (2015): 433–47.
7. Meyer and Damasio, “Convergence and Divergence in a Neural Architecture for Recognition and Memory” や，それに関連する収斂性や拡散性の枠組みに関する文献を参照されたい．
8. 哲学者のアヴィシャイ・マルガリートは，これらのテーマに関して重要な貢献を行なってきた．次の文献を参照されたい．Avishai Margalit, *The Ethics of Memory*

どの「低次の」専門化した皮質領域内で最初に処理される．しかしそれらのシグナルや関連するシグナルは，それに続き側頭，頭頂，さらには前頭領域の連合皮質において必要に応じて統合される．これらの領域は，双方向の経路によって相互結合されている．処理はさらに，デフォルトモードネットワークなどのネットワークや，脳幹の神経核や前脳基底核に由来する通常の調節シグナルによって支援される．Kingson Man, Antonio Damasio, Kaspar Meyer, & Jonas T. Kaplan, "Convergent and Invariant Object Representations for Sight, Sound, and Touch," *Human Brain Mapping* 36, no. 9 (2015): 3629–40, doi:10.1002/hbm.22867; Kingson Man, Jonas T. Kaplan, Hanna Damasio, and Antonio Damasio, "Neural Convergence and Divergence in the Mammalian Cerebral Cortex: From Experimental Neuroanatomy to Functional Neuroimaging," *Journal of Comparative Neurology* 521, no. 18 (2013): 4097–111, doi:10.1002/cne.23408; Kingson Man, Jonas T. Kaplan, Antonio Damasio, and Kaspar Meyer, "Sight and Sound Converge to Form Modality-Invariant Representations in Temporoparietal Cortex," *Journal of Neuroscience* 32, no. 47 (2012): 16629–36, doi:10.1523/JNEUROSCI.2342-12.2012．そのようなプロセスを支援する能力を持つ神経構造の背景に関しては次の文献を参照されたい．Antonio Damasio et al., "Neural Regionalization of Knowledge Access: Preliminary Evidence," *Symposia on Quantitative Biology* 55 (1990): 1039–47; Antonio Damasio, "Time-Locked Multiregional Retroactivation: A Systems-Level Proposal for the Neural Substrates of Recall and Recognition," *Cognition* 33 (1989): 25–62; Antonio Damasio, Daniel Tranel, and Hanna Damasio, "Face Agnosia and the Neural Substrates of Memory," *Annual Review of Neuroscience* 13 (1990): 89–109. また次の文献も参照されたい．Kaspar Meyer and Antonio Damasio, "Convergence and Divergence in a Neural Architecture for Recognition and Memory," *Trends in Neurosciences* 32, no. 7 (2009): 376–82. 海馬における場所細胞の発見（J・オキーフによる）や，嗅内皮質における格子細胞の発見（M・H＆E・モーザーによる）は，これらのシステムに関する私たちの理解を深めた．

第６章　拡張する心

1. Fernando Pessoa, *The Book of Disquiet* (New York: Penguin Books, 2001)［『新編 不穏の書、断章』澤田直訳，平凡社ライブラリー，2013年］．
2. オスカー・レヴァント扮する作曲家は，自分自身の見果てぬ成功を夢見ながら，コンサートホールに集まってきた何人ものオスカー・レヴァントから成る聴衆の前で，ピアノを演奏するところを想像する．もちろん聴衆は，彼の演奏に盛大な拍手をする．それから彼は別の楽器を演奏し，指揮もする．
3. 末梢と脳の関係の単純化は，生物学的な用語で心的プロセスを理解しようとする試みが直面している主たる問題の一つである．現実のプロセスは，コンピューターの必要としない．

3. トゥーテルらの発見はこの点に新たな光を当てる．Roger B. H. Tootell, Eugene Switkes, Martin S. Silverman, and Susan L. Hamilton, “Functional Anatomy of Macaque Striate Cortex. II. Retinotopic Organization,” *Journal of Neuroscience* 8 (1983): 1531–68．また次の文献を参照されたい．David Hubel and Torsten Wiesel, *Brain and Visual Perception* (New York: Oxford University Press, 2004); Stephen M. Kosslyn, *Image and Mind* (Cambridge, Mass.: Harvard University Press, 1980); Stephen M. Kosslyn, Giorgio Ganis, and William L. Thompson, “Neural Foundations of Imagery,” *Nature Reviews Neuroscience* 2 (2001): 635–42; Stephen M. Kosslyn, William L. Thompson, Irene J. Kim, and Nathaniel M. Alpert, “Topographical Representations of Mental Images in Primary Visual Cortex,” *Nature* 378 (1995): 496–98; Scott D. Slotnick, William L. Thompson, and Stephen M. Kosslyn, “Visual Mental Imagery Induces Retinotopically Organized Activation of Early Visual Areas,” *Cerebral Cortex* 15 (2005): 1570–83; Stephen M. Kosslyn, Alvaro Pascual-Leone, Olivier Felician, Susana Camposano, et al. “The Role of Area 17 in Visual Imagery: Convergent Evidence from PET and rTMS,” *Science* 284 (1999): 167–70; Lawrence W. Barsalou, “Grounded Cognition,” *Annual Review of Psychology* 59 (2008): 617–45; W. Kyle Simmons and Lawrence W. Barsalou, “The Similarity-in-Topography Principle: Reconciling Theories of Conceptual Deficits,” *Cognitive Neuropsychology* 20 (2003): 451–86; Martin Lotze and Ulrike Halsband, “Motor Imagery,” *Journal of Physiology, Paris* 99 (2006): 386–95; Gerald Edelman, *Neural Darwinism: The Theory of Neuronal Group Selection* (New York: Basic Books, 1987)．この文献では，神経マップに関する有益な議論が提示されており，マップの選択に価値の概念が適用されることが主張されている．Kathleen M. O’Craven and Nancy Kanwisher, “Mental Imagery of Faces and Places Activates Corresponding Stimulus-Specific Brain Regions,” *Journal of Cognitive Neuroscience* 12 (2000): 1013–23; Martha J. Farah, “Is Visual Imagery Really Visual? Overlooked Evidence from Neuropsychology,” *Psychological Review* 95 (1988): 307–17; *Principles of Neural Science: Fifth Edition*, edited by Eric Kandel, James H. Schwartz, Thomas M. Jessell, Steven A. Siegelbaum, and A. J. Hudspeth (New York: McGraw-Hill, 2013)．
4. Hejnol and Rentzsch, “Neural Nets.”
5. Inge Depoortere, “Taste Receptors of the Gut: Emerging Roles in Health and Disease,” *Gut* 63, no. 1 (2014): 179–90. 単純化のため，三次元空間における身体の位置を知らせる前庭覚は省いた．前庭覚は，解剖学的にも機能的にも聴覚に密接に関連する．センサーは内耳，したがって頭部に位置する．私たちの持つバランス感覚は，前庭覚に依存する．
6. 各感覚プローブから入力されるシグナルは，視覚皮質，聴覚皮質，体性感覚皮質な

「知性」と，私の見るところ神経系を必要とする「心，意識，感情」を対比させている.

10. 神経解剖学の詳細は，次の文献を参照されたい．Larry W. Swanson, *Brain Architecture: Understanding the Basic Plan* (Oxford: Oxford University Press, 2012) [『ブレイン・アーキテクチャ―進化・回路・行動からの理解』石川裕二訳，東京大学出版会，2010年]; Hanna Damasio, *Human Brain Anatomy in Computerized Images*, 2nd ed. (New York: Oxford University Press, 2005); Kandel et al., *Principles of Neural Science*.
11. この信念は，現代の神経科学の開拓者の一人で，計算論的神経科学の創始者の一人でもあるウォーレン・マカロックに多くを負う．彼が今でも生きていれば，自分が立てた初期の定式化の痛烈な批判者になっていただろう．Warren S. McCulloch and Walter Pitts, "A Logical Calculus of the Ideas Immanent in Nervous Activity," *Bulletin of Mathematical Biophysics* 5, no. 4 (1943): 115–33; Warren S. McCulloch, *Embodiments of Mind* (Cambridge, Mass.: MIT Press, 1965).
12. ニューロン間のコミュニケーションは，シナプスのみならず「細胞外の電流に媒介された側方へのコミュニケーション」によっても可能である．この現象はエファプスと呼ばれる（それに関する仮説は，Damasio and Carvalho, "Nature of Feelings" を参照されたい）.

第５章　心の起源

1. この考えを裏づける証拠はあまたある．包括的な概観は次の文献を参照されたい．František Baluška and Michael Levin, "On Having No Head: Cognition Throughout Biological Systems," *Frontiers in Psychology* 7 (2016).
2. 外界に対する感知や反応の能力は，深い睡眠時，あるいは麻酔をかけられている状態のもとでは，大幅に低下するかほぼ完全に消える．身体の内部は，ホメオスタシスの維持のためにさまざまな程度で感知され続け，反応が引き起こされる．補足しておくと，麻酔は意識を抹消するものと通常見なされているが，それは正しくない．František Baluška et al., "Understanding of Anesthesia—Why Consciousness Is Essential for Life and Not Based on Genes," *Communicative and Integrative Biology* 9, no. 6 (2016): e1238118.

　一見すると，植物を含めていかなる生物でも麻酔をかけることができるように思われる．麻酔は感知や反応のプロセスを停止する．私の考えでは，人間のような複雑な生物においては，麻酔が感情や意識の働きを停止させるのは，それらが感知と反応の装置に依存するからだ．しかし感情や意識は，それ以外のプロセスにも依存し，感知や反応には限定されない．したがって麻酔に対する反応をもとに，細菌に感情や意識が備わっていると結論することはできない．以後の章で見ていくように，細菌が通常示す複雑な行動は，一般に定義されているような意味での感情や意識を

用，血液凝固の諸機能を最適化するのに役立った（R. Monahan-Earley, A. M. Dvorak, and W. C. Aird, "Evolutionary Origins of the Blood Vascular System and Endothelium," *Journal of Thrombosis and Haemostasis* 11, no. S1［2013］: 46–66）．先天性免疫系は，先カンブリア期に刺胞動物に出現した（Thomas C. G. Bosch, Rene Augustin, Friederike Anton-Erxleben, Sebastian Fraune, Georg Hemmrich, Holger Zill, Philip Rosenstiel et al.,"Uncovering the Evolutionary History of Innate Immunity: The Simple Metazoan Hydra Uses Epithelial Cells for Host Defence," *Developmental and Comparative Immunology* 33, no. 4［2009］: 559–69）．

適応免疫系は，およそ4億5000万年前に有顎脊椎動物に進化した（Martin F. Flajnik and Masanori Kasahara, "Origin and Evolution of the Adaptive Immune System: Genetic Events and Selective Pressures," *Nature Reviews Genetics* 11, no. 1［2010］: 47–59）．

予測されるように，ホルモンによる調節の起源は，それよりはるかに古く，単細胞生物にさかのぼる．細菌細胞は，自己誘導物質と呼ばれる，遺伝子の発現を調節するホルモン様の化学物質と「コミュニケート」する（Vanessa Sperandio, Alfredo G. Torres, Bruce Jarvis, James P. Nataro, and James B. Kaper. "Bacteria-Host Communication"）．つけ加えておくと，インシュリン様の化学物質が，単細胞生物に見出されている（Derek Le Roith, Joseph Shiloach, Jesse Roth, and Maxine A. Lesniak, "Evolutionary Origins of Vertebrate Hormones: Substances Similar to Mammalian Insulins Are Native to Unicellular Eukaryotes," *Proceedings of the National Academy of Sciences* 77, no. 10［1980］: 6184–88）．

4. ニューロンの作用については次の文献を参照されたい．Eric Kandel, James H. Schwartz, Thomas M. Jessell, Steven A. Siegelbaum, and A. J. Hudspeth, *Principles of Neural Science*, 5th ed.（New York: McGraw-Hill, 2013）［『カンデル神経科学』金澤一郎・宮下保司監修，岡野栄之ほか監訳，メディカル・サイエンス・インターナショナル，2014年］．
5. František Baluška and Stefano Mancuso, "Deep Evolutionary Origins of Neurobiology: Turning the Essence of 'Neural' Upside-Down," *Communicative and Integrative Biology* 2, no. 1（2009）: 60–65.
6. Damasio and Carvalho, "Nature of Feelings."
7. Anil K. Seth, "Interoceptive Inference, Emotion, and the Embodied Self," *Trends in Cognitive Sciences* 17, no. 11（2013）: 565–73.
8. Andreas Hejnol and Fabian Rentzsch, "Neural Nets," *Current Biology* 25, no. 18（2015）: R782–R786.
9. Detlev Arendt, Maria Antonietta Tosches, and Heather Marlow, "From Nerve Net to Nerve Ring, Nerve Cord, and Brain—Evolution of the Nervous System," *Nature Reviews Neuroscience* 17, no. 1（2016）: 61–72. ここで私は，単細胞生物が豊かに持つ

共通する生命現象』長野敬編，小松美彦ほか訳，朝日出版社，1989 年］. Reprints from the Collection of the University of Michigan Library.

8. Walter B. Cannon, "Organization for Physiological Homeostasis," *Physiological Reviews* 9, no. 3 (1929): 399–431; Walter B. Cannon, *The Wisdom of the Body* (New York: Norton, 1932)［『からだの知恵―この不思議なはたらき』舘鄰・舘澄江訳，講談社学術文庫，1981 年］; Curt P. Richter, "Total Self-Regulatory Functions in Animals and Human Beings," *Harvey Lecture Series* 38, no. 63 (1943): 1942–43.
9. Bruce S. McEwen, "Stress, Adaptation, and Disease: Allostasis and Allostatic Load," *Annals of the New York Academy of Sciences* 840, no. 1 (1998): 33–44.
10. Trevor A. Day, "Defining Stress as a Prelude to Mapping Its Neurocircuitry: No Help from Allostasis," *Progress in Neuro-psychopharmacology and Biological Psychiatry* 29, no. 8 (2005): 1195–1200.
11. David Lloyd, Miguel A. Aon, and Sonia Cortassa, "Why Homeodynamics, Not Homeostasis?," *Scientific World Journal* 1 (2001): 133–45.

第 4 章　単細胞生物から神経系と心へ

1. Margaret McFall-Ngai, "The Importance of Microbes in Animal Development: Lessons from the Squid-Vibrio Symbiosis," *Annual Review of Microbiology* 68 (2014): 177–94; Margaret McFall-Ngai, Michael G. Hadfield, Thomas C. G. Bosch, Hannah V. Carey, Tomislav Domazet-Lošo, Angela E. Douglas, Nicole Dubilier et al., "Animals in a Bacterial World, a New Imperative for the Life Sciences," *Proceedings of the National Academy of Sciences* 110, no. 9 (2013): 3229–36.
2. Lynn Margulis, *Symbiotic Planet: A New View of Evolution* (New York: Basic Books, 1998)［『共生生命体の 30 億年』中村桂子訳，草思社，2000 年］.
3. 循環系，免疫系，内分泌系が出現したと考えられる時期は，それぞれかなり異なる．循環系は早くも 7 億年前に出現している．（およそ 7 億 4000 年前の）刺胞動物の胃水管腔は，原循環系と見なすことができる．それについては次の文献を参照されたい．Eunji Park, Dae-Sik Hwang, Jae-Seong Lee, Jun-Im Song, Tae-Kun Seo, and Yong-Jin Won, "Estimation of Divergence Times in Cnidarian Evolution Based on Mitochondrial Protein-Coding Genes and the Fossil Record," *Molecular Phylogenetics and Evolution* 62, no. 1 (2012): 329–45.

　開いた循環系は，血液とリンパ液が自由に混合することを許し，およそ 6 億年前の節足動物に存在していた（Gregory D. Edgecombe and David A. Legg, "Origins and Early Evolution of Arthropods," *Palaeontology* 57, no. 3 [2014]: 457–68）.

　脊椎動物の閉じた循環系は，循環する血液と組織を分かつ細胞の関門（内皮）によって特徴づけられる．この内皮は，およそ 5 億 4000 万年前から 5 億 1000 万年前にかけて，祖先の脊椎動物において進化し，血流動態，関門機能，局所的な免疫作

Definitions of Life," *Astrobiology* 15, no. 1 (2015): 15–19; Robert A. Foley, Lawrence Martin, Marta Mirazón Lahr, and Chris Stringer, "Major Transitions in Human Evolution," *Philosophical Transactions of the Royal Society B* 371, no. 1698 (2016): 20150229; Humberto R. Maturana and Francisco J. Varela, "Autopoiesis: The Organization of Living," in *Autopoiesis and Cognition*, ed. Humberto R. Maturana and Francisco J. Varela (Dordrecht: Reidel, 1980), 73–155.

12. Erwin Schrödinger, *What Is Life?* (New York: Macmillan, 1944) [『生命とは何か—物理的にみた生細胞』岡小天・鎮目恭夫訳，岩波文庫，2008年].
13. Daniel G. Gibson, John I. Glass, Carole Lartigue, Vladimir N. Noskov, Ray- Yuan Chuang, Mikkel A. Algire, Gwynedd A. Benders et al., "Creation of a Bacterial Cell Controlled by a Chemically Synthesized Genome," *Science* 329, no. 5987 (2010): 52–56.

第3章　ホメオスタシス

1. Paul Butke and Scott C. Sheridan, "An Analysis of the Relationship Between Weather and Aggressive Crime in Cleveland, Ohio," *Weather, Climate, and Society* 2, no. 2 (2010): 127–39.
2. Joshua S. Graff Zivin, Solomon M. Hsiang, and Matthew J. Neidell, "Temperature and Human Capital in the Short- and Long-Run," *National Bureau of Economic Research* (2015): w21157.
3. Maya E. Kotas and Ruslan Medzhitov, "Homeostasis, Inflammation, and Disease Susceptibility," *Cell* 160, no. 5 (2015): 816–27.
4. Antonio Damasio and Hanna Damasio, "Exploring the Concept of Homeostasis and Considering Its Implications for Economics," *Journal of Economic Behavior & Organization* 2016: 125, 126–29 (本章は一部この文献に基づいている); Antonio Damasio, *Self Comes to Mind: Constructing the Conscious Brain* (New York: Pantheon, 2010) [『自己が心にやってくる—意識ある脳の構築』山形浩生訳，早川書房，2013年]; Damasio and Carvalho, "Nature of Feelings"; Kent C. Berridge and Morten L. Kringelbach, "Pleasure Systems in the Brain," *Neuron* 86, no. 3 (2015): 646–64.
5. この研究の概要は次の文献を参照されたい. Michael Pollan, "The Intelligent Plant," *New Yorker*, Dec. 23 and 30, 2013; Anthony J. Trewavas, "Aspects of Plant Intelligence," *Annals of Botany* 92, no. 1 (2003): 1–20; Anthony J. Trewavas, "What Is Plant Behaviour?," *Plant, Cell, and Environment* 32, no. 6 (2009): 606–16.
6. John S. Torday, "A Central Theory of Biology," *Medical Hypotheses* 85, no. 1 (2015): 49–57.
7. Claude Bernard, *Leçons sur les phénomènes de la vie communs aux animaux et aux végétaux* (Paris: Librarie J. B. Baillière et Fils, 1879) [『ベルナール—動植物に

年].
7. Francis Crick, *Life Itself: Its Origins and Nature* (New York: Simon & Schuster, 1981) [『生命—この宇宙なるもの』中村桂子訳，新思索社，2005年].
8. Tibor Gánti, *The Principles of Life* (New York: Oxford University Press, 2003).
9. Richard Dawkins, *The Selfish Gene* (New York: Oxford University Press, 2006) [『利己的な遺伝子』日高敏隆・岸由二・羽田節子・垂水雄二訳，紀伊國屋書店，2018年 (40周年記念版)].
10. Stanley L. Miller, "A Production of Amino Acids Under Possible Primitive Earth Conditions," *Science* 117, no. 3046 (1953): 528–29.
11. 次の文献も参考にした．Eörs Szathmáry and John Maynard Smith, "The Major Evolutionary Transitions," *Nature* 374, no. 6519 (1995): 227–32; Arto Annila and Erkki Annila, "Why Did Life Emerge?," *International Journal of Astrobiology* 7, no. 3–4 (2008): 293–300; Thomas R. Cech, "The RNA Worlds in Context," *Cold Spring Harbor Perspectives in Biology* 4, no. 7 (2012): a006742; Gerald F. Joyce, "Bit by Bit: The Darwinian Basis of Life," *PLoS Biology* 10, no. 5 (2012): e1001323; Michael P. Robertson and Gerald F. Joyce, "The Origins of the RNA World," *Cold Spring Harbor Perspectives in Biology* 4, no. 5 (2012): a003608; Liudmila S. Yafremava, Monica Wielgos, Suravi Thomas, Arshan Nasir, Minglei Wang, Jay E. Mittenthal, and Gustavo Caetano-Anollés, "A General Framework of Persistence Strategies for Biological Systems Helps Explain Domains of Life," *Frontiers in Genetics* 4 (2013): 16; Robert Pascal, Addy Pross, and John D. Sutherland, "Towards an Evolutionary Theory of the Origin of Life Based on Kinetics and Thermodynamics," *Open Biology* 3, no. 11 (2013): 130156; Arto Annila and Keith Baverstock, "Genes Without Prominence: A Reappraisal of the Foundations of Biology," *Journal of the Royal Society Interface* 11, no. 94 (2014): 20131017; Keith Baverstock and Mauno Rönkkö, "The Evolutionary Origin of Form and Function," *Journal of Physiology* 592, no. 11 (2014): 2261–65; Kepa Ruiz-Mirazo, Carlos Briones, and Andrés de la Escosura, "Prebiotic Systems Chemistry: New Perspectives for the Origins of Life," *Chemical Reviews* 114, no. 1 (2014): 285–366; Paul G. Higgs and Niles Lehman, "The RNA World: Molecular Cooperation at the Origins of Life," *Nature Reviews Genetics* 16, no. 1 (2015): 7–17; Stuart Kauffman, "What Is Life?," *Israel Journal of Chemistry* 55, no. 8 (2015): 875–79; Abe Pressman, Celia Blanco, and Irene A. Chen, "The RNA World as a Model System to Study the Origin of Life," *Current Biology* 25, no. 19 (2015): R953–R963; Jan Spitzer, Gary J. Pielak, and Bert Poolman, "Emergence of Life: Physical Chemistry Changes the Paradigm," *Biology Direct* 10, no. 33 (2015); Arto Annila and Keith Baverstock, "Discourse on Order vs. Disorder," *Communicative and Integrative Biology* 9, no. 4 (2016): e1187348; Lucas John Mix, "Defending

魅力的な研究分野に関しては，彼の著書『人類はどこから来て，どこへ行くのか』（斉藤隆央訳，化学同人，2013年）を参照されたい．Edward O.Wilson, *The Social Conquest of the Earth* (New York: Liveright, 2012).

11. 前述のとおり，強いネガティブな感情を経験するあいだ，感情とホメオスタシスの一貫した関係は断ち切られ得る．極端な悲しみは，必ずしも基本的なホメオスタシスの過度の異常を反映するものではない．しかしそのような状態をもたらすこともあり，自殺を引き起こすことさえある．特定の状況によって引き起こされた悲しみや抑うつは，不利な社会的状況を反映し，そのような条件のもとでは，感情は，ホメオスタシスの調節の異常を前もって知らせる予兆として作用する．
12. Talcott Parsons, "Evolutionary Universals in Society," *American Sociological Review* 29, no. 3 (1964): 339–57; Talcott Parsons, "Social Systems and the Evolution of Action Theory," *Ethics* 90, no. 4 (1980): 608–11. ピエール・ブルデュー，ミシェル・フーコー，アラン・トゥーレーヌら他の社会科学者の見解は，私が提起する生物学的観点から容易に再解釈できるだろう．
13. F. Scott Fitzgerald, *The Great Gatsby* (New York: Scribner's, 1925) [『偉大なギャツビー』野崎孝訳，集英社文庫，2013年ほか].

第2章　比類なき領域

1. 「比類なき領域（region of unlikeness)」という言葉は，アウグスティヌスの著作に見られ，また詩人ジョリー・グラハムの初期の作品の一つでタイトルとして使われている．私にとってこの言葉は，細胞内の隔離された領域で生命が生じたとする，また，このプロセスが無比のものであるとする考えをうまくとらえている．
2. Freeman Dyson, *Origins of Life* (New York: Cambridge University Press, 1999) [『ダイソン生命の起原』大島泰郎・木原拡訳，共立出版，1989年].
3. Maupertuis, "Accord des différentes lois de la nature qui avaient jusqu'ici paru incompatibles"; Feynman, "Principle of Least Action."
4. Antonio Damasio, *Looking for Spinoza: Joy, Sorrow, and the Feeling Brain* (New York: Harcourt, 2003) [『感じる脳—情動と感情の脳科学　よみがえるスピノザ』田中三彦訳，ダイヤモンド社，2005年].
5. 「dur désir de durer」は，マルク・シャガールのイラストが入ったポール・エリュアールの本（1946年に刊行）のタイトルである．William Faulkner, 1949 Nobel Prize acceptance speech, delivered in 1950.
6. Christian de Duve, *Vital Dust: The Origin and Evolution of Life on Earth* (New York: Basic Books, 1995) [『生命の塵—宇宙の必然としての生命』植田充美訳，翔泳社，1996年]; Christian de Duve, *Singularities: Landmarks in the Pathways of Life* (Cambridge, U.K.: Cambridge University Press, 2005) [『進化の特異事象—あなたが生まれるまでに通った関所』中村桂子監訳，サイト編集室訳，一灯舎，2007

Antibiotics Induce Bacterial Biofilm Formation," *Nature* 436, no. 7054 (2005): 1171–75; Ivan Erill, Susana Campoy, and Jordi Barbé, "Aeons of Distress: An Evolutionary Perspective on the Bacterial SOS Response," *FEMS Microbiology Reviews* 31, no. 6 (2007): 637–56; Delphine Icard-Arcizet, Olivier Cardoso, Alain Richert, and Sylvie Hénon, "Cell Stiffening in Response to External Stress Is Correlated to Actin Recruitment," *Biophysical Journal* 94, no. 7 (2008): 2906–13; Vanessa Sperandio, Alfredo G. Torres, Bruce Jarvis, James P. Nataro, and James B. Kaper, "Bacteria-Host Communication: The Language of Hormones," *Proceedings of the National Academy of Sciences* 100, no. 15 (2003): 8951–56; Robert K. Naviaux, "Metabolic Features of the Cell Danger Response," *Mitochondrion* 16 (2014): 7–17; Daniel B. Kearns, "A Field Guide to Bacterial Swarming Motility," *Nature Reviews Microbiology* 8, no. 9 (2010): 634–44; Alexandre Persat, Carey D. Nadell, Minyoung Kevin Kim, Francois Ingremeau, Albert Siryaporn, Knut Drescher, Ned S. Wingreen, Bonnie L. Bassler, Zemer Gitai, and Howard A. Stone, "The Mechanical World of Bacteria," *Cell* 161, no. 5 (2015): 988–97; David T. Hughes and Vanessa Sperandio, "Inter-kingdom Signaling: Communication Between Bacteria and Their Hosts," *Nature Reviews Microbiology* 6, no. 2 (2008): 111–20; Thibaut Brunet and Detlev Arendt, "From Damage Response to Action Potentials: Early Evolution of Neural and Contractile Modules in Stem Eukaryotes," *Philosophical Transactions of the Royal Society B* 371, no. 1685 (2016): 20150043; Laurent Keller and Michael G. Surette, "Communication in Bacteria: An Ecological and Evolutionary Perspective," *Nature Reviews* 4 (2006): 249–58.

7. Alexandre Jousset, Nico Eisenhauer, Eva Materne, and Stefan Sche, "Evolutionary History Predicts the Stability of Cooperation in Microbial Communities," *Nature Communications* 4 (2013).
8. Karin E. Kram and Steven E. Finkel, "Culture Volume and Vessel Affect Long- Term Survival, Mutation Frequency, and Oxidative Stress of *Escherichia coli*," *Applied and Environmental Microbiology* 80, no. 5 (2014): 1732–38; Karin E. Kram and Steven E. Finkel, "Rich Medium Composition Affects *Escherichia coli* Survival, Glycation, and Mutation Frequency During Long-Term Batch Culture," *Applied and Environmental Microbiology* 81, no. 13 (2015): 4442–50.
9. Pierre Louis Moreau de Maupertuis, "Accord des différentes lois de la nature qui avaient jusqu'ici paru incompatibles," *Mémoires de l'Académie des Sciences* (1744): 417–26; Richard Feynman, "The Principle of Least Action," in *The Feynman Lectures on Physics: Volume II*, chap. 19, accessed Jan. 20, 2017, http://www.feynmanlectures.caltech.edu/II_toc.html.
10. E・O・ウィルソンは，昆虫の複雑な社会的行動について詳細に論じている．この

Berridge & Morten Kringelbach, *Pleasures of the Brain* (Oxford: Oxford University Press, 2009); Mark Solms, *The Feeling Brain: Selected Papers on Neuropsychoanalysis* (London: Karnac Books, 2015); Lisa Feldman Barrett, "Emotions Are Real," *Emotion* 12, no. 3 (2012): 413.

3. イベリア半島に関していえば，この年代は，過去にさかのぼり続けており，おそらくは40万年前に達する．Richard Leakey, *The Origin of Humankind* (New York: Basic Books, 1994)［『ヒトはいつから人間になったか』馬場悠男訳，草思社，1996年］; Merlin Donald, *Origins of the Modern Mind: Three Stages in the Evolution of Culture and Cognition* (Cambridge, Mass.: Harvard University Press, 1991); Steven Mithen, *The Singing Neanderthals: The Origins of Music, Language, Mind, and Body* (Cambridge, Mass.: Harvard University Press, 2006)［『歌うネアンデルタール―音楽と言語から見るヒトの進化』熊谷淳子訳，早川書房，2006年］; Ian Tattersall, *The Monkey in the Mirror: Essays on the Science of What Makes Us Human* (New York: Harcourt, 2002); John Allen, *Home: How Habitat Made Us Human* (New York: Basic Books, 2015); Craig Stanford, John S. Allen, and Susan C. Anton, *Exploring Biological Anthropology: The Essentials* (Upper Saddle River, N.J.: Pearson, 2012). CARTA (Center for Academic Research and Training in Anthropogeny) は，人類発生論と呼ばれる，人類の起源を探究する分野で得られた一級の科学的情報を紹介している．https://carta.anthropogeny.org/about/carta を参照されたい．
4. Michael Tomasello, *The Cultural Origins of Human Cognition* (Cambridge, Mass.: Harvard University Press, 1999)［『心とことばの起源を探る―文化と認知』大堀壽夫・中澤恒子・西村義樹・本多啓訳，勁草書房，2006年］; Michael Tomasello, *A Natural History of Human Thinking* (Cambridge, Mass.: Harvard University Press, 2014); Michael Tomasello, *A Natural History of Human Morality* (Cambridge, Mass.: Harvard University Press, 2016).
5. Reports from the London Zoo on the visits of Queen Victoria, in 1842; Jonathan Weiner, "Darwin at the Zoo," *Scientific American* 295, no. 6 (2006): 114–19.
6. この節を書くにあたり，次の文献を参照した．Paul B. Rainey and Katrina Rainey, "Evolution of Cooperation and Conflict in Experimental Bacterial Populations," *Nature* 425, no. 6953 (2003): 72–74; Kenneth H. Nealson and J. Woodland Hastings, "Quorum Sensing on a Global Scale: Massive Numbers of Bioluminescent Bacteria Make Milky Seas," *Applied and Environmental Microbiology* 72, no. 4 (2006): 2295–97; Stephen P. Diggle, Ashleigh S. Griffin, Genevieve S. Campbell, and Stuart A. West, "Cooperation and Conflict in Quorum-Sensing Bacterial Populations," *Nature* 450, no. 7168 (2007): 411–14; Lucas R. Hoffman, David A. D'Argenio, Michael J. MacCoss, Zhaoying Zhang, Roger A. Jones, and Samuel I. Miller, "Aminoglycoside

註と参考文献

第１章　人間の本性

1. この状況は，感情がもはやホメオスタシスの状態を正確に反映しなくなった，躁やうつなどの標準的ではない状態には当てはまらない．

2. 衝動，動機，情動，感情などのアフェクトに関しては第７章と第８章を参照されたい．他の参考文献としては次のものがあげられる．Antonio Damasio, *Descartes' Error* (1994; New York: Penguin Books, 2010)［『デカルトの誤り―情動，理性，人間の脳』田中三彦訳，ちくま学芸文庫，2010年］; Antonio Damasio, *The Feeling of What Happens: Body and Emotion in the Making of Consciousness* (New York: Harcourt, 1999)［『意識と自己』田中三彦訳，講談社学術文庫，2018年］; Antonio Damasio and Gil B. Carvalho, "The Nature of Feelings: Evolutionary and Neurobiological Origins," *Nature Reviews Neuroscience* 14, no. 2 (2013): 143–52; Jaak Panksepp, *Affective Neuroscience: The Foundations* (New York: Oxford University Press, 1998); Jaak Panksepp and Lucy Biven, *The Archaeology of Mind* (New York: W. W. Norton, 2012); Joseph Le Doux. *The Emotional Brain* (New York: Simon & Schuster, 1996)［『エモーショナル・ブレイン―情動の脳科学』松本元・小幡邦彦訳，東京大学出版会，2003年］; Arthur D. Craig, "How Do You Feel? Interoception: The Sense of the Physiological Condition of the Body," *Nature Reviews Neuroscience* 3, no. 8 (2002): 655–66; Ralph Adolphs, Daniel Tranel, Hanna Damasio, and Antonio Damasio, "Impaired Recognition of Emotion in Facial Expressions Following Bilateral Damage to the Human Amygdala," *Nature* 372, no. 6507 (1994): 669–72; Ralph Adolphs, Daniel Tranel, Hanna Damasio, and Antonio Damasio, "Fear and the Human Amygdala," *Journal of Neuroscience* 15, no. 9 (1995): 5879–91; Ralph Adolphs, Daniel Tranel, Antonio Damasio, "The Human Amygdala in Social Judgment," *Nature* 393, no. 6684 (1998); Ralph Adolphs, F. Gosselin, T. Buchanan, Daniel Tranel, P. Schyns, and Antonio Damasio, "A Mechanism for Impaired Fear Recognition After Amygdala Damage," *Nature* 433, no. 7021, (2005): 68–72; Stephen W. Porges: *The Polyvagal Theory* (New York and London: W. W. Norton, 2011); Kent

アントニオ・ダマシオ（ANTONIO DAMASIO）
神経科学者・神経科医。南カリフォルニア大学教授。同校の脳・創造性研究所所長。
1944年、リスボン生まれ。国際的に活躍する現代神経科学の第一人者。著書は数十カ国語に翻訳され、ベストセラーになっている。米国医学アカデミー会員およびアメリカ芸術科学アカデミー会員。グロマイヤー賞、本田賞ほか多数の賞を受賞。邦訳は『デカルトの誤り』（ちくま学芸文庫）、『意識と自己』（講談社学術文庫）、『感じる脳』（ダイヤモンド社）、『自己が心にやってくる』（早川書房）。

高橋 洋（たかはし・ひろし）
翻訳家。同志社大学文学部文化学科卒（哲学及び倫理学専攻）。
訳書にブルーム『反共感論』、ノルトフ『脳はいかに意識をつくるのか』（以上、白揚社）、メイヤー『腸と脳』、キャロル『セレンゲティ・ルール』、ドイジ『脳はいかに治癒をもたらすか』、ドゥアンヌ『意識と脳』、ハイト『社会はなぜ左と右にわかれるのか』（以上、紀伊國屋書店）、ダン『世界からバナナがなくなるまえに』『心臓の科学史』（以上、青土社）ほかがある。

進化《しんか》の意外《いがい》な順序《じゅんじょ》

二〇一九年二月二十日　第一版第一刷発行
二〇一九年五月　一　日　第一版第三刷発行
著　者　アントニオ・ダマシオ
訳　者　高橋洋《たかはしひろし》
発行者　中村幸慈
発行所　株式会社　白揚社　
〒101-0062　東京都千代田区神田駿河台1-7
電話03-5281-9772　振替00130-1-25400
装　幀　大倉真一郎
印刷・製本　中央精版印刷株式会社

ISBN 978-4-8269-0207-6